통계학을 위한 선형대수

개정판

LINEAR ALGEBRA FOR STATISTICS

박홍선 지음

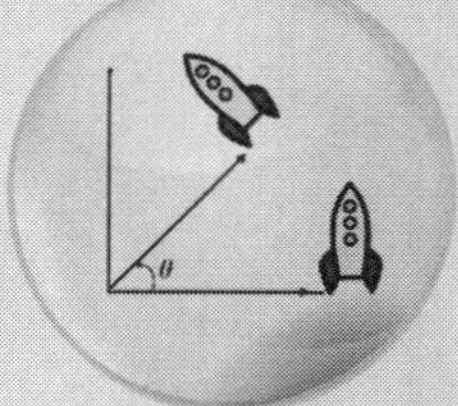

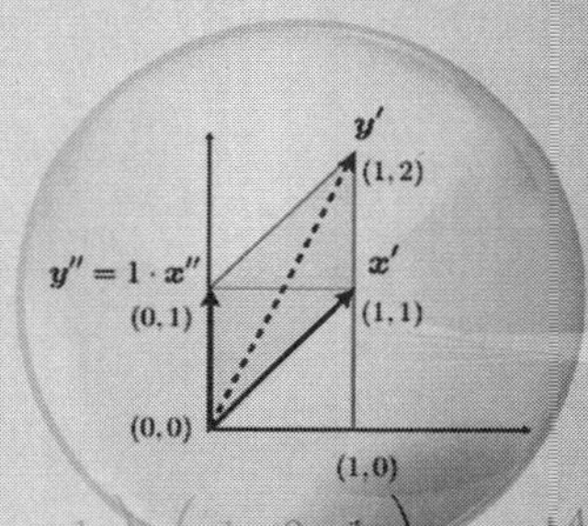

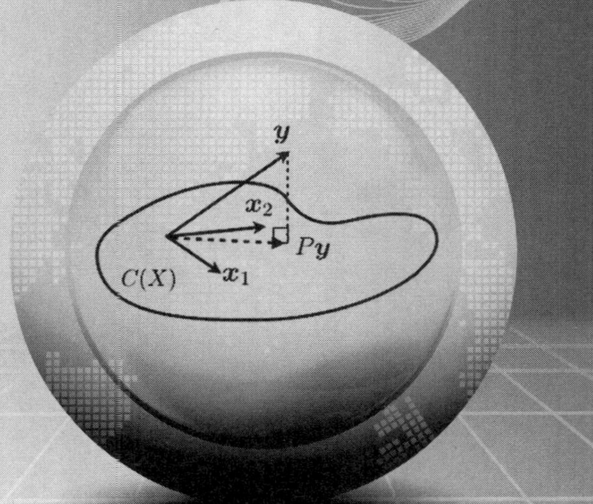

자유아카데미

머리말

행렬(matrix)이란 여러 개의 숫자나 문자를 일정순서를 가지고 행(row)과 열(column)에 배열한 것을 의미한다. 행렬을 최초로 사용한 시대는 고대 중국으로 추측되고 있는데, 연립방정식의 해를 위하여 개발되었던 것으로 알려지고 있다. 행렬(Matrix)의 어원은 라틴어로 '자궁(womb)'이라는 단어이며, '어떤 것이 생성되는 장소'라는 넓은 의미로 해석되고 있다.

현재, 행렬은 벡터와 행렬의 곱셈을 통하여 선형변환(linear transformation) 형태로 실생활에 널리 활용되고 있으며, 특히 통계학에서는 독립변수나 종속변수가 여러 개인 다변량자료분석(multivariate data analysis)뿐 아니라, 회귀분석(regression analysis)의 기본적인 모형식과 그 성질을 표현함에 있어서 필수적인 도구로 사용되고 있다. 또한, 최근에는 인터넷과 컴퓨터의 발달로 인해 과거에 다룰 수 없던 많은 양의 자료(big data)를 분석할 수 있게 되었는데, 행렬은 이러한 많은 양의 자료를 정리-분석하는데 없어서는 안 될 중요한 수단이 되었다. 이와같이 행렬로 구성되는 식이나 함수를 연구하는 분야를 선형대수(linear algebra), 혹은 행렬대수(matrix algebra)라고 일컫고 있다.

이 책은 그 동안 한국외국어대학교에서 통계학과 학부생을 위한 행렬론 수업을 정리한 것이다. 기존에 행렬론 교재가 너무 수학적 이론 증명-중심이거나, 응용보다는 이론을 자세히 다루고 있기에 통계관련된 응용학문을 전공하는 학생들이 스스로 읽기에는 부담스럽고, 학부수준의 한 학기 교과서로 사용하기엔 어려움이 있었다. 따라서 수 년간 회귀분석, 실험계획법, 다변량분석을 강의한 저자의 경험을 토대로, 통계학 이론을 보다 쉽게 이해하기 위해 반드시 숙지하고 있어야 할 행렬의 개념과 자료분석을 위한 기본 행렬이론을 중심으로 책을 구성하게 되었다.

책의 첫 시작은 미분과 적분에 대한 기초적인 복습을 다루고 있는데, 이는 학부 기초단계의 미분-적분 과목을 마쳤으나 휴학이나 군복무 등으로 학업의 공백기간이 있던 학생들이 통계이론 수업을 받기 전에 미적분을 복습할 수 있게 해 주기 위한 것이다. 따라서, 경우에 따라서는 제1-2장을 생략하고 제3장부터 수업을 시작해도 무방하리라 본다.

제3장에서는 행렬의 개념을 스칼라-벡터의 연장선에서 설명하려고 노력하였는데 이는 행렬의 계산 및 성질이 벡터의 내적 및 외적으로 설명가능하기 때문이다. 제4장은 행렬의 계산 그리고 결합-분배법칙, 분할행렬을 다루고 있다. 제5장은 통계학에서 주로 사용되는 대칭행렬, 삼각행렬, 멱등행렬, 양정치행렬 등을 소개하고 있다. 특히 그 중에서 양정치행렬과 이차형식을 강조하였는데 이를 통해 공분산(covariance)행렬이나 촐레스키분해(Cholesky Factorization)를 소개하고 있다. 제7장은 벡터공간에 대한 정의 및 성질을 소개하고 있으며, 열공간(column space)과 행공간(row space), 기저(basis)의 개념등을 통해 선형방정식의 해를 구하는 법을 소개하고 있다.

제8장은 통계학의 최소제곱추정법을 이해하는데 도움이 되는 투영(projection) 이론을 설명하고 있으며, 그램-슈미트 과정을 통한 정규직교기저를 구하는 법을 설명하고 있다. 제9장은 가우스 소거법을 통한 연립방정식의 해를 구하는 방법을 서술하였고, 제10장은 행렬의 계수(Rank)를 구하는 법과 행렬식(determinant)를 구하는 법을 설명하고 있다. 제11장은 크래머 공식을 통한 연립방정식의 해를 구하는 법, 그리고 역행렬 공식을 소개한다.

제12장에서 제14장까지는 행렬의 고유값과 고유벡터에 대한 부분인데, 대학원 과정이나 다변량자료분석에 필수적 개념임을 고려하여 행렬의 대각화 및 스펙트럼 분해를 중점적으로 설명하였다. 특히, 특이값 분해(singular value decomposition)은 최근 데이터 마이닝이나 영상처리분야에서 많이 소개되기 때문에 이를 이용한 예제를 다루어 보았다.

제15장에서는 일반화역행렬을 소개하고 있는데, 학부 수준에서는 언급하지 않아도 무방하다고 보지만 추후 일반화역행렬의 개념 및 활용에 대해 궁금해 할지도 모르는 학도들을 위하여 소개해 보았다.

이 책은 통계학을 비롯한 자연과학, 공학, 산업공학, 그리고 경제, 경영, 사회, 심리학, 교육학, 또는 보건통계에 이르는 응용분야의 한 학기 학부과목의 교재로 사용하기 적합하다. 특히, 학부에서 행렬에 더한 이론수업을 받을 수 없었던 석사과정 학생들을 염두해 두고 집필하였다. 원고는 수식표현을 위해 LaTeX 로 작업하였고, MATLAB®, R, Keynote (Mac)를 이용히 그림을 작성하였다. 마지막으로 부족한 원고를 출판하는데 도움을 주신 자유아카데미사와 원고 작성에 수고해준 김대엽 군, 하헌철군, 그리고 원고 수정에 도움을 주신 한국외대 이석호 교수님, 숭실대 강근석 교수님에게 감사드린다.

Chapter 1

미분(Derivative)

1.1 사상(Mapping)

사상(寫像, mapping)이란 어떤 그룹 안의 원소와 다른 그룹의 원소를 서로 연결해 주는 관계를 의미한다. 이는 마치 사진을 찍을 때, 그 피사체에 대한 이미지(image, 寫像)가 필름에 생성되는 것 같이, 사상이란 어떤 원소와 그와 대응되는 다른 원소와의 관계를 나타낸다. 일반적으로 사상에는 아래와 같은 종류가 있다(그림 1.1 참조).

- 일대일 사상 (one-to-one mapping) : X 원소 하나에 Y 원소 한 개가 대응되는 사상
- 일대다 사상 (one-to-many mapping) : X 원소 하나에 Y 원소 여러 개가 대응되는 사상
- 다대일 사상 (many-to-one mapping) : X 원소 여러 개에 Y 원소 한 개가 대응되는 사상
- 다대다 사상 (many-to-many mapping) : X 원소 여러 개에 Y 원소 여러 개가 대응되는 사상

1.2 함수(Function)

앞에서 언급한 사상(M)에 대하여 한 그룹에서 다른 그룹으로 '방향성'이 주어지면 이를 M: $X \rightarrow Y$ 라고 표현할 수 있는데, 이를 "M은 X에서 Y로 가는 사상

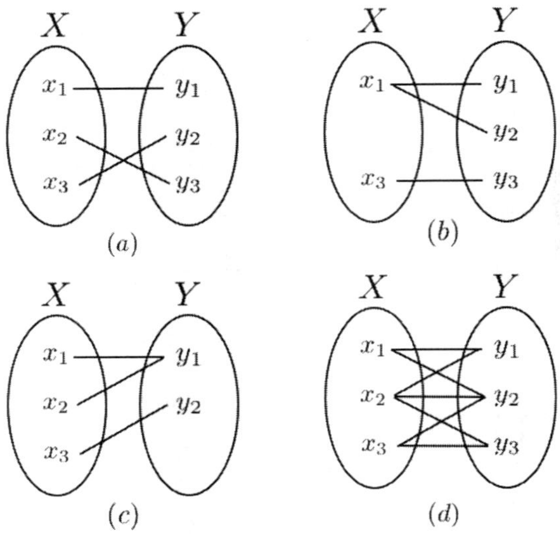

그림 1.1: (a) 일대일 사상 (b) 일대다 사상 (c) 다대일 사상 (d) 다대다 사상

(mapping)"이라고 하며, X의 범위를 '정의역(domain)'이라 하고 Y의 범위를 '변역(range)'이라 정의한다. 이때, 함수(function)란 "X의 한 개의 값에 대응되는 Y의 값이 오직 1개 뿐인 사상"을 의미한다. 이런 면에서 함수는 일대일 사상, 혹은 다대일 사상의 일종이라고 할 수 있다. 다음은 여러 종류의 함수들을 나타내는데, 한 개의 X값에 대하여 Y의 값이 한 개씩 대응되고 있으며 그림 1.2는 함수와 비함수의 차이를 보여주고 있다. 아래는 여러 함수의 예이다.

- $f(x) = 1 + 2x$
- $g(y) = y + y^2$
- $h(x) = \frac{x}{x+2}\ , \quad (x > 0)$
- $l(t) = \sin(2\pi t)$

Q 아래에서 $f : X \to Y$가 함수인지 아닌지를 구분하되, 수평축을 X, 수직축을 $Y = f(X)$ 로 하는 그래프를 그림으로써 판단하라.

1. $f(x) = |x - 5|$
2. $f(x) = \sqrt{x}\ , \quad x > 0$
3. $f(x) = \pm\sqrt{x+2}\ , \quad x > 0$

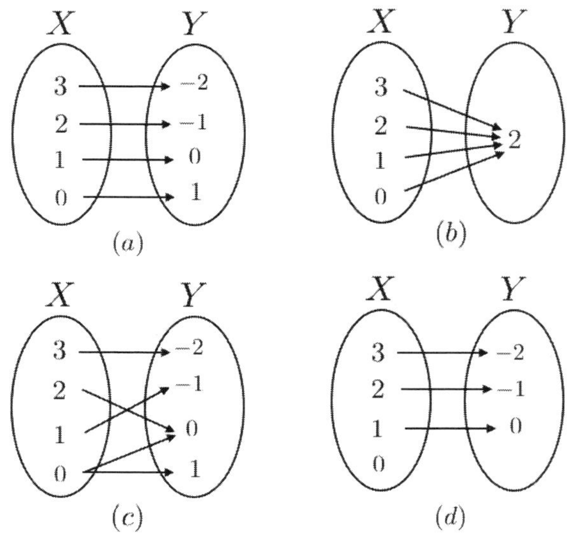

그림 1.2: (a) 함수 (b) 함수 (c) 비함수 (d) 비함수

4. $f(x) = \ln x\ , \quad (x > 0)$

5. $f(x) = \frac{1}{\sqrt{2\pi}} e^{-\frac{x^2}{2}}$

1.3 다변량함수(Multivariate Function)

다변량함수(multivariate function)는 정의역이 2개 이상인 함수를 말한다. 다시 말해서 2개 이상의 변수에 의해 정의되는 함수이다. 아래는 다변수함수의 예를 보여주고 있다.

- $h(x, y) = 1 + 2x + 3y$
- $g(t_1, t_2) = \frac{t_1 + t_2}{t_1 t_2}$
- $f(x, y) = \frac{1}{2\pi\sqrt{1-\rho^2}} \exp\left(-\frac{(x-\mu_x)^2 - 2\rho(x-\mu_x)(y-\mu_y) + (y-\mu_y)^2}{2(1-\rho^2)}\right)$

위에서 소개된 다변량함수 중에 세번째 함수 $f(x, y)$는 통계학에서 많이 사용되는 이변량정규분포(bivariate normal distribution)의 확률분포를 나타내는 '확률밀도함수(probability density function: p.d.f.)'로서 대표적인 다변량함수이다.

예를 들어, 학생들의 키(x)와 몸무게(y) 분포가 이변량정규분포를 따른다고 가정하면, 학생들의 키와 몸무게의 분포를 나타내는 확률밀도함수는

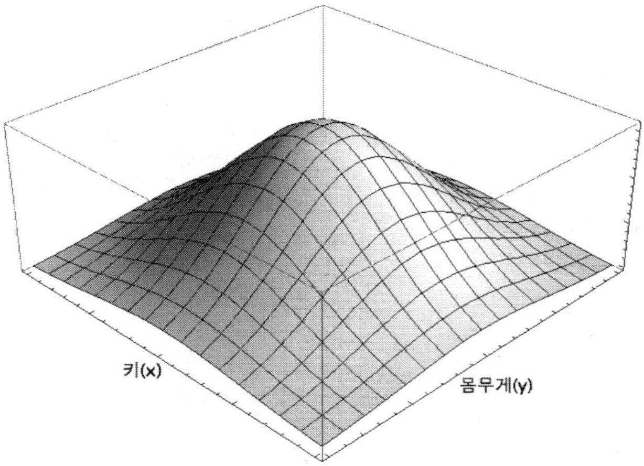

그림 1.3: 키(x)와 몸무게(y)가 이변량정규분포를 따르는 경우의 확률밀도함수

$$f(x,y) = \frac{1}{2\pi\sqrt{1-\rho^2}} \exp\left(-\frac{(x-\mu_x)^2 - 2\rho(x-\mu_x)(y-\mu_y) + (y-\mu_y)^2}{2(1-\rho^2)}\right)$$

가 되며, 이 함수의 모습은 그림 1.3과 같을 것이다.

1.4 함수의 극한(Limit of a Function)

함수 $f(x)$에 대하여 극한은 다음과 같이 정의된다.

Definition 만일 $x = a$에서 함수 $f(x)$가

$$\lim_{x \to a-} f(x) = \lim_{x \to a+} f(x) = L \tag{1.1}$$

이면, L을 $x = a$ 에서 함수 $f(x)$의 극한이라고 하고

$$L = \lim_{x \to a} f(x) \tag{1.2}$$

라고 표기한다.

Proposition 1.1 *함수 $f(x)$와 $g(x)$가 $x = a$ 에서 극한이 존재할 때, 다음의 성질을 만족한다(증명생략).*

$$\lim_{x \to a} c = c, \quad (c\text{는 상수}) \tag{1.3}$$

$$\lim_{x\to a} x = a \tag{1.4}$$
$$\lim_{x\to a} [c\,f(x)] = c \lim_{x\to a} f(x) \tag{1.5}$$
$$\lim_{x\to a} [f(x) \pm g(x)] = \lim_{x\to a} f(x) \pm \lim_{x\to a} g(x) \tag{1.6}$$
$$\lim_{x\to a} [f(x)\cdot g(x)] = \lim_{x\to a} f(x) \cdot \lim_{x\to a} g(x) \tag{1.7}$$
$$\lim_{x\to a} \frac{f(x)}{g(x)} = \frac{\lim_{x\to a} f(x)}{\lim_{x\to a} g(x)}, \quad (\lim_{x\to a} g(x) \neq 0) \tag{1.8}$$
$$\lim_{x\to a} [f(x)]^n = \left[\lim_{x\to a} f(x)\right]^n, \quad (\lim_{x\to a} f(x) > 0,\, n > 0) \tag{1.9}$$

Definition 상수 e는 다음 (1)-(4) 중 하나로 정의된다[1].

(1) $e = \lim_{n\to\infty}\left(1+\frac{1}{n}\right)^n$

(2) $e = \lim_{h\to 0}(1+h)^{\frac{1}{h}}$

(3) $e = \sum_{n=0}^{\infty}\frac{1}{n!}$

(4) $e = 2.718\cdots$

Q 다음을 상수 e의 정의를 이용하여 증명하라.

$$\lim_{h\to 0}\frac{e^h-1}{h} = 1 \tag{1.10}$$

A 분자 $e^h - 1$ 을 t로 치환하여 상수 e의 정의 (2)번을 사용하면,

$$\begin{aligned}\lim_{h\to 0}\frac{e^h-1}{h} &= \lim_{t\to 0}\frac{t}{\ln(t+1)} = \lim_{t\to 0}\frac{1}{\frac{1}{t}\ln(t+1)}\\ &= \lim_{t\to 0}\frac{1}{\ln(1+t)^{\frac{1}{t}}} = \frac{1}{\ln\left[\lim_{t\to 0}(1+t)^{\frac{1}{t}}\right]} = 1\end{aligned} \tag{1.11}$$

1.5 미분함수(Derivative)

함수 $f(x)$는 입력변수 x의 값에 의존하기 때문에 $f(x)$의 변화율(change rate)은 x의 작은 변화에 $f(x)$가 어떻게 변화하는가를 계산함으로 얻을 수 있다. 따라서, 점 x에서 f의 변화율 $\Delta f(x)$는 작은 h, $(h>0)$에 대하여

$$\Delta f(x) = \frac{f(x+h)-f(x)}{h} \tag{1.12}$$

[1] 우리나라에서는 '자연상수'라고도 하는데, 본래 명칭은 '상수 e'가 맞다.

라고 정의 된다. 만약에 점 x에서 순간변화율에 관심있다면 h를 0에 가깝게 함으로써 그 값을 얻을 수 있게 되는데 이러한 순간변화율을 '$f(x)$의 미분'이라 하고, 아래와 같이 정의한다.

Definition 함수 $f(x)$의 미분함수(derivative function, 도함수)는 $f'(x)$라고 표기하며 아래와 같이 정의된다.

$$f'(x) = \lim_{h \to 0} \frac{f(x+h) - f(x)}{h} \tag{1.13}$$

Remark 함수 $f(x)$의 미분함수를 $f'(x)$ 외에 다음과 같이도 표기할 수 있다.

$$f'(x) = \frac{d}{dx} f(x) = \frac{df}{dx}(x) = \frac{df}{dx} \tag{1.14}$$

이와 같은 미분함수는 실제로 생활의 많은 영역에 활용되고 있는데, $f(x)$가 시간 x에 따른 이동 거리를 나타내는 함수라면 순간변화율 $f'(x)$는 속도(velocity)를 의미한다. 한편, 산업에서는 제품의 성능 $f(x)$를 최대화 하거나 비용 $g(x)$를 최소화 시키는 문제를 함수$f(x)$ 또는 $g(x)$의 최대점/최소점을 찾아냄으로써 해결하는데, 이런 최대/최소점은 $f'(x) = 0$ 혹은 $g'(x) = 0$ 을 만족한다. 최근에는 파생상품(option)의 가격변화를 미분함수로 표현함으로써 통계학의 새로운 개척분야로 떠오르고 있다.

다음은 함수 $f(x)$와 그에 대응하는 미분함수 $f'(x)$이다.

- $f(x) = 1 + 2x + 3x^2 \longrightarrow f'(x) = 2 + 6x$
- $f(x) = \sin x \longrightarrow f'(x) = \cos x$
- $f(x) = \ln x \longrightarrow f'(x) = \frac{1}{x}$
- $f(x) = \log_{10} x \longrightarrow f'(x) = \frac{1}{x} \frac{1}{\ln 10}$
- $f(x) = \exp(x) \longrightarrow f'(x) = \exp(x)$
- $f(x) = x^a \longrightarrow f'(x) = ax^{a-1}$
- $f(x) = a^x, (a > 0) \longrightarrow f'(x) = a^x \ln a$
- $f(x) = \frac{g(x)}{m(x)} \longrightarrow f'(x) = \frac{g'(x)m(x) - g(x)m'(x)}{m^2(x)}$
- $f(x) = g(x)m(x) \longrightarrow f'(x) = g(x)m'(x) + g'(x)m(x)$

1.6 편미분함수(Partial Derivative)

다변량함수 $f(x_1, x_2)$에 대한 미분은 각 변수에 대한 편미분함수(partial derivative function, 편도함수)로 구성되며 아래 같이 정의된다.

Definition 함수 $f(x_1, x_2)$의 x_1, x_2에 의한 편미분함수는

$$\frac{\partial f}{\partial x_1} = \frac{\partial f(x_1, x_2)}{\partial x_1} = \lim_{h \to 0} \frac{f(x_1 + h, x_2) - f(x_1, x_2)}{h}$$

$$\frac{\partial f}{\partial x_2} = \frac{\partial f(x_1, x_2)}{\partial x_2} = \lim_{h \to 0} \frac{f(x_1, x_2 + h) - f(x_1, x_2)}{h}$$

라고 정의하며, 이를 벡터로 표시한

$$\nabla f = \begin{pmatrix} \frac{\partial f}{\partial x_1} \\ \frac{\partial f}{\partial x_2} \end{pmatrix} \tag{1.15}$$

를 $f(x_1, x_2)$의 스코어벡터(score vector) 혹은 기울기벡터(gradient vector)라고 한다.

아래는 다변량 함수와 이에 대한 각 편미분함수의 예이다.

- $f(x_1, x_2) = x_1^2 + 3x_1x_2 + x_2 - 1 \longrightarrow \frac{\partial f}{\partial x_1} = 2x_1 + 3x_2, \quad \frac{\partial f}{\partial x_2} = 3x_1 + 1$
- $f(x, y) = \ln(x + y) \longrightarrow \frac{\partial f}{\partial x} = \frac{1}{x+y}, \quad \frac{\partial f}{\partial y} = \frac{1}{x+y},$

Q 아래에서 기울기벡터를 각각 구하라.

1. $f(x, y) = x^y$
2. $f(x, y) = \exp(x + y + 1)$

1.7 헤시안행렬(Hessian Matrix)

함수 $f(x)$의 미분함수를 $f'(x)$라고 할 때, 이 미분함수를 x에 대해 다시 한번 미분한 함수를 2차 미분함수(2nd derivative)라고 하며 아래와 같이 정의된다.

Definition 함수 $f'(x)$가 $f(x)$의 미분함수일 때, $f''(x)$는 $f'(x)$의 미분함수이며

$$f''(x) = \frac{d}{dx} f'(x) = \lim_{h \to 0} \frac{f'(x + h) - f'(x)}{h} \tag{1.16}$$

라고 정의된다.

단변량함수와 마찬가지로 다변량함수 $f(x,y)$에서도 2차 편미분함수(2nd partial derivative)가 정의될 수 있으며, 아래와 같이 표시된다.

$$\frac{\partial^2 f}{\partial x^2} = \frac{\partial}{\partial x}\left\{\frac{\partial f(x,y)}{\partial x}\right\}$$

$$\frac{\partial^2 f}{\partial x \partial y} = \frac{\partial}{\partial x}\left\{\frac{\partial f(x,y)}{\partial y}\right\}$$

$$\frac{\partial^2 f}{\partial y \partial x} = \frac{\partial}{\partial y}\left\{\frac{\partial f(x,y)}{\partial x}\right\}$$

$$\frac{\partial^2 f}{\partial y^2} = \frac{\partial}{\partial y}\left\{\frac{\partial f(x,y)}{\partial y}\right\}$$

위의 모든 값들을 행렬로 표현하면

$$H(x,y) = \begin{pmatrix} \frac{\partial^2 f}{\partial x^2} & \frac{\partial^2 f}{\partial x \partial y} \\ \frac{\partial^2 f}{\partial y \partial x} & \frac{\partial^2 f}{\partial y^2} \end{pmatrix} \tag{1.17}$$

라고 정의되며, 이를 함수 $f(x,y)$의 헤시안행렬(Hessian Matrix)라고 한다.

Q 아래 다변량함수들의 헤시안행렬을 각각 구하라.

1. $f(x,y) = x^2 - 4x + y^2 - y - xy$
2. $f(x,y) = \frac{x-y}{x^2+y^2+2}$
3. $f(x,y) = \exp\left(-\frac{x^2+y^2}{2}\right)$

1.8 합성함수(Composite Function)

함수 f가 $f : X \to Y$ 인 함수이고, 함수 g는 $g : Y \to Z$ 인 함수라고 하면, 합성함수 h는 $h : X \to Z$ 로서 $g\{f(x)\}$ 라고 정의되며 $h(x) = g \circ f(x)$ 라고 표현한다. 이와 같은 함수 h를 합성함수(composite function)이라 한다(그림 1.4 참조).

Q 아래 합성함수 $z = h(x) = g \circ f(x)$ 에 대하여 해당되는 $z = g(y)$, $y = f(x)$ 를 각각 적어라(답이 여러 개가 존재할 수도 있다).

1. $h(x) = (x^2 + 3x - 1)^{10}$
2. $h(x) = \ln\left(\frac{x-1}{x+1}\right)$

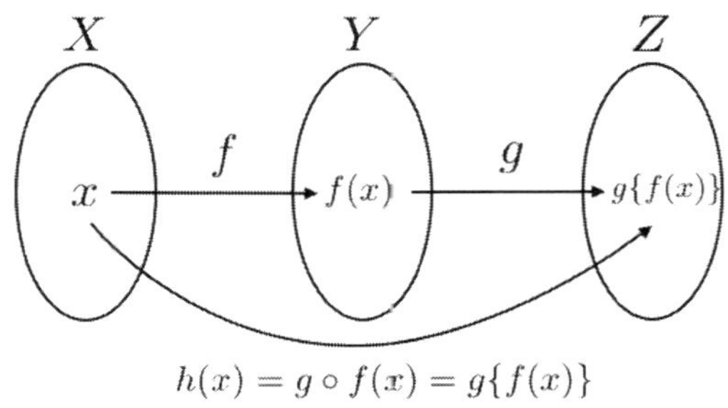

그림 1.4: 합성함수 $h : X \to Z$의 구조

1.9 연쇄법칙(Chained Rule)

합성함수에 대한 편미분함수를 구하고자 할 때, 아래와 같은 법칙을 사용하는데, 이를 연쇄법칙(Chained Rule)이라고 한다.

Theorem 1.2 (Chained Rule: 단변량) *$z = g(y)$ 이고, $y = f(x)$ 일 때 z를 x로 미분하면*

$$\frac{\partial z}{\partial x} = \frac{\partial z}{\partial y} \cdot \frac{\partial y}{\partial x}$$

가 된다.

Q 아래 함수를 합성함수 $z = h(x) = g \circ f(x)$ 로 간주할 때 $z = g(y)$, $y = f(x)$를 각각 정의하고 연쇄법칙에 의해 아래 함수의 미분함수를 구하라.

1. $h(x) = (x^2 + 3x - 1)^{10}$
2. $h(x) = \ln\left(\frac{x-1}{x+1}\right)$
3. $h(x) = \sin\left(x^2 + e^x\right)$
4. $h(x) = \sqrt{3x + 1}$

1.10 다변량함수의 연쇄법칙

다변량함수에서도 단변량함수에서 사용된 연쇄법칙을 사용할 수 있는데, 아래와 같이 사용된다.

Theorem 1.3 (Chained Rule: 다변량) *다변량 함수* $w = f(x, y)$ *가* $x = g_1(t)$, $y = g_2(t)$ *를 만족할때,* $w = f(x, y)$ *를* t*에 대해 편미분하면*

$$\begin{aligned}\frac{\partial w}{\partial t} = \frac{\partial f(x,y)}{\partial t} &= \frac{\partial f(x,y)}{\partial x}\cdot\frac{\partial x}{\partial t} + \frac{\partial f(x,y)}{\partial y}\cdot\frac{\partial y}{\partial t} \\ &= \frac{\partial f(x,y)}{\partial x}\cdot\frac{\partial g_1(t)}{\partial t} + \frac{\partial f(x,y)}{\partial y}\cdot\frac{\partial g_2(t)}{\partial t} \qquad (1.18)\end{aligned}$$

가 된다.

Q 아래 합성함수 z에 대하여 미분함수 $\partial z/\partial u$, $\partial z/\partial v$를 각각 구하라.

1. $z = 4e^x \ln y$, 여기서 $x = \ln(u\cos v)$ 그리고 $y = u\sin v$
2. $z = ab + bc + ac$, 여기서 $a = u + v$, $b = u - v$, 그리고 $c = uv$

1.11 최적점과 안장점(Optimal and Saddle)

단변량함수 혹은 다변량함수에서 함수의 최적점(최대 혹은 최소)을 나타내는 극값에 대한 연구는 자연과학과 공학은 물론이고 사회과학 및 여러 다른 분야에서도 요구되고 있다. 이 절은 함수의 극값을 결정짓는 요소를 살펴보고, 극대(local maximum)값과 극소(local minimum)값을 가지는 조건을 구해 보고자 한다.

먼저, 단변량함수인 $f(x)$에 극대값, 극소값은 다음과 같다.

Definition (단변량함수의 극대값, 극소값)
단변량함수 $f(x)$ 에 대하여, $x = x_0$ 에서

$$\frac{df(x_0)}{dx} = 0 \text{ 이고 } \quad \frac{d^2 f(x_0)}{x^2} < 0 \text{ 이면,} \qquad (1.19)$$

$f(x_0)$는 극대값이며, 한편

$$\frac{df(x_0)}{dx} = 0 \text{ 이고 } \quad \frac{d^2 f(x_0)}{dx^2} > 0 \text{ 이면,} \qquad (1.20)$$

$f(x_0)$는 극소값이 된다.

다변량함수 $f(x, y)$의 극대값(local maximum), 극소값(local minimum)은 다음과 같다.

Definition (다변량함수의 극대값, 극소값)

다변량함수 $f(x,y)$가 (x_0,y_0)에서, 아래 두 조건을 만족시킬때,

$$\frac{\partial f(x_0,y_0)}{\partial x} = \frac{\partial f(x_0,y_0)}{\partial y} = 0 \tag{1.21}$$

$$\left\{\frac{\partial^2 f(x_0,y_0)}{\partial x^2}\right\}\left\{\frac{\partial^2 f(x_0,y_0)}{\partial y^2}\right\} - \left\{\frac{\partial^2 f(x_0,y_0)}{\partial x \partial y}\right\}^2 > 0 \tag{1.22}$$

만일,

$$\frac{\partial^2 f(x_0,y_0)}{\partial x^2} + \frac{\partial^2 f(x_0,y_0)}{\partial y^2} < 0 \text{ 이면 } \longrightarrow f(x_0,y_0)\text{는 극대값이고} \tag{1.23}$$

만일,

$$\frac{\partial^2 f(x_0)}{\partial x^2} + \frac{\partial^2 f(x_0,y_0)}{\partial y^2} > 0 \text{ 이면 } \longrightarrow f(x_0,y_0)\text{는 극소값이다.} \tag{1.24}$$

참고로 말하면, 여기서 식 1.22가 의미하는 바는 헤시안행렬(Hessian Matrix)이 양정치행렬(positive definite matrix)을 의미한다. 양정치행렬에 대해서는 나중에 행렬식에서 다루기로 하자.

한편, 다변량함수에서 극대값과 극소값은 아니지만, 미분값이 0이면서도 극값을 이루지 않는 점을 '안장점(saddle point)'이라고 하는데, 이는 한 변수 방향에서는 극대값을 이루지만 다른 변수 방향에서는 극소값을 이루는 점이며, 아래와 같이 정의된다.

Definition (다변량함수의 안장점)

다변량함수 $f(x,y)$ 가 (x_0,y_0) 에서, 아래 두 조건을 만족시킬때,

$$\frac{\partial f(x_0,y_0)}{\partial x} = \frac{\partial f(x_0,y_0)}{\partial y} = 0 \tag{1.25}$$

$$\left\{\frac{\partial^2 f(x_0,y_0)}{\partial x^2}\right\}\left\{\frac{\partial^2 f(x_0,y_0)}{\partial y^2}\right\} - \left\{\frac{\partial^2 f(x_0,y_0)}{\partial x \partial y}\right\}^2 < 0 \tag{1.26}$$

$f(x_0,y_0)$는 안장점(saddle point)이다.

Remark 식 1.26의 값이 0이면, 점(x_0,y_0)은 아무 것도 결정할 수 없는(indecisive) 점이 된다.

그림 1.5는 헤시안행렬이 식 1.22를 만족할 때, 극대값과 극소값을 갖는 $f(x,y)$의 모습과 식 1.26을 만족할 때 안장점을 갖는 $f(x,y)$의 모습을 각각 나타낸다.

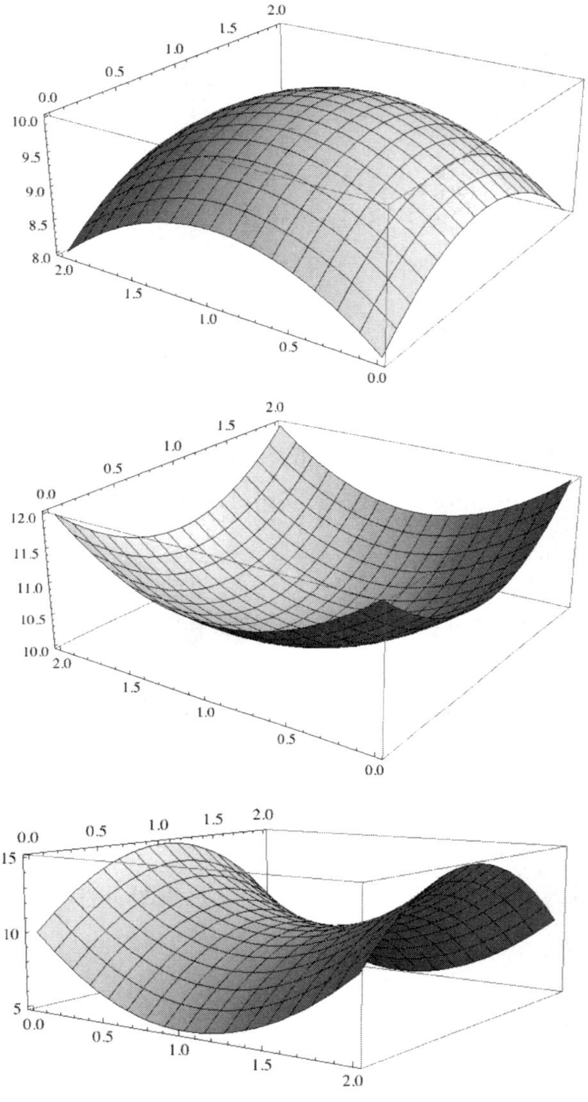

그림 1.5: 함수의 헤시안행렬이 양정치행렬이어서 함수가 극대값(맨 위 그림)과 극소값(가운데 그림)을 가질 때의 모습, 그리고 헤시안행렬이 음정치행렬이어서 함수가 안장점(맨 아래 그림)을 갖을 때의 모습

Q 다음을 증명하라.

1. 함수 $f(x, y) = x^2 + y^2$ 는 점$(0, 0)$에서 극소점을 갖는다.

2. 함수 $f(x, y) = y^2 - x^2$ 은 점$(0, 0)$에서 안장점을 갖는다.

1.12 제한된 조건에서 최적점 찾기

윗 절에서는 아무런 제약조건 없이 함수의 극대/극소점을 찾는 방법을 살펴보았지만, 실제로 극대/극소점을 어떤 특정 제약조건 안에서 찾는 경우가 흔히 발생한다. 예를 들어, 설탕, 밀가루, 우유를 이용하여 맛있는 케익을 만든다고 가정했을 때, 각각의 구성비율을 $x\%$, $y\%$, $z\%$ 라고 하여 맛을 나타내는 함수를 $f(x, y, z)$라고 한다면, 우리는 $f(x, y, z)$의 극대점을 찾으려고 하되 $x + y + z = 100\%$임을 명심해야 할 것이다. 따라서, 극대값을 찾는 문제는 $x + y + z = 100$ 이라는 제한조건 하에 $f(x, y, z)$의 극대값 문제로 전환된다.

프랑스의 천재 수학자 라그랑지(Joseph Lewis Lagrange, 1736-1813)는 그가 개발한 '라그랑지 승수법(Lagrange multiplier)'을 통해 이와 같은 제약조건 하에서 극값을 구하는 방법을 제시하고 있다.

Theorem 1.4 (라그랑지 승수법) *제약조건 $g(x, y, z) = c$ 하에서의 함수 $f(x, y, z)$의 극대/극소값은 아래 조건을 만족시킨다*

$Q(x, y, z) = f(x, y, z) - \lambda \{g(x, y, z) - c\}$ *에서*

$$\frac{\partial Q}{\partial x} = \frac{\partial Q}{\partial y} = \frac{\partial Q}{\partial z} = \frac{\partial Q}{\partial \lambda} = 0 \tag{1.27}$$

여기서 Q를 라그랑지 함수(Lagrange function), λ를 라그랑지 승수(Lagrange multiplier)라고 일컫는다.

Q 제한조건 $x^2 + y^2 = 1$ 에서, 함수 $f(x, y) = x + 2y$ 의 극대값이 $\sqrt{5}$임을 라그랑지 승수법을 사용하여 증명하라.

Q $x^2 + y^2 = 1$ 와 $x + 2y = c$ 의 그래프를 그려보고, 두 그래프가 만나는 조건 하에서 c의 최대로 하는 점 (x, y)를 구하라.

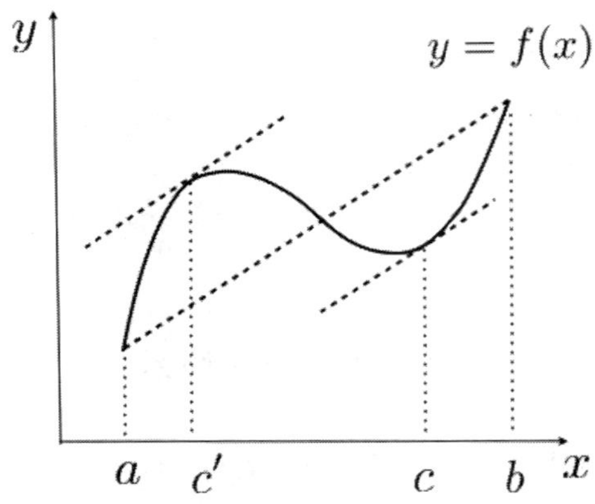

그림 1.6: 평균값정리: 이 그림에서 구간 $[a, b]$사이에서 평균기울기와 일치하는 순간 기울기는 두 곳, $x = c$, c'에서 발생하고 있다.

1.13 평균값정리(Mean Value Theorem)

미적분학에서 중요한 정리 가운데 하나는 평균값정리(혹은 중간값정리)의 등장이다. 이는 어느 구간 상에서 정의된 부드러운(미분가능한)함수에 대하여, 함수의 '평균(average)기울기'는 구간 상의 적어도 한개의 점에 대해 함수의 순간기울기(미분값)와 일치한다는 내용이다. 이를 더 자세히 표현하자면 다음과 같다.

Theorem 1.5 (평균값정리) *함수 $f(x)$가 구간 $[a, b]$에서 정의되고, (a, b)에서 미분가능할 경우,*

$$f'(c) = \frac{f(b) - f(a)}{b - a}, \quad a < c < b \tag{1.28}$$

되는 점 c가 적어도 한개 존재한다(그림 1.6 참조).

Q 함수 $f(x) = e^x$ 를 사용하여 구간 $[0, 1]$에 대한 위의 평균값정리를 다시 적어라.

Q 평균값정리를 사용하여 아래 극한값을 구하라.

$$\lim_{x \to 0+} \frac{e^x - 1}{x}$$

1.14 로피탈의 정리(L'Hopital's Theorem)

복잡한 함수의 극한값을 구하는 문제는 종종 그 미분함수의 극한값을 이용해서 쉽게 얻을 수 있는 경우가 있다. 프랑스의 수학자 로피탈(Guilaume de L'Hopital, 1661-1704)은 부정함수(indefinite functicn)의 극한값을 구하는 방법으로 다음의 정리를 제시하였다.

Theorem 1.6 (로피탈의 정리) *두 함수 $f(x)$, $g(x)$가 $x = a$에서 미분가능하고,*

$$\lim_{x\to a} f(x) = \lim_{x\to a} g(x) = \pm\infty, \text{ 혹은 } 0$$

그리고

$$g'(x) \neq 0$$

이라면,

$$\lim_{x\to a} \frac{f(x)}{g(x)} = \lim_{x\to a} \frac{f'(x)}{g'(x)} \tag{1.29}$$

이 성립한다.

Q 로피탈의 정리를 사용하여 아래 극한값들을 구하라.

$$\lim_{x\to 0} \frac{\sin x}{x} \qquad\qquad \lim_{x\to 0} \frac{e^x - 1}{x}$$

1.15 테일러급수(Taylor's Series)

영국의 수학자 테일러(Brook Taylor, 1685-1731)에 의해 제안된 이 이론은 미분가능한 모든 함수가 다항식의 무한개 합(infinite sum)으로 표현가능하다는 획기적인 이론이다. 이는 곧 다항식의 유한개 합(finite sum)에 의해 그 함수가 근사(approximate)될 수 있음을 말해 준다.

Theorem 1.7 (테일러전개) *미분가능한 함수 $f(x)$는 점 $x = a$에서 아래와 같은 급수(series, 무한개의 합)로 전개가능하다.*

$$f(x) = f(a) + f'(a)(x-a) + \frac{f''(a)}{2!}(x-a)^2 + \frac{f^{(3)}(a)}{3!}(x-a)^3 + \cdots \tag{1.30}$$

이를 테일러전개(Taylor Expansion)이라고 한다.

이는 모든 미분가능한 함수가 x의 다항식으로 표현가능하다는 이론으로서, $f(x)$가 복잡한 함수일 수록 테일러전개의 활용가치가 높게 된다. 만일 이 전개를 1차 다항식과 나머지로 표현한다면,

$$f(x) = f(a) + f'(a)(x-a) + R_2 \tag{1.31}$$

라고 표현할 수 있으며 이때 나머지항 R_2은

$$R_2 = \frac{f^{(2)}(c)}{2!}(x-c)^2, \quad (\text{c는 } x\text{와 } a \text{ 사이에 위치한 점}) \tag{1.32}$$

으로 표현가능하다. 만일 나머지항을 생략해서 근사식으로 표현하면

$$f(x) \simeq f(a) + f'(a)(x-a) \tag{1.33}$$

가 될 것이다. 이를 함수 $f(x)$의 점 $x = a$ 에서의 1차 테일러근사식(1st order Taylor's Approximation)이라고 한다. 여기서 식 1.31과 식 1.33의 차이에 유의하라. 식 1.31은 함수 $f(x)$에 대한 정확한 표현인 반면, 식 1.33은 함수 $f(x)$의 1차 테일러 근사식이 된다.

Q 아래 함수를 $x = 1$ 에서 2차 다항식으로 근사하고자 한다. 테일러전개를 사용하여 근사시켜라.

1. $f(x) = \ln x$

2. $f(x) = e^x/x$

Q 함수 $f(x) = e^x$ 를 $x = 1$ 에서 2차 다항식과 나머지 항으로 정확하게 표현하라.

Q 계산기에 $\ln x$를 계산할 수 있는 기능이 없다고 가정했을 때, 1차 테일러 근사를 이용하여 $\ln 2$의 근사값을 구하되, 아래 질문에 답하라.

1. $x = 1$ 에서 $\ln 2$의 근사값을 구하라.

2. $x = e$ 에서 $\ln 2$의 근사값을 구하라.

3. 위 두 개의 근사값 중에 어느 근사값이 더 정확할 것인가? 그 이유는?

1.16 연습문제

[1] 아래에서 미분함수 $\frac{df}{dx}$ 혹은 편미분함수 $\frac{\partial f}{\partial x}$ 를 구하라.

1. $f(x) = 3$
2. $f(x) = x^2$
3. $f(x) = x^{-2}$
4. $f(x, y) = x^2 - xy + y^2$
5. $f(x, y) = 1/(x + y)$
6. $f(x, y) = \ln(x + y)$
7. $f(x, y) = \log_{10}(x + y)$
8. $f(x, y) = \log_y x$
9. $xf(x) - 15 = 0$

[2] 함수 $f(x, y)$가 다음과 같이 정의된다면, 과연 극대값, 극소값, 혹은 안장점이 존재하는지 확인해 보고, 존재한다면 그 값을 구하라.

$$\begin{pmatrix} \frac{\partial f}{\partial x} \\ \frac{\partial f}{\partial y} \end{pmatrix} = \begin{pmatrix} 2x - 4y \\ 2y - 4x \end{pmatrix} \tag{1.34}$$

[3] 합성함수 $h(x) = g \circ f(x) = g\{f(x)\}$ 를 x에 대해 편미분하면 연쇄법칙에 의해 $h'(x) = g'\{f(x)\}f'(x)$ 임을 배웠다. 이때, 함수 $h(x)$에 대한 이차도함수, $h''(x)$를 연쇄법칙에 의해 구하라. 그리고, 그 결과를 사용하여 아래 함수에 대한 이차도함수를 구하라.

1. $h(x) = e^{x^2 - 2x + 3}$
2. $h(x) = (x^3 - 2x + 3)^{1.5}$

[4] 구간 $[1, 2]$에서 정의된 함수 $f(x)$에 대하여, 점 c는 평균값정리에 의해 정의된 값이다. 각 함수에 대한 c값을 구하되, 정확한 값을 구할 수 없을 때는 근사치를 구하라.

1. $f(x) = e^x - x^2$

2. $f(x) = \ln x$

3. $f(x) = \frac{1}{x}$

[5] 아래 함수 $f(x)$에 대하여 물음에 답하고 그림 1.7에 도시하라.

$$f(x) = \frac{1}{1-x} \tag{1.35}$$

1. 테일러 근사를 이용하여 $x = 0$ 에서 함수 $f(x)$를 1차 다항식으로 표현하고 도시하라.

2. 테일러 근사를 이용하여 $x = 0$ 에서 함수 $f(x)$를 2차 다항식으로 표현하고 도시하라.

3. 테일러 근사를 이용하여 $x = \frac{1}{2}$ 에서 함수 $f(x)$를 1차 다항식으로 표현하고 도시하라.

4. 테일러 근사를 이용하여 $x = \frac{1}{2}$ 에서 함수 $f(x)$를 2차 다항식으로 표현하고 도시하라.

[6] 아래 함수들을 이용하여 답하라.

$$\begin{cases} f(y,\mu) = \frac{e^{-\mu}\mu^y}{y!} \\ \eta = \alpha + \beta x \\ \ln \mu = \eta \end{cases}$$

1. $\frac{\partial \mu}{\partial \eta}$를 구하라.

2. $\frac{\partial f}{\partial \alpha}$를 α, β, y, x로 표시하라.

3. $\frac{\partial f}{\partial \beta}$를 α, β, y, x로 표시하라.

[7] 다음 함수 f를 (μ, σ^2)에 대한 함수로 볼 때, 함수 $\ln f(\mu, \sigma^2)$의 스코어벡터를 구하라.

$$f(y|\mu, \sigma^2) = \frac{1}{\sqrt{2\pi\sigma^2}} e^{-\frac{(y-\mu)^2}{2\sigma^2}}$$

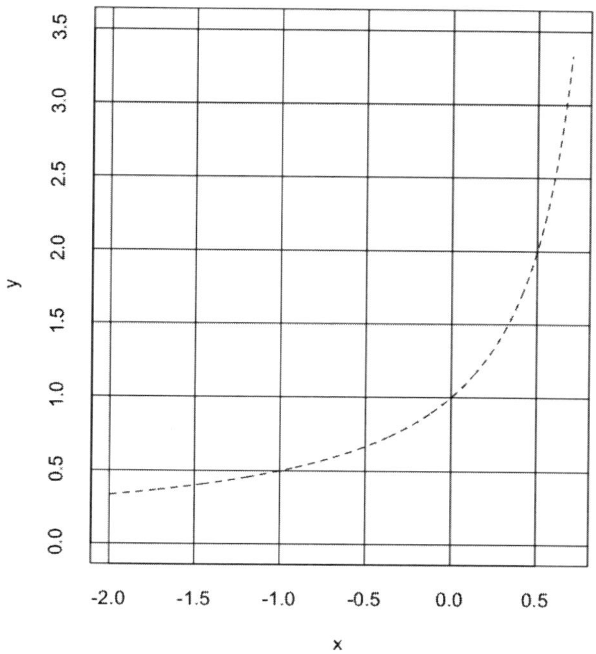

그림 1.7: 함수 $f(x) = \frac{1}{1-x}$의 그래프

[8] 다음 극한을 구하라.

1. $\lim_{x\to 0} \frac{4}{2x^3-x+1}$
2. $\lim_{x\to -\infty}(-3x^5+4x+11)$
3. $\lim_{x\to 1} \frac{1-\sqrt{x}}{1-x}$
4. $\lim_{x\to\infty}(\sqrt{x}-x)$
5. $\lim_{x\to\infty} \frac{e^{2x}-e^{3x}}{e^{3x}+e^{x}}$
6. $\lim_{x\to\infty}\left(1+\frac{1}{x}\right)^{5x}$

[9] 지수함수 $f(x) = e^x$ 에 대하여, 미분함수의 정의를 이용하여 $f'(x) = e^x$ 임을 증명하라.

Chapter 2

적분(Integral)

구간 $[a,b]$에서 정의되는 함수 $f(x)$에 대한 적분 S는 아래와 같이 표시되며,

$$S = \int_a^b f(x)\,dx$$

특별히 $f(x) > 0$인 경우에는 "구간 $[a,b]$와 $f(x)$에 갇힌 면적"으로 해석할 수 있다 (그림 2.1 참조).

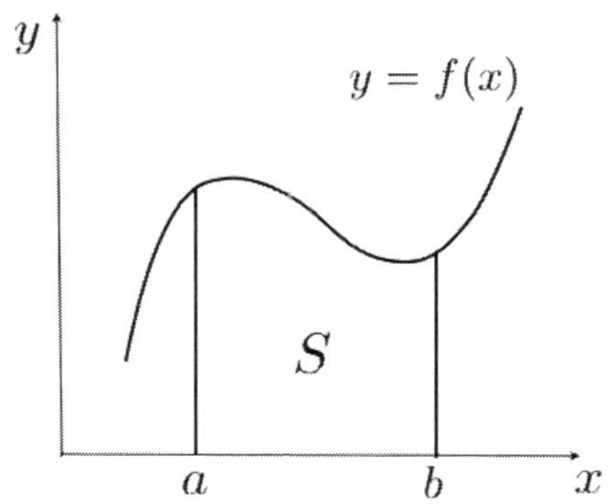

그림 2.1: 구간 $[a,\ b]$에서 정의된 적분값은 면적 S와 같다.

이와 같은 면적의 계산은 그림 2.2와 같은 방법의 리만합(Reimann sum)으로 근사할 수 있는데, 이는 구간 $[a,b]$를 폭이 $\Delta x = (b-a)/n$ 인 n개 구간으로 나누었을 때, 소구간 안의 점을 c_k라고 하면,

$$S \approx \sum_{k=1}^{n} f(c_k)\Delta x \tag{2.1}$$

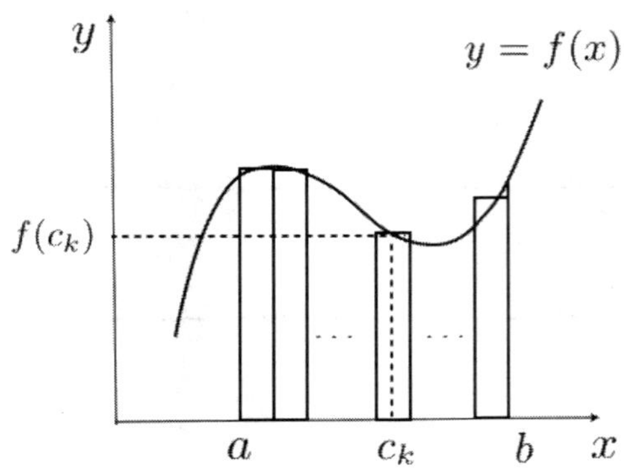

그림 2.2: 구간 $[a,\ b]$의 면적을 리만합으로 근사한 모습

라고 표현된다. 이때 구간의 개수를 무한하게 증가시킬 경우, 식 2.1 값이 수렴하면 '함수 $f(x)$는 적분가능(integrable)하다'라고 하며, 이때 적분 S를

$$S = \lim_{n\to\infty} \sum_{k=1}^{n} f(c_k)\Delta x = \int_a^b f(x)\, dx \tag{2.2}$$

라고 표현한다.

한편, x축 아래 위치한 음함수(negative function)의 적분은 x축을 중심으로 대칭시킨 양함수의 면적을 A라고 했을때,

$$\int_a^b f(x)\, dx = -\int_a^b (-f(x))\ dx = -A$$

라고 계산되며 (그림 2.3 참조), 양함수와 음함수가 함께 있는 적분은 면적의 차이로 표현되어서

$$\int_a^c f(x)\, dx = -\int_a^b (-f(x))\ dx + \int_b^c f(x)\, dx = -A_1 + A_2 = A_2 - A_1$$

가 된다 (그림 2.3 참조).

함수의 적분에 관한 모든 성질을 나열할 수는 없지만, 통계학을 공부함에 있어서 가장 필수적인 성질 몇가지를 나열해 본다.

구간 $[a,b]$에서 정의되는 함수 $f(x)$, $g(x)$가 적분가능한 함수일때, 아래와 같은 성질을 가지고 있다 (증명 생략).

Proposition 2.1 *$x \in [a,b]$ 에서 $f(x) \geq g(x)$ 이면,* $\int_a^b f(x)\, dx \geq \int_a^b g(x)\, dx$

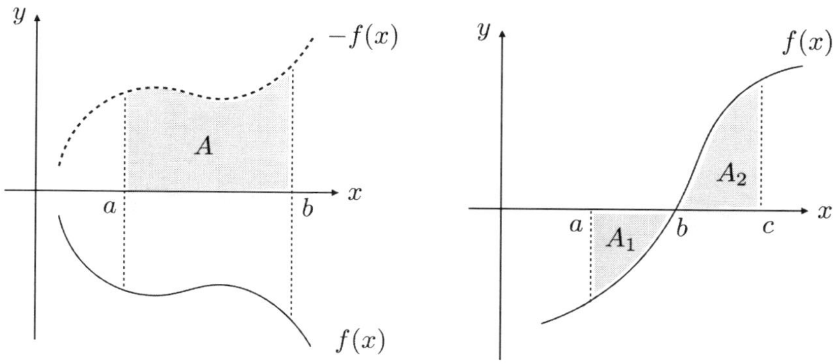

그림 2.3: 음함수의 적분

Proposition 2.2 $f(x)$ 와 $|f(x)|$가 모두 적분가능하면, $\int_a^b |f(x)|\, dx \geq \int_a^b f(x)\, dx$

Proposition 2.3 $\int_a^b \{f(x) \pm g(x)\}\, dx = \int_a^b f(x)\, dx \pm \int_a^b g(x)\, dx$

Proposition 2.4 k 는 상수일 때, $\int_a^b kf(x)\, dx = k\int_a^b f(x)\, dx$

Proposition 2.5 $\int_a^b f(x)\, dx = -\int_b^a f(x)\, dx$

Proposition 2.6 $\int_a^b f(x)\, dx = \int_a^c f(x)\, dx + \int_c^b f(x)\, dx$

Proposition 2.7 $\int_a^a f(x)\, dx = 0$

Proposition 2.8 $\int_a^b 1\, dx = b - a$

2.1 평균값정리(Mean Value Theorem)

앞 절에서 소개된 평균값정리는 미분(기울기)에 관한 정리였다. 이러한 미분의 평균값정리를 적분으로 확장할 수도 있다. 즉, 함수의 적분값이 그 함수 밑의 면적이라고 생각할 때, 어느 구간 사이의 적분값은 밑변을 구간의 길이로 하고 높이를 함수값으로 하는 어느 직사각형의 면적과 일치하게 된다. 이를 자세히 적어본다면,

함수 $f(x)$가 구간 $[a, b]$에서 정의되고 연속인 경우,

$$\int_a^b f(x)\, dx = f(c)(b-a), \quad a < c < b \tag{2.3}$$

되는 점 c가 적어도 한개 존재한다(그림 2.4 참조).

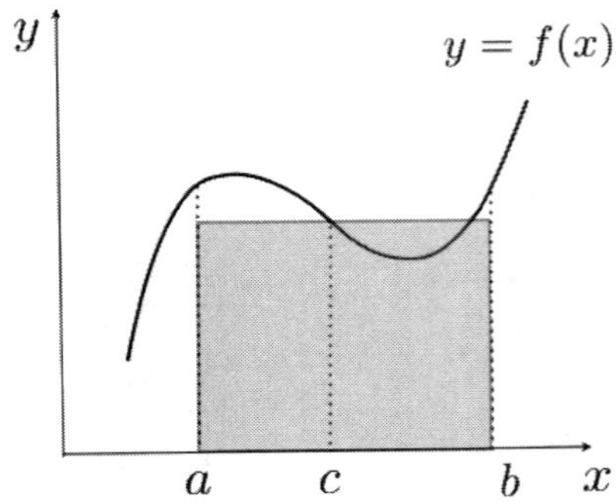

그림 2.4: 적분의 평균값정리

Q 함수$f(x) = 1/x$ 을 이용하여 구간 $(1, 2)$에 대한 적분의 평균값정리를 확인하되, 알맞은 c값을 구하라.

2.2 미적분학의 기본정리(FTC)

미적분학의 기본정리(Fundamental Theorem of Calculus, FTC)는 미분과 적분의 관계를 형성하는 2개의 중요한 정리로 구성되어 있으며 아래와 같다.

Theorem 2.9 (FTC-1: 역도함수의 정의) *함수 $f(x)$가 구간 $[a, b]$에서 연속이면*

$$F(x) = \int_a^x f(t)\, dt \tag{2.4}$$

는 $[a, b]$에서 연속이고 (a, b)에서 미분가능하며

$$F'(x) = \frac{d}{dx}\int_a^x f(t)\, dt = f(x) \tag{2.5}$$

가 성립한다 (증명생략).

Remark 위에서 소개된 $F(x)$를 $F'(x) = f(x)$ 이라는 관계에 근거하여 '$f(x)$의 역도함수(anti-derivative)'라고 일컫는다.

Q 미적분학의 기본정리(FTC-1)를 이용하여 다음을 계산하라.

1. $\frac{d}{dx}\int_0^x \sin t\ dt$

2. $y = \int_x^3 t\cos t\, dt$ 일 때, $\frac{dy}{dx}$의 값
3. $y = \int_0^{x^2+1} \frac{1}{1+e^t}\, dt$ 일 때, $\frac{dy}{dx}$의 값

두 번째 미적분학의 기본정리는 아래와 같다.

Theorem 2.10 (FTC-2: 역도함수의 성질) *함수 $f(x)$가 구간 $[a,b]$에서 연속이고, $F(x)$가 $f(x)$의 역도함수라면*

$$\int_a^b f(x)\,dx = F(b) - F(a) \tag{2.6}$$

가 된다 (증명생략).

Q 다음 함수 $f(x)$에 대한 $F(x)$를 구해보고, $\int_1^2 f(x)\,dx$ 의 값을 FTC-2를 이용하여 구하라.

1. $f(x) = e^x$
2. $f(x) = \sqrt{x}$
3. $f(x) = x^2$
4. $f(x) = 2^x$
5. $f(x) = \sin(\frac{\pi}{2}x)$

이전 단원에서 $y = f(x)$ 에서 함수 $f(x)$에 대한 미분함수 $f'(x)$의 정의는

$$f'(x) = \frac{df(x)}{dx} = \lim_{h\to 0}\frac{f(x+h)-f(x)}{h} \tag{2.7}$$

라고 배웠다. 이를 아래와 같이 정의할 수도 있다.

Definition 만일 $y = f(x)$ 이고 함수 $f(x)$가 미분가능하면,

$$dy = f'(x)\,dx \tag{2.8}$$

라고 정의하며, dy를 y의 미분(differential)이라고 한다.

이를 이용하면,

Proposition 2.11 *함수 $f(x)$와 $F(x)$ 사이에 $F'(x) = f(x)$ 관계가 있을 때,*

$$\int_a^b dF(x) = F(b) - F(a) \tag{2.9}$$

가 된다.

Proof 정의에 의하여 $F'(x) = f(x)$ 이므로

$$dF(x) = f(x)\,dx \tag{2.10}$$

가 되며, 이는

$$\int_a^b dF(x) = \int_a^b f(x)\,dx \tag{2.11}$$

가 되어 FTC-2 에 의해

$$\int_a^b dF(x) = \int_a^b f(x)\,dx = F(b) - F(a) \tag{2.12}$$

가 된다. ∎

2.3 기대값(Expected Value)

일반적으로 n개의 값, $x_1, x_2, \cdots, x_n$ 에 대한 산술평균(average)은 관측치의 무게중심을 나타내며

$$\bar{x} = \frac{x_1 + x_2 + \cdots + x_n}{n} \tag{2.13}$$

으로 표시되는데 이를

$$\bar{x} = \sum_{i=1}^{n} \frac{1}{n} x_i \tag{2.14}$$

라고 표기할 수 있다. 다시 말해서, 모든 값 x_i에 $1/n$이라는 동일한 발생의 상대빈도수(relative frequencey)를 곱해서 더한 가중합(weighted sum)의 형태이다.

그러나, x_i의 값에 따라서 상대빈도, $f(x_i)$가 다르다면,

$$\bar{x} = \sum_{i=1}^{n} f(x_i)\, x_i \tag{2.15}$$

라고 표현될 것이다. 이런 가중합의 형태를 적분으로 표현하면

$$\mu = \int_{-\infty}^{\infty} f(x)\, x\, dx = \int_{-\infty}^{\infty} x\, f(x)\, dx \tag{2.16}$$

가 된다. 이를 확률변수 X의 '기대값(Expected Value 혹은 Mean)' 라고 하며 $E(X)$ 라고 표기한다.

Example 확률변수 X의 확률밀도함수(빈도함수)가 아래와 같을 때 X의 기대값을 구하라.

$$f(x) = \begin{cases} \frac{1}{2}, & 0 < x < 2 \\ 0, & \text{otherwise} \end{cases}$$

Solution: 확률변수 X의 기대값을 식 2.16에 의해 구하면

$$\begin{aligned} \int_{-\infty}^{\infty} x\ f(x)\ dx &= \int_{-\infty}^{0} x\ f(x)\ dx + \int_{0}^{2} x\ f(x)\ dx + \int_{2}^{\infty} x\ f(x)\ dx \\ &= \int_{0}^{2} \frac{1}{2}\ x\ dx = 1 \end{aligned}$$

Q 확률변수 X의 확률밀도함수(빈도함수)가 아래와 같을 때 X의 기대값을 구하라.

$$f(x) = \begin{cases} \frac{3}{8}x^2, & 0 < x < 2 \\ 0, & \text{otherwise} \end{cases}$$

2.4 중적분(Double Integrals)

만일 $f(x, y)$가 다변량함수라면 아래와 같은 중적분(double integrals)이 정의될 수 있는데, 이는 $(a \le x \le b,\ c \le y \le d)$라는 직사각형과 곡면 $z = f(x, y)$ 사이에 존재하는 공간의 부피로 해석된다(그림 2.5 참조).

$$V = \int_a^b \int_c^d f(x, y)\, dydx$$

2.5 푸비니 정리(Fubini's Theorem)

중적분의 계산에서 적분 순서에 대해서는 이미 이태리 수학자 푸비니(G. Fubini; 1879-1943)에 의해 증명된 것처럼, 아래와 같이 서로 순서를 바꿔서 적분해도 무관하다.

Theorem 2.12 (Fubini's Theorem) *연속함수 $f(x, y)$가 영역 $R : a \le x \le b,\ c \le y \le d$ 에서 연속이면,*

$$\int_a^b \int_c^d f(x, y)\, dydx = \int_c^d \int_a^b f(x, y)\, dxdy \tag{2.17}$$

가 성립된다.

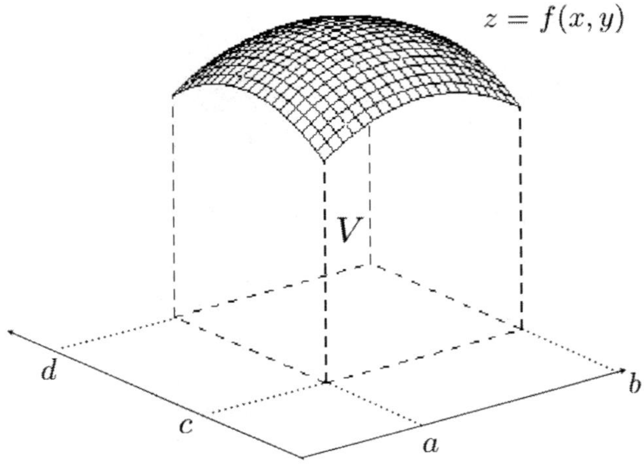

그림 2.5: 구간 $(a \le x \le b,\ c \le y \le d)$위에 정의된 적분값은 구간 위와 곡면 $f(x, y)$ 사이에 형성된 공간의 부피이다.

그러나, $a,\ b,\ c,\ d$ 가운데 하나라도 상수가 아닌 변수가 포함되면 적분순서를 바꿀 수 있으되 그 범위는 조심해서 선정하게 된다.

예를 들어 그림 2.6은 영역 $A(a \le x \le b,\ 0 \le y \le x)$에서 함수 $f(x, y)$에 대한 중적분 과정을 나타낸다. 왼쪽 그림은 y에 대한 적분을 먼저하고(x를 고정시킨 후) 나서 x에 대한 적분을 실시하는 경우이다. 이 경우 x를 고정함으로써 y의 범위는 x의 위치에 관계없이 $0 \le y \le x$ 가 되고, 이러한 x가 $a \le x \le b$ 범위로 움직이므로 중적분은

$$\int\int_A f(x, y)\, dydx = \int_a^b \int_0^x f(x, y)\, dydx \tag{2.18}$$

가 된다.

반면에, 그림 2.6의 오른쪽 그림은 같은 영역 A에 대하여 y를 고정하고 x에 대해 적분한 후, 다시 y에 대해 적분하는 경우를 도시한 그림이다. 이 경우, y의 위치에 따라서 x의 범위가 달라지는데, 예를 들어 $0 \le y \le a$ 인 경우는 x의 범위가 $a \le x \le b$ 인 반면, $a \le y \le b$ 인 경우는 x의 범위가 $y \le x \le b$ 가 된다. 그러므로, 중적분은

$$\int\int_A f(x, y)\ dxdy = \int_0^a \int_a^b f(x, y)\ dxdy + \int_a^b \int_y^b f(x, y)\ dxdy \tag{2.19}$$

가 될 것이다.

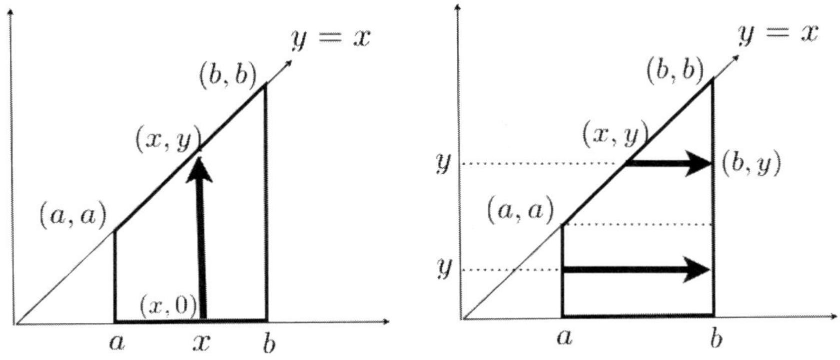

그림 2.6: 영역 $A(a \le x \le b,\ 0 \le y \le x)$에서 정의되는 푸비니정리: 왼쪽그림에 대한 중적분은 $\int\int_A f(x,y)\,dydx = \int_a^b \int_0^x f(x,y)\,dydx$ 이고 오른쪽 그림에 대한 중적분은 $\int\int_A f(x,y)\,dxdy = \int_0^a \int_a^b f(x,y)\,dxdy + \int_a^b \int_y^b f(x,y)\,dxdy$ 가 된다.

Example 영역 $\{A : 0 \le x \le 2,\ x^2 \le y \le 4\}$ 에 대하여 아래 등식이 성립함을 계산으로 보여라.

$$\int\int_A (4x+2)\ dydx = \frac{80}{3}$$

Solution: 먼저 영역 A를 그림으로 그려보면 그림 2.7이 된다. 좌변을 y에 대해 먼저 적분을 한 후에 x에 대해 적분을 하면

$$\int\int_A (4x+2)\ dydx = \int_0^2 \int_{x^2}^4 (4x+2)\ dydx = \frac{80}{3}$$

가 됨을 알 수 있다.

Q 영역 $\{A : 0 \le x \le 2,\ x^2 \le y \le 4\}$ 에 대하여 아래 중적분을 순서에 맞춰 계산할 때 값이 일치함을 보여라.

$$\int\int_A (4x+2)\ dxdy = \frac{80}{3}$$

2.6 부분적분(Integration by Parts)

통계분야에서 중요한 미분 이론이 테일러전개와 평균값정리라면, 적분에서는 부분적분과 변수변환일 것이다. 이 두 가지 도구를 통해 통계분야의 수 많은 계산이 간편해 졌고 새로운 이론발전이 가능해졌다.

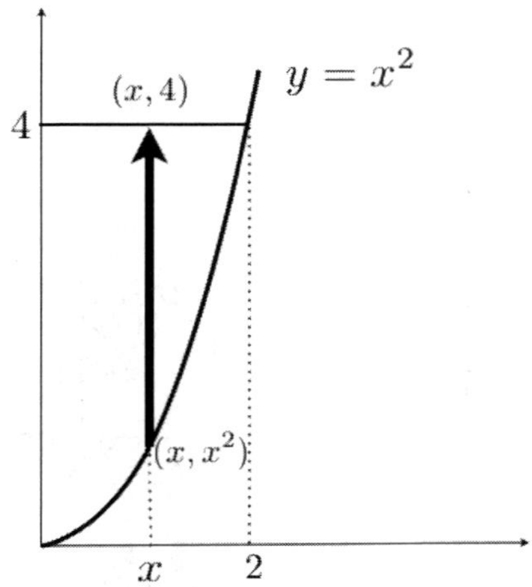

그림 2.7: 영역 $\{A : 0 \le x \le 2,\ x^2 \le y \le 4\}$에 대한 $\int\int_A 4x + 2\, dydx$ 계산 과정

Theorem 2.13 (부분적분) *함수 $g(x)$, $m(x)$ 가 모두 미분가능한 함수이라면*

$$\int g(x)m'(x)\,dx = g(x)m(x) - \int g'(x)m(x)\,dx \tag{2.20}$$

가 성립한다.

Proof 먼저 $f(x) = g(x)m(x)$ 라고 할 때, 우리는

$$f'(x) = g(x)m'(x) + g'(x)m(x) \tag{2.21}$$

임을 배웠다. 여기에, 미분의 정의를 이용하여 $df(x) = f'(x)\ dx$ 임을 고려하면

$$df(x) = [g(x)m'(x) + g'(x)m(x)]\,dx \tag{2.22}$$

가 되므로, 이는

$$\int df(x) = \int g(x)m'(x)\,dx + \int g'(x)m(x)\,dx \tag{2.23}$$

가 된다. 여기서 좌변이

$$\int df(x) = \int f'(x)\,dx = f(x) \tag{2.24}$$

가 되므로

$$\int g(x)m'(x)\,dx = f(x) - \int g'(x)m(x)\,dx \tag{2.25}$$

$$= g(x)m(x) - \int g'(x)m(x)\,dx \tag{2.26}$$

가 된다. ∎

Q 부분적분을 이용하여 보여라.

1. $\int_1^2 x \ln x \, dx = 2 \ln 2 - \frac{3}{4}$

2. $\int_0^1 xe^x \, dx = 1$

2.7 변수변환(Change of Variables)

때로는 어려운 중적분의 계산이 변수변환을 통해 간단해 질 수도 있다. 예를 들어, $(x^3 - 2x)^2$ 을 x에 대해 적분하는 것 보단 u^2을 u로 적분하는 것이 훨씬 쉬워진다. 그러나, 적분에서 변수를 치환한다는 것은 단순히 변수를 바꾸는 것만을 의미하진 않는데, 이는 적분을 수행하는 영역이 x축에서 u축으로 옮겨졌기 때문이며 이에 대한 보정이 필요하게 된다. 예를 들어

$$\int_a^b f(x) \, dx$$

를 계산하는데 $x = g(u)$ 라는 관계를 사용하여 변수 x에 대한 적분을 변수 u에 대해 실행해 보자. 이를 위해 아래의 계산이 필요게 된다.

- 시작점 $x = a$ 에 대한 u값은 $a = g(u)$ 에 의해 $u = g^{-1}(a)$ 가 되고,
- 종착점 $x = b$ 에 대한 u값은 $b = g(u)$ 에 의해 $u = g^{-1}(b)$ 가 된다.
- 또한 $x = g(u)$ 의 관계식으로부터 $dx = g'(u) \, du$ 라고 계산되므로,

이를 종합하면

$$\int_a^b f(x) \, dx = \int_{g^{-1}(a)}^{g^{-1}(b)} f(g(u)) \, |g'(u)| \, du \tag{2.27}$$

가 된다. 여기서 $g'(u)$대신 절대값 $|g'(u)|$을 취한 이유는 함수의 부호를 그대로 유지하면서 보정작용을 하기 위함이다. 그러나, 만일 단순히 변수끼리만 치환한다면 x대신 $g(u)$, dx대신 du를 넣어서, 적분의 모습이

$$\int_{g^{-1}(a)}^{g^{-1}(b)} f(g(u)) \, du \tag{2.28}$$

가 되고 이는 우리가 유도한 식 2.27과 일치하지 않는다.

$$\int_{g^{-1}(a)}^{g^{-1}(b)} f(g(u)) \, du \neq \int_{g^{-1}(a)}^{g^{-1}(b)} f(g(u)) \, |g'(u)| \, du \tag{2.29}$$

그러므로, 변수변환시 단순히 변수만을 치환하는 것이 아니라 $|g'(u)|$와 같은 보정 작용을 하는 항을 곱해주어야 하는데 이 $g'(u)$를 자코비안(Jacobian, 혹은 야코비안)이라고 한다.

다변량함수에서도 단변량함수와 마찬가지의 자코비안이 필요하다.

Theorem 2.14 (변수변환) *만일 $x = g(u,v)$, $y = h(u,v)$라는 변환을 통해 (x,y)에서 정의된 영역 R이 (u,v)로 오면서 영역 G로 바뀐다면, 이에 대한 중적분은*

$$\int\int_R f(x,y)\,dxdy = \int\int_G f\left(g(u,v), h(u,v)\right)\ |J|\,dudv \tag{2.30}$$

으로 계산된다. 여기서 $|\ |$는 절대값이고, 자코비안 행렬(Jacobian Matrix)은

$$\begin{pmatrix} \frac{\partial x}{\partial u} & \frac{\partial x}{\partial v} \\ \frac{\partial y}{\partial u} & \frac{\partial y}{\partial v} \end{pmatrix} \tag{2.31}$$

가 되고, 자코비안은 그 행렬의 행렬식(determinant)인

$$J(u,v) = \det \begin{pmatrix} \frac{\partial x}{\partial u} & \frac{\partial x}{\partial v} \\ \frac{\partial y}{\partial u} & \frac{\partial y}{\partial v} \end{pmatrix}$$

가 된다.

Remark $\det(\cdot)$라는 함수는 행렬의 값을 나타내는 행렬식(determinant)이며 이에 대해서는 추후 다루게 될 것이다. 참고로, 2×2 행렬인 경우 행렬식은

$$\det \begin{pmatrix} a_{11} & a_{12} \\ a_{21} & a_{22} \end{pmatrix} = a_{11}a_{22} - a_{12}a_{21}$$

라고 정의된다.

Example 아래 중적분 계산을 $u = (2x-y)/2$, $v = y/2$ 라는 변환을 통해 (u,v) 공간에서 행한 값이 2가 됨을 증명하라.

$$\int_0^4 \int_{y/2}^{(y/2)+1} \frac{2x-y}{2}\,dxdy = 2$$

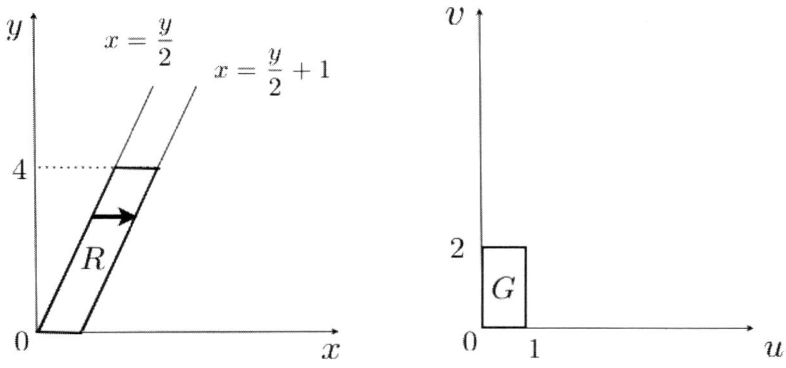

그림 2.8: xy좌표의 영역 $\{R : 0 \le y \le 4,\ \frac{y}{2} \le x \le \frac{y}{2}+1\}$은 변수변환 $u = (2x-y)/2,\ v = y/2$ 을 통해 uv좌표에서 영역 $\{G : 0 \le u \le 1,\ 0 \le v \le 2\}$로 변환된다.

Solution: 자코비안을 구하면 $u = (2x - y)/2,\ v = y/2$ 으로부터

$$\begin{aligned} x &= u + v \\ y &= 2v \end{aligned}$$

이므로 x대신 $(u + v)$를, y대신 $2v$를 대입시키면 된다. 그리고 자코비안은

$$J(u,v) = \det\begin{pmatrix} \frac{\partial x}{\partial u} & \frac{\partial x}{\partial v} \\ \frac{\partial y}{\partial u} & \frac{\partial y}{\partial v} \end{pmatrix} = \det\begin{pmatrix} 1 & 1 \\ 0 & 2 \end{pmatrix} = 2$$

가 되며, 따라서 중적분은

$$\int\int_R \frac{2x-y}{2}\,dxdy = \int\int_G u\ |J|\,dudv = \int\int_G 2u\,dudv$$

가 된다. 이제 영역 G만 규정하면 되는데 그림2.8과 같이 xy좌표계에서 표시된 영역보다는 uv좌표계에서 표현된 영역이 훨씬 간단해 졌으므로

$$\int_0^4 \int_{y/2}^{y/2+1} \frac{2x-y}{2}\,dxdy = \int_0^2 \int_0^1 2u\,dudv = 2$$

로 계산이 쉬워진다.

2.8 수치적분(Numerical Integration)

때때로 부분적분이나 변수변환을 하더라도 적분값을 구할 수 없는 경우가 발생한다. 이 경우, 수치해석(numerical analysis)적인 방법으로 컴퓨터를 이용한 적분의 근사값을 구할 수 있다. 이 단원에서는 우리가 잘 알고있는 사다리꼴의 면적(아랫변의 길이가 a, 윗변의 길이가 b, 그리고 높이가 h인 사다리꼴) 을 계산하는

$$S = \frac{h}{2}(a+b) \tag{2.32}$$

을 이용하여 '사다리꼴 공식에 의한 수치적분'을 소개한다.

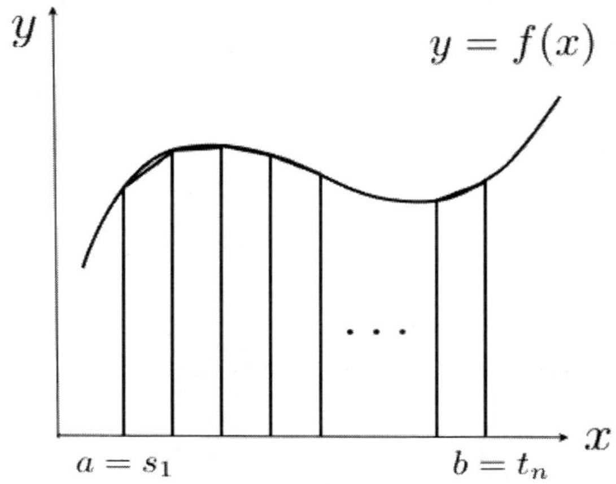

그림 2.9: 사다리꼴 공식에 의해 구간 $[a, b]$를 수치적분하는 그림

Definition 만약 아래와 같은 적분을 하려면

$$\int_a^b f(x)\,dx$$

그림 2.9 같이, 구간 $[a, b]$를 n등분하여, 각각의 구간을 $[s_1, t_1], [s_2, t_2], \cdots, [s_n, t_n]$ 이라고 표시하면, 적분값은

$$\int_a^b f(x)dx \simeq \frac{1}{2}\left(\frac{b-a}{n}\right)\{f(s_1) + 2f(t_1) + 2f(t_2) + \cdots + 2f(t_{n-1}) + f(t_n)\}$$

로 근사된다. 이와 같은 근사공식을 '사다리꼴 공식'이라 한다.

Remark 사다리꼴 공식에서 i번째 구간의 적분은 그림 2.9와 같이 밑변길이가 $\frac{b-a}{n}$이고 양변의 길이가 각각 $f(s_i)$, $f(t_i)$인 사다리꼴의 면적으로 근사된다. 이와 같이 적분값을 구하기 힘든 경우에, 구간을 n등분하여 생긴 사다리꼴의 면적을 모두 더함으로써 적분값을 구하는 방법을 '사다리꼴 공식에 의한 수치적분'이라 한다.

Q 아래 적분값을 손으로 계산해 보고, 또한 $n = 4$ 인 경우의 사다리꼴 공식을 이용해 그 근사값을 구해서 실제 적분값과 이 근사값을 비교하라.

1. $\int_0^1 x\,dx$

2. $\int_0^1 e^x\,dx$

2.9 연습문제

[1] 아래 적분영역을 (x, y) 평면에 도시하고, 적분값을 구하라.

1. $\int_{-2}^{0}\int_{y}^{-y} 2\;dxdy$

2. 푸비니 정리를 적어라.

3. 푸비니 정리를 이용하여 $\int_{-2}^{0}\int_{y}^{-y} 2\,dxdy$ 을 다시 계산하라.

[2] 구간 $[1, 2]$에서 정의된 함수 $f(x)$에 대하여, 점 c는 적분의 평균값정리에 의해 정의된 값이다. 이때의 c값을 구하라.

1. $f(x) = e^x - x^2$

2. $f(x) = \ln x$

3. $f(x) = \frac{1}{x}$

[3] 아래 적분값을 손으로 계산해 보고, 또한 $n = 4$ 인 경우의 사다리꼴 공식을 이용해 그 근사값을 구해서 비교하라.

1. $\int_{-1}^{1} x\,dx$

2. $\int_{-2}^{2} x^3 \, dx$

[4] X가 표준정규분포를 따른다고 가정할때, X의 확률밀도함수, $f(x)$는

$$f(x) = \frac{1}{\sqrt{2\pi}} e^{-\frac{x^2}{2}}$$

가 된다. X의 범위가 $(-\infty, \infty)$가 아니라 $(-2, 2)$라는 가정하에 $n = 4$의 사다리꼴 공식을 이용하여 아래를 확인하라.

1. $\int_{-2}^{2} f(x) \, dx \simeq 1$
2. $E(X) \simeq 0$

[5] 다음의 적분값을 확인하라.

1. $\int_0^1 3xe^{x^2} \, dx = \frac{3}{2}(e-1)$
2. $\int_{-1}^{-2} (x^2 + 7x + 1)(2x + 1) \, dx = -15$
3. $\int_0^1 x^2 e^x \, dx = e - 2$
4. $\int_1^2 \ln x \, dx = 2 \ln 2 - 1$
5. $\int_0^1 \int_0^1 xy \, dydx = \frac{1}{4}$
6. $\int_0^1 \int_x^{2x} \frac{y}{x} e^x \, dydx = \frac{3}{2}$

[6] 아래 적분은 모두 y로 적분을 먼저한 후에 x에 대해 적분하고 있다. 푸비니정리에 의하면 순서를 바꾸어도 값이 일치한다고 한다. 이제 x에 대해 적분을 먼저 하고나서 y에 대해 적분하려고 할 때, 알맞은 구간을 적어서 적분순서를 바꾸라.

1. $\int_0^1 \int_0^1 x^2 y \; dydx$
2. $\int_0^1 \int_0^x \; dydx$
3. $\int_0^1 \int_{\frac{x}{2}}^x y \; dydx$

[7] 아래 적분값을 구하되 y를 사용한 변수변환으로 구하라

1. $\int_0^1 3xe^{x^2} dx, \quad y = x^2$

2. $\int_0^1 (x^2+4x+1)(2x+4)\,dx, \quad y = x^2+4x+1$

3. $\int_0^1 (x-1)^{10}\,dx, \quad y = x-1$

4. $\int_0^1 -e^{-x}\,dx, \quad y = -x$

[8] 아래 중적분값을 변수변환 ($u = x+2y,\ v = x-2y$)을 통해 구하라.

$$\int\int_A (3x+6y)^2\,dxdy, \quad A = \left\{(x,y) \mid \frac{x-2}{2} \le y \le \frac{2-x}{2},\ 0 \le x \le 2\right\}$$

[9] 다음 적분값을 구하되 $t = \sin\theta$를 이용하여라.

$$\int_{-1}^{1} \sqrt{1-t^2}\,dt$$

(Hint: $\cos^2\theta = (1+\cos 2\theta)/2$)

[10] 아래 중적분값이 2π가 됨을 변수변환 (u,v)을 통해 증명하라.

$$\begin{cases} \int\int_A 1\,dxdy, \quad A = \{(x,y) \mid x^2+4y^2 \le 4\} \\ u = \frac{x}{2},\ v = y \end{cases}$$

Chapter 3

스칼라와 벡터

행렬 간의 덧셈과 곱셈 같은 연산작용을 이해하려면 먼저 이를 구성하는 유클리드 공간, 스칼라(scalar), 그리고 벡터(vector)에 대해 먼저 알아야 한다.

3.1 유클리드 공간(Euclidean Space)

집합 $\Re$을 모든 실수의 집합이라고 할 때, $\Re$을 기하학적으로 유클리드 1차공간(Euclidean 1-space)이라고도 한다. 이는 기하학의 아버지라고 일컫는 고대 알렉산드리아 수학자 유클리드(Euclid; BC 300 경)의 이름에 따른 것인데 우리와 친숙한 xy좌표공간은 유클리드 2차공간(Euclidean 2-space)이며 $\Re^2$라고 표기한다. 이제 $\Re^2$평면위에 수직으로 축이 추가되면 3차원 공간인 유클리드 3차공간(Euclidean 3-space)이 형성되며 $\Re^3$라고 표기된다. 이러한 유클리드 공간 위의 모든 점은 원점으로부터의 거리(distance)와 각도(angle)로 표현가능하게 된다. n차원 유클리드 공간은 n개의 좌표축으로 이루어 졌으며, 어떤 원소 $\boldsymbol{x}$가 이 n차원 유클리드 공간에서 정의된다면 $\boldsymbol{x} \in \Re^n$ 이라고 표현한다. 앞으로 언급할 벡터와 스칼라는 이러한 유클리드 공간에서 정의된다.

3.2 스칼라와 벡터(Scalar and Vector)

물리학이나 수학에서 스칼라(scalar)는 '크기(magnitude)를 나타내는 값'를 의미한다. 예를 들어 무게(kg)를 나타내는 x나 길이(cm)를 나타내는 y는 스칼라이다.

그림 3.1: 기하학의 아버지 유클리드(B.C.300 경)

한편, 벡터(vector)는 두 개 이상의 스칼라를 묶어서 수평하게(행으로) 혹은 수직하게(열로) 나열해 놓은 것으로서, 크기와 방향을 모두 포함하고 있다.

Definition 스칼라와 벡터는 아래와 같이 정의된다.

- 스칼라: 크기를 나타내는 값으로 영문소문자로 표시한다(예: a, b, x, y).
- 벡터: 크기와 방향을 나타내는 값으로 아래와 같이 다양한 표시방법이 존재한다.

$$\vec{a} = \begin{pmatrix} 1 \\ 2 \\ 3 \end{pmatrix}, \quad \boldsymbol{a} = \begin{pmatrix} 1 \\ 2 \\ 3 \end{pmatrix}, \quad \underset{\sim}{a} = \begin{pmatrix} 1 \\ 2 \\ 3 \end{pmatrix}, \quad \cdots$$

Remark 이 책에서는 $\vec{a}$ 대신에 $\boldsymbol{a}$와 같은 표기법을 사용하고 특별한 언급이 없는 한, 벡터는 열벡터(column vector)를 나타낸다.

벡터는 괄호안에 몇 개의 원소가 존재하는지에 따라서 그 크기가 결정되는데, 만일 원소가 3개면 $\Re^3$공간에 속하는 3×1벡터(three-by-one vector)이고, 2개면 $\Re^2$에 속한 2×1벡터(two-by-one vector)라고 한다. 아래는 크기가 3×1인 열벡터(column vector)와 1×2인 행벡터(row vector)의 모습이다.

$$\boldsymbol{x} = \begin{pmatrix} 1 \\ 2 \\ 10 \end{pmatrix}, \quad \boldsymbol{y}^T = \begin{pmatrix} 1 & 2 \end{pmatrix}$$

그림 3.2: 데카르트(René Descartes, 1596-1650) : 프랑스의 철학자, 수학자로 '나는 생각한다 고로 존재한다'는 이성주의 철학을 확립하였고, 방정식에 최초로 미지수 x를 도입하는 한편, 좌표계를 사용하여서 기하학의 기초를 열었다.

여기서, 행벡터는 $\boldsymbol{y}^T$와 같이 T(transpose, 전치)를 위 첨자로 붙여주는 것이 관례이며, 전치에 대해서는 '벡터의 전치(transpose of vectors)'와 '행렬의 전치(transpose of matrix)'를 다룰 때 자세히 배울 것이다.

3.3 데카르트 좌표계(Cartesian Coordinate)

벡터를 표기하는 방법은 앞에서 서술한 열벡터 $\boldsymbol{x}$와 행벡터 $\boldsymbol{y}^T$같은 표기 외에 좌표계의 점으로 표기하는 방법도 있다. 이 경우, 벡터의 방향과 크기를 좌표공간에서 눈으로 확인할 수 있는 장점이 있다. 두 개의 직교하는 축으로 형성되는 좌표평면은 프랑스 수학자 데카르트(그림 3.2)에 이름을 따서 데카르트 좌표계(Cartesian Coordinate System), 혹은 유클리드 좌표계(Euclidian Coordinate System)라고 하는데, 벡터는 이러한 좌표공간에서 아래와 같이 정의된다.

예를 들어 xy좌표평면 상에서 원점을 시작하여 점 (x_1, y_1)에 이르는 벡터를 $\boldsymbol{a}$라고 하면(그림 3.3 참조), 이 벡터를 좌표계에서는

$$\boldsymbol{a} = (x_1, y_1) \tag{3.1}$$

라는 좌표기호로 표시한다. 지금까지 벡터를 나타내는 표현을 정리하면, 벡터 $\boldsymbol{a}$를 좌표계의 점으로

$$\boldsymbol{a} = (x_1, y_1)$$

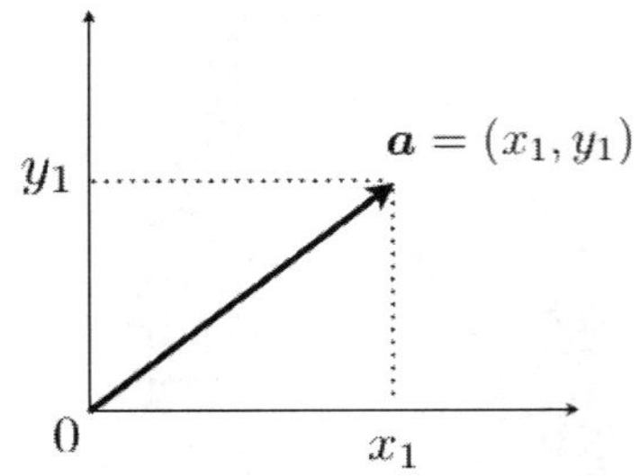

그림 3.3: 데카르트 좌표계에 표시된 벡터 $\boldsymbol{a} = (x_1, y_1)$

라는 좌표기호로 표현하거나, 열벡터의 형태로

$$\boldsymbol{a} = \begin{pmatrix} x_1 \\ y_1 \end{pmatrix}$$

표현한다 (참고로, 크기와 방향이 같은 벡터는 모두 동일한 벡터이다).

3.4 스칼라와 벡터의 크기

스칼라의 크기는 절대값($|\cdot|$)으로 나타내지만, 벡터의 크기는 데카르트 좌표계에서 정의되는 "원점(origin)으로부터의 거리"로서 $||\boldsymbol{a}||$라고 표기한다. 그림 3.4에서 $\boldsymbol{a} \in \Re^3$ 의 경우, 벡터 $\boldsymbol{a}$의 크기는 피타고라스 정리에 의해

$$\boldsymbol{a} = \begin{pmatrix} a_1 \\ a_2 \\ a_3 \end{pmatrix} \quad \longrightarrow \quad ||\boldsymbol{a}|| = \sqrt{a_1^2 + a_2^2 + a_3^2} \tag{3.2}$$

라고 계산되고 이를 벡터 $\boldsymbol{a}$의 '노옴(norm)'이라고 한다.

Q 아래 스칼라, 혹은 벡터를 유클리드 공간에 표시하고, 그 크기를 구하라.

1) $\boldsymbol{x} = \begin{pmatrix} 1 \\ -2 \end{pmatrix}$

2) $y = -1$

3) $\boldsymbol{z} = (1,\ -1,\ 0)$

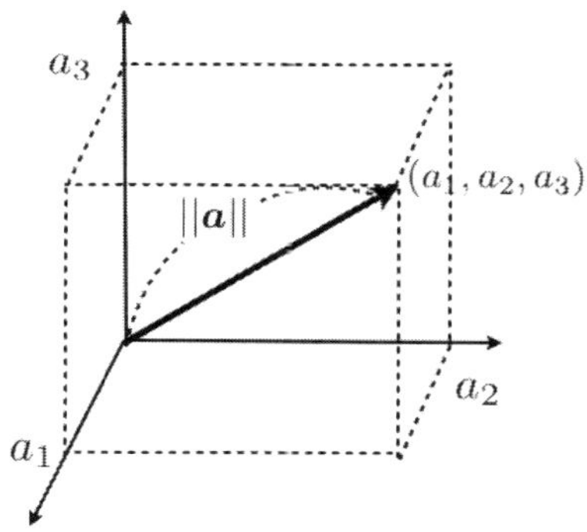

그림 3.4: 3차원 데카르트 좌표계에 표시된 벡터 $\boldsymbol{a}$의 크기인 $||\boldsymbol{a}|| = \sqrt{a_1^2 + a_2^2 + a_3^2}$

3.5 벡터의 연산작용

우리는 이미 스칼라와 스칼라 사이의 연산작용은 잘 알고 있다. 그렇다면 스칼라와 벡터간의 연산작용은 어떻게 정의 될 것인가? 불행히도 스칼라는 $\Re^1$에 속해 있고, 벡터는 $\Re^n$ $(n \geq 2)$에 속해 있기 때문에 서로 다른 차원간의 덧셈과 뺄셈은 불가능하다. 결국, 스칼라와 벡터의 곱셈은 스칼라의 값을 그 벡터의 구성요소에 각각 곱해주는 것으로 정의된다. 다시 말해서,

Definition 스칼라 a와 벡터 $\boldsymbol{x}$간의 곱셈은

$$a \times \boldsymbol{x} = a \begin{pmatrix} x_1 \\ x_2 \\ x_3 \end{pmatrix} = \begin{pmatrix} ax_1 \\ ax_2 \\ ax_3 \end{pmatrix}$$

라고 정의된다.

이와 같이 벡터와 스칼라의 곱셈은 벡터의 길이(norm)에 영향을 주게 되고 그림 3.5에서 보듯이 벡터 $\boldsymbol{x}$의 길이를 a배 하는 역할을 하게 되며, 만일 a가 음수일 경우에는 $\boldsymbol{x}$의 반대방향으로 바뀌게 한다.

반면에, 벡터의 덧셈(혹은 뺄셈)은 같은 차원의 공간에서 정의된 벡터 간에서만 허용이 되는데, 예를 들어 $\boldsymbol{x} \in \Re^3$ 이라면 $\boldsymbol{x} + \boldsymbol{y}$가 정의되기 위해선 $\boldsymbol{y} \in \Re^3$이어야 한다. 이 경우, 덧셈/뺄셈은 각 원소의 덧셈/뺄셈으로 수행된다.

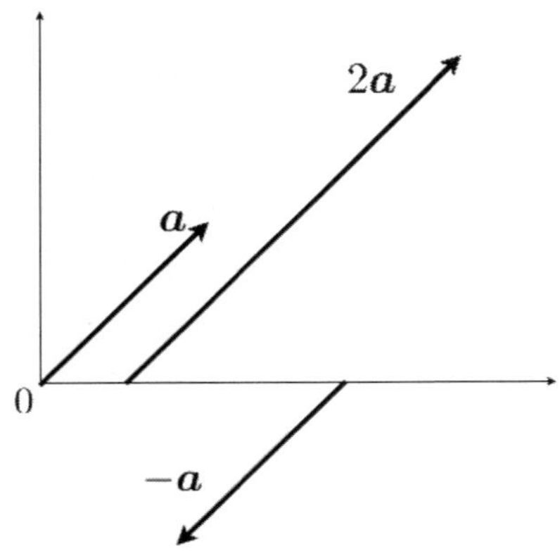

그림 3.5: 벡터 $\boldsymbol{a}$의 스칼라 곱, $2\boldsymbol{a}$, $-\boldsymbol{a}$의 모습

Definition 벡터 $\boldsymbol{x}$와 벡터 $\boldsymbol{y}$간의 덧셈/뺄셈은

$$\boldsymbol{x} \pm \boldsymbol{y} = \begin{pmatrix} x_1 \\ x_2 \\ x_3 \end{pmatrix} \pm \begin{pmatrix} y_1 \\ y_2 \\ y_3 \end{pmatrix} = \begin{pmatrix} x_1 \pm y_1 \\ x_2 \pm y_2 \\ x_3 \pm y_3 \end{pmatrix}$$

로 정의된다.

벡터의 덧셈은 두 벡터가 이루는 평행사변형의 사잇각을 통과하는 대각꼭지점까지의 벡터로 표현가능하다(그림 3.6 참조). 한편, 벡터의 뺄셈 $\boldsymbol{x} - \boldsymbol{y}$은 $\boldsymbol{x} + (-\boldsymbol{y})$라고 다시 표현할 수 있으며, $-\boldsymbol{y}$는 벡터 $\boldsymbol{y}$와 방향이 원점을 중심으로 반대인 벡터를 의미한다.

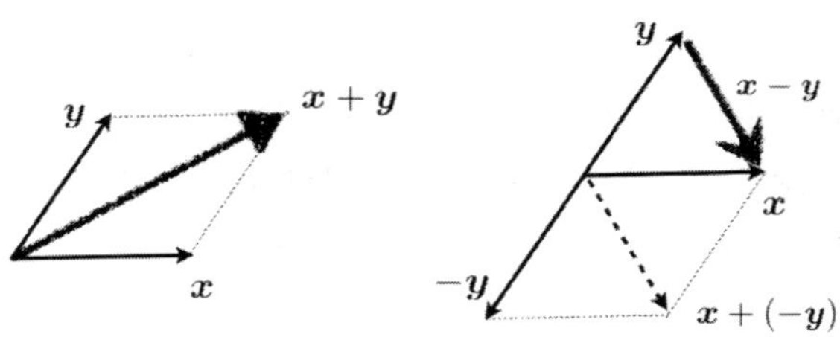

그림 3.6: 두 벡터 $\boldsymbol{x}$, $\boldsymbol{y}$의 덧셈 $\boldsymbol{x} + \boldsymbol{y}$과 뺄셈 $\boldsymbol{x} - \boldsymbol{y}$

Remark 영벡터는 벡터의 모든 원소가 0으로 이루어진 벡터이다.

$$\mathbf{0} = \begin{pmatrix} 0 \\ 0 \\ \vdots \\ 0 \end{pmatrix}$$

Proposition 3.1 *벡터 $\boldsymbol{x}$, $\boldsymbol{y}$, $\boldsymbol{z} \in \Re^n$에 대하여 다음이 성립한다.*

1. $\boldsymbol{x} + \boldsymbol{y} = \boldsymbol{y} + \boldsymbol{x}$
2. $(\boldsymbol{x} + \boldsymbol{y}) + \boldsymbol{z} = \boldsymbol{x} + (\boldsymbol{y} + \boldsymbol{z})$
3. $\boldsymbol{x} + \mathbf{0} = \boldsymbol{x}$
4. $\boldsymbol{x} + (-\boldsymbol{x}) = \mathbf{0}$
5. $c(\boldsymbol{x} + \boldsymbol{y}) = c\boldsymbol{x} + c\boldsymbol{y}$, *$c$는 스칼라*
6. $(c + d)\boldsymbol{x} = c\boldsymbol{x} + d\boldsymbol{x}$, *$c, d$는 스칼라*
7. $1\boldsymbol{x} = \boldsymbol{x}$

Proof 벡터 $\boldsymbol{x}$, $\boldsymbol{y}$, $\boldsymbol{z}$을 각각

$$\boldsymbol{x} = \begin{pmatrix} x_1 \\ x_2 \\ \vdots \\ x_n \end{pmatrix}, \quad \boldsymbol{y} = \begin{pmatrix} y_1 \\ y_2 \\ \vdots \\ y_n \end{pmatrix}, \quad \boldsymbol{z} = \begin{pmatrix} z_1 \\ z_2 \\ \vdots \\ z_n \end{pmatrix}$$

라고 하고 벡터 사이의 연산을 스칼라 사이의 연산으로 적용시키면 쉽게 증명할 수 있다. ∎

Q 벡터 $\boldsymbol{x}$, $\boldsymbol{y} \in \Re^3$ 가 아래와 같을 때, 다음을 계산하라.

$$\boldsymbol{x} = (3, 4, 0), \quad \boldsymbol{y} = (2, -1, 2) \tag{3.3}$$

1. $\boldsymbol{x} - \boldsymbol{y}$
2. $\sqrt{||\boldsymbol{x}||^2 + ||\boldsymbol{y}||^2}$
3. $||\boldsymbol{x} + 2\boldsymbol{y}||$

3.6 벡터의 내적(Inner Product)

벡터와 벡터사이에 곱셈은 내적(inner product)과 외적(outer product)으로 구분되는데, 벡터의 외적에 대해서는 나중에 다루기로 하고, 이 단원에서는 먼저 벡터의 내적에 대해서 다루기로 한다. 벡터의 내적이 정의되려면 벡터의 전치(transpose)를 소개해야 하는데, 이 전치에 대해서는 앞절에서 잠시 소개된 바 있다.

Definition 벡터의 전치(transpose of vector)는 벡터를 구성하는 원소의 행을 열로, 열을 행으로 바꿈으로써 열벡터를 행벡터로, 혹은 행벡터를 열벡터로 표현하는 과정을 말하며 윗첨자 T를 첨부해 표시한다. 예를 들어 $\boldsymbol{a}$의 전치는 $\boldsymbol{a}^T$이다.

Example 아래 벡터의 전치는 다음과 같다.

1. $\boldsymbol{x} = \begin{pmatrix} 2 \\ 1 \\ 3 \end{pmatrix} \longrightarrow \boldsymbol{x}^T = \begin{pmatrix} 2 & 1 & 3 \end{pmatrix}$

2. $\boldsymbol{y}^T = \begin{pmatrix} 1 & 2 \end{pmatrix} \longrightarrow (\boldsymbol{y}^T)^T = \boldsymbol{y} = \begin{pmatrix} 1 \\ 2 \end{pmatrix}$

Definition 벡터의 내적(inner product)이 정의되기 위해서는 곱해지는 두 개의 벡터가 모두 같은 차원의 $\Re^n$에 속해야 하며($\boldsymbol{x} \in \Re^n,\ \boldsymbol{y} \in \Re^n$), 두 벡터 $\boldsymbol{x}$와 $\boldsymbol{y}$의 내적은

$$\begin{aligned} \boldsymbol{x}^T\boldsymbol{y} &= \begin{pmatrix} x_1 & x_2 & \cdots & x_n \end{pmatrix} \begin{pmatrix} y_1 \\ y_2 \\ \vdots \\ y_n \end{pmatrix} \\ &= x_1y_1 + x_2y_2 + \cdots + x_ny_n \\ &= \sum_{i=1}^{n} x_iy_i \end{aligned} \tag{3.4}$$

라고 정의된다.

Example 벡터의 내적은 아래와 같이 계산된다.

$$\boldsymbol{x} = \begin{pmatrix} 1 \\ 1 \end{pmatrix}, \quad \boldsymbol{y} = \begin{pmatrix} 1 \\ -1 \end{pmatrix}, \quad \boldsymbol{z} = \begin{pmatrix} 0 \\ 1 \end{pmatrix}$$

1.

$$\boldsymbol{x}^T\boldsymbol{y} = \begin{pmatrix} 1 & 1 \end{pmatrix} \begin{pmatrix} 1 \\ -1 \end{pmatrix} = 0$$

2.

$$\boldsymbol{x}^T\boldsymbol{z} = \begin{pmatrix} 1 & 1 \end{pmatrix} \begin{pmatrix} 0 \\ 1 \end{pmatrix} = 1$$

3.

$$\boldsymbol{y}^T\boldsymbol{y} = \begin{pmatrix} 1 & -1 \end{pmatrix} \begin{pmatrix} 1 \\ -1 \end{pmatrix} = 2$$

Theorem 3.2 *또한, 벡터 $\boldsymbol{x}$와 벡터 $\boldsymbol{y}$가 $\Re^n$에서 정의될 때, 두 벡터간의 사잇각 θ에 대하여 내적 $\boldsymbol{x}^T\boldsymbol{y}$은 아래와 같은 성질을 만족한다 (그림 3.7 참조).*

$$\boldsymbol{x}^T\boldsymbol{y} = ||\boldsymbol{x}||\ ||\boldsymbol{y}|| \cos\theta \tag{3.5}$$

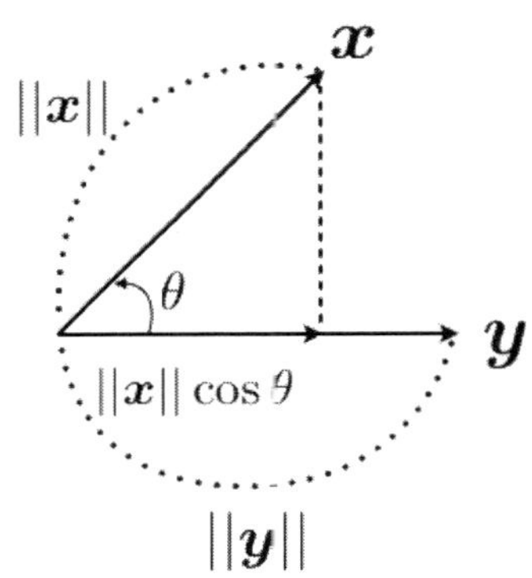

그림 3.7: 벡터 $\boldsymbol{x}$와 벡터 $\boldsymbol{y}$의 내적

Proof 벡터 $\boldsymbol{x} \in \Re^2$가 수평축과 이루는 각도를 θ_1, $\boldsymbol{y} \in \Re^2$가 수평축과 이루는 각을 θ_2라고 가정하면, $\theta = \theta_1 - \theta_2$가 된다(그림 3.8 참조).
여기서

$$\boldsymbol{x}^T\boldsymbol{y} = x_1y_1 + x_2y_2 = ||\boldsymbol{x}||\ ||\boldsymbol{y}|| \cos(\theta_1 - \theta_2) \tag{3.6}$$

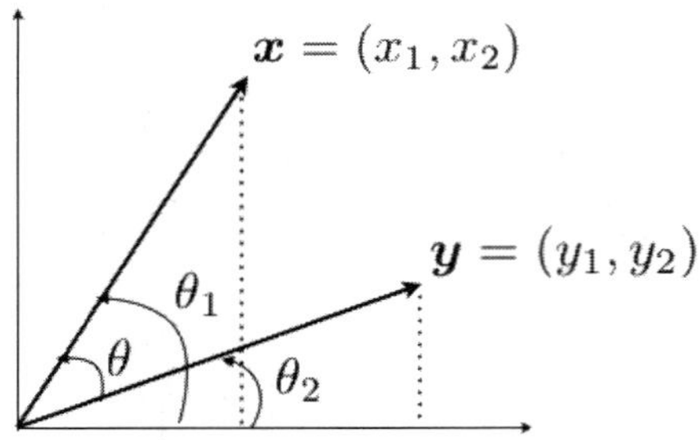

그림 3.8: 벡터 $\boldsymbol{x}$와 벡터 $\boldsymbol{y}$의 내적 $\boldsymbol{x}^T\boldsymbol{y} = ||\boldsymbol{x}||\,||\boldsymbol{y}||\cos\theta$의 증명과정

임을 증명하자. 삼각함수의 성질로부터

$$\cos(\theta_1 - \theta_2) = \cos\theta_1\cos\theta_2 + \sin\theta_1\sin\theta_2 \tag{3.7}$$

임을 이용하면

$$\begin{aligned}\cos\theta_1 &= \frac{x_1}{||\boldsymbol{x}||}\\ \cos\theta_2 &= \frac{y_1}{||\boldsymbol{y}||}\\ \sin\theta_1 &= \frac{x_2}{||\boldsymbol{x}||}\\ \sin\theta_2 &= \frac{y_2}{||\boldsymbol{y}||}\end{aligned} \tag{3.8}$$

이므로 식 3.6의 우변으로부터

$$\begin{aligned}||\boldsymbol{x}||\,||\boldsymbol{y}||\cos(\theta_1-\theta_2) &= ||\boldsymbol{x}||\,||\boldsymbol{y}||\left(\frac{x_1}{||\boldsymbol{x}||}\frac{y_1}{||\boldsymbol{y}||} + \frac{x_2}{||\boldsymbol{x}||}\frac{y_2}{||\boldsymbol{y}||}\right)\\ &= x_1y_1 + x_2y_2 = \boldsymbol{x}^T\boldsymbol{y}\end{aligned} \tag{3.9}$$

가 된다. ∎

Proposition 3.3 *벡터 $\boldsymbol{x}$, $\boldsymbol{y}$, $\boldsymbol{z}$에 대하여,*

1. *$\boldsymbol{x}$와 $\boldsymbol{y}$는 벡터이지만 $\boldsymbol{x}^T\boldsymbol{y}$는 스칼라이다.*
2. $\boldsymbol{x}^T\boldsymbol{y} = \boldsymbol{y}^T\boldsymbol{x}$
3. $\boldsymbol{x}^T(\boldsymbol{y}+\boldsymbol{z}) = \boldsymbol{x}^T\boldsymbol{y} + \boldsymbol{x}^T\boldsymbol{z}$
4. $\mathbf{0}^T\boldsymbol{x} = 0$
5. $\boldsymbol{x}^T\boldsymbol{x} = ||\boldsymbol{x}||^2$

Proof 벡터의 내적이 $\boldsymbol{x}^T\boldsymbol{y} = \sum_{i=1}^n x_iy_i$임을 고려하면 쉽게 증명된다. ∎

3.7 직교벡터(Orthogonal Vectors)

두 벡터 간의 사잇각이 직각(90°)을 이룬다면, "두 벡터는 서로 직교한다(orthogonal)"고 말한다. 이 경우, 두 벡터의 내적은

$$\boldsymbol{a}^T\boldsymbol{b} = ||\boldsymbol{a}||\ ||\boldsymbol{b}|| \cos\left(\frac{\pi}{2}\right) = ||\boldsymbol{a}||\ ||\boldsymbol{b}|| \times 0 = 0$$

이 된다. 또한, 영벡터가 아닌 두 벡터가 있을 때 벡터의 내적이 0이면 두 벡터는 서로 직교할 수 밖에 없으므로 역도 성립하게 된다.

Definition 영이 아닌 두 벡터 $\boldsymbol{a}$, $\boldsymbol{b}$간에 사잇각이 직각이면 두 벡터는 직교벡터(orthogonal vectors)라고 한다.

그리고, 직교하는 두 벡터의 길이가 각각 1 일 경우, 이 벡터를 '직교정규벡터(orthonormal vector)'라고 일컫는다.

Definition $\boldsymbol{x} \in \Re^n$, $\boldsymbol{y} \in \Re^n$에 대하여,

(i) $||\boldsymbol{x}|| = ||\boldsymbol{y}|| = 1$ 이고

(ii) $\boldsymbol{x}^T\boldsymbol{y} = 0$ 이면,

$\boldsymbol{x}$와 $\boldsymbol{y}$는 직교정규벡터(orthonormal vectcrs)이다.

Example 다음 세 벡터는 직교정규벡터이다.

$$\boldsymbol{e_1} = \begin{pmatrix} 1 \\ 0 \\ 0 \end{pmatrix}, \quad \boldsymbol{e_2} = \begin{pmatrix} 0 \\ 1 \\ 0 \end{pmatrix}, \quad \boldsymbol{e_3} = \begin{pmatrix} 0 \\ 0 \\ 1 \end{pmatrix}$$

Remark 임의의 벡터 $\boldsymbol{x} \in \Re^n$에 대하여

$$\boldsymbol{x}^* = \frac{1}{||\boldsymbol{x}|}\boldsymbol{x} \qquad (3.10)$$

은 항상 길이가 1인 단위벡터(unit vector)가 되며 이렇게 구한 $\boldsymbol{x}^*$를 '$\boldsymbol{x}$의 정규화 벡터(normalized vector)'라 하고, 이런 과정을 '벡터의 정규화(vector normalization)'라고 한다.

Q 아래 벡터가 서로 직교정규벡터가 되기 위한 c 의 값을 정하라.

$$\boldsymbol{x_1} = \begin{pmatrix} \frac{1}{\sqrt{2}} \\ 0 \\ \frac{1}{\sqrt{2}} \end{pmatrix}, \quad \boldsymbol{x_2} = \begin{pmatrix} -c \\ \frac{1}{2} \\ c \end{pmatrix}$$

3.8 벡터와 미분

유클리드 공간 $\Re^n$상에서 정의된 위치 벡터 $\boldsymbol{x}$가 시간 t가 변함에 따라 움직일때 어느 시점 t에서의 움직임에 대한 '속도의 방향과 크기'는 위치벡터를 시간에 대해 미분함으로써 나타낼 수 있다. 예를 들어 $\boldsymbol{x}(t) \in \Re^2$는 시점 t에서 GPS 상의 차량 위치를 나타내며 $x_1(t)$는 경도를 $x_2(t)$는 위도를 각각 나타낸다고 가정하자.

$$\boldsymbol{x}(t) = \begin{pmatrix} x_1(t) \\ x_2(t) \end{pmatrix} \tag{3.11}$$

이제 시간이 $t+h$가 되면 차량은 $\boldsymbol{x}(t+h)$로 이동하게 되며,

$$\boldsymbol{x}(t+h) = \begin{pmatrix} x_1(t+h) \\ x_2(t+h) \end{pmatrix} \tag{3.12}$$

따라서 시점 t에서의 차량의 속도는

$$\boldsymbol{v}(t) = \frac{d}{dt}\boldsymbol{x}(t) = \begin{pmatrix} \lim_{h\to 0} \frac{x_1(t+h)-x_1(t)}{h} \\ \lim_{h\to 0} \frac{x_2(t+h)-x_2(t)}{h} \end{pmatrix} = \begin{pmatrix} \frac{d}{dt}x_1(t) \\ \frac{d}{dt}x_2(t) \end{pmatrix} \tag{3.13}$$

가 된다. 이와 같이 벡터의 미분은 벡터의 원소를 각각 미분한 모습을 가지게 된다 (그림 3.9 참조). 이때, 속도의 크기는 $||\boldsymbol{v}(t)||$로 구해진다.

Definition 벡터 $\boldsymbol{x} \in \Re^n$가 t의 함수일 때, 벡터 $\boldsymbol{x}$를 스칼라 t로 미분한 벡터는

$$\frac{d}{dt}\boldsymbol{x}(t) = \begin{pmatrix} \frac{d}{dt}x_1(t) \\ \frac{d}{dt}x_2(t) \\ \vdots \\ \frac{d}{dt}x_n(t) \end{pmatrix} \tag{3.14}$$

라고 정의한다.

Q 움직이는 자동차의 위치 $\boldsymbol{x}$가 시간 t가 변함에 따라 GPS상의 (경도, 위도)로 아래와 같이 변한다고 한다. (i) 이 자동차는 어떤 움직임을 하고 있는지 적어라.

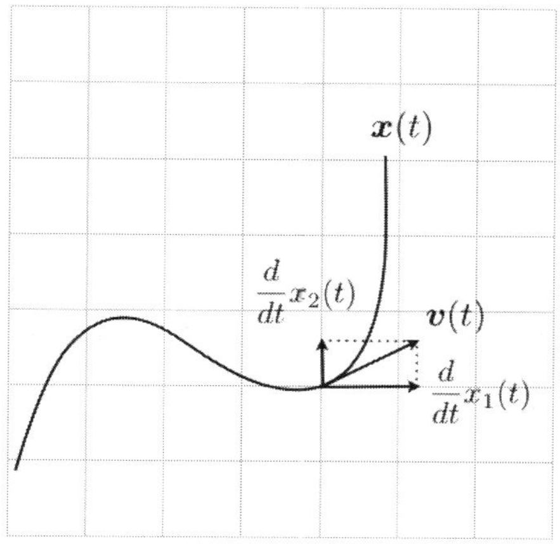

그림 3.9: 위치 $x(t)$에서 각 수평-수직방향 속도 ($\frac{d}{dt}x_1(t)$, $\frac{d}{dt}x_2(t)$)

(ii) 시간이 $\pi/2$ 일때 이 자동차는 어느 방향으로 진행하고 있는지 동서남북으로 표현하라(예: 북북서)

$$\boldsymbol{x} = \begin{pmatrix} \cos t \\ \sin t \end{pmatrix} \tag{3.15}$$

A 이 자동차의 움직임을 속도로 표시하면, 시간 t에

$$\frac{d}{dt}\boldsymbol{x}(t) = \begin{pmatrix} \frac{d}{dt}\cos t \\ \frac{d}{dt}\sin t \end{pmatrix} = \begin{pmatrix} -\sin t \\ \cos t \end{pmatrix} \tag{3.16}$$

방향으로 움직이므로, $t=0$일 때 (1, 0)을 출발점으로 하여, (0, 1)방향으로 속도를 내면서 원을 그리는 운동 ($||\boldsymbol{x}||=1$)을 한다. 시간 $t=\frac{\pi}{2}$일 때는 속도가

$$\left.\frac{d}{dt}\boldsymbol{x}(t)\right|_{t=\frac{\pi}{2}} = \begin{pmatrix} -\sin\frac{\pi}{2} \\ \cos\frac{\pi}{2} \end{pmatrix} = \begin{pmatrix} -1 \\ 0 \end{pmatrix} \tag{3.17}$$

가 되어 서쪽방향으로 진행하려고 한다.

지금까지 벡터함수 $\boldsymbol{x}(t)$를 스칼라 t로 미분하는 방법을 소개하였는데, 이제는 스칼라함수를 벡터로 미분하는 법을 소개한다. 예를 들면, 제품의 성능을 나타내는 함수가 $f(x,y)$라 하고, 성능 $f(x,y)$에 영향을 주는 입력변수가 x(온도)와 y(압력)으로 두 개 있다고 가정하자. 이제 제품의 성능은 x축과 y축으로 이루어진 평면위에 그려지는 3차 곡면이라고 할 수 있다(그림 3.10 참조). 여기서 곡면의 기울기는 온도(x)에 따른 제품성능의 변화를 나타내는 기울기 $\frac{\partial f}{\partial x}$와 압력($y$)의 변화에 따른 제품성능의 변화를 나타내는 기울기 $\frac{\partial f}{\partial y}$로 구성된 기울기벡터(gradient vector)

$$\boldsymbol{g} = \nabla f = \begin{pmatrix} \frac{\partial}{\partial x} f(x,y) \\ \frac{\partial}{\partial y} f(x,y) \end{pmatrix} \tag{3.18}$$

가 되며, 이 기울기벡터는 그림에서 보는 바와 같이 각 방향의 제품성능 증가율을 나타낸다.

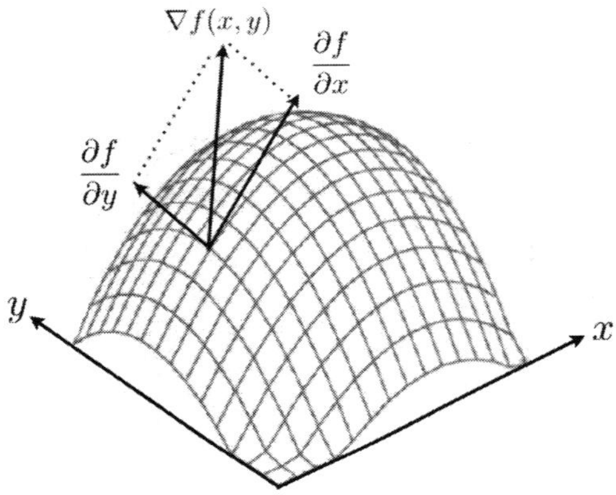

그림 3.10: 온도(x)와 압력(y)에 따른 성능 $f(x,y)$와 성능 증가율 $\nabla f(x,y)$

Definition (기울기벡터)

스칼라 함수 $f(\boldsymbol{x})$가 벡터 $\boldsymbol{x} = (x\ y\ z)^T \in \Re^3$의 함수일 때, 함수 $f(\boldsymbol{x})$의 기울기벡터는 $f(\boldsymbol{x})$를 벡터 $\boldsymbol{x}$로 미분함으로써 얻어지며

$$\nabla f = \frac{d}{d\boldsymbol{x}} f(\boldsymbol{x}) = \begin{pmatrix} \frac{\partial}{\partial x} f(\boldsymbol{x}) \\ \frac{\partial}{\partial y} f(\boldsymbol{x}) \\ \frac{\partial}{\partial z} f(\boldsymbol{x}) \end{pmatrix} \tag{3.19}$$

라고 정의된다. 이때 각 원소는 각 축방향의 기울기이다.

Q 점 $(0,1,1)$에서 함수 $f(x,y,z) = 3xy - z^2$의 x축, y축, 그리고 z축 방향의 기울기를 구하라.

3.9 코쉬-쉬바르츠(Cauchy-Schwartz)부등식

Theorem 3.4 *실수 x_i와 y_i $(i = 1, 2, \cdots, n)$에 대하여, 아래 부등식이 항상 만족하며 이를 '코쉬-슈바르츠 부등식(Cauchy-Schwart Inequality)' 이라고 일컫는다.*

$$(x_1y_1 + x_2y_2 + \cdots + x_ny_n)^2 \le \left(x_1^2 + x_2^2 + \cdots + x_n^2\right)\left(y_1^2 + y_2^2 + \cdots + y_n^2\right)$$

Remark 이를 좀 더 간단히 표현하면 아래와 같다.

$$\left(\sum_{i=1}^{n} x_iy_i\right)^2 \le \left(\sum_{i=1}^{n} x_i^2\right)\left(\sum_{i=1}^{n} y_i^2\right) \tag{3.20}$$

이를 증명하기 위한 여러 가지 방법이 있겠지만, 만일 벡터의 내적의 성질인 식 3.5을 이용하면 쉽게 증명할 수 있게 된다.

Proof 식 3.20을 증명하기 위해,

$$\boldsymbol{x} = \begin{pmatrix} x_1 \\ x_2 \\ \vdots \\ x_n \end{pmatrix}, \quad \boldsymbol{y} = \begin{pmatrix} y_1 \\ y_2 \\ \vdots \\ y_n \end{pmatrix}$$

라고 하면,

$$\begin{aligned} \sum_{i=1}^{n} x_iy_i &= \boldsymbol{x}^T\boldsymbol{y} \\ \sum_{i=1}^{n} x_i^2 &= \left(\sqrt{x_1^2 + x_2^2 + \cdots + x_n^2}\right)^2 = ||\boldsymbol{x}||^2 \\ \sum_{i=1}^{n} y_i^2 &= \left(\sqrt{y_1^2 + y_2^2 + \cdots + y_n^2}\right)^2 = ||\boldsymbol{y}||^2 \end{aligned}$$

가 된다. 그런데,

$$-1 \le \cos\theta = \frac{\boldsymbol{x}^T\boldsymbol{y}}{||\boldsymbol{x}||\ ||\boldsymbol{y}||} \le 1$$

이므로

$$0 \le (\cos\theta)^2 = \frac{(\boldsymbol{x}^T\boldsymbol{y})^2}{||\boldsymbol{x}||^2\ ||\boldsymbol{y}||^2} \le 1$$

임을 이용하면

$$\left(\sum_{i=1}^{n} x_iy_i\right)^2 \le \left(\sum_{i=1}^{n} x_i^2\right)\left(\sum_{i=1}^{n} y_i^2\right)$$

라고 할 수 있다. ∎

3.10 연습문제

[1] 벡터 $\boldsymbol{a}$와 $\boldsymbol{b}$의 거리(distance)는

$$||\boldsymbol{a}-\boldsymbol{b}|| = \sqrt{\sum_{i=1}^{n}(a_i-b_i)^2}$$

로 정의된다. 다음 두 벡터간의 거리를 계산하라.

(1) $\boldsymbol{x}^T = (\ 2 \quad -1 \quad 4\ ),\quad \boldsymbol{y}^T = (\ 3 \quad 2 \quad 0\ )$

(2) $\boldsymbol{x}^T = (\ 0 \quad 0\ ),\quad \boldsymbol{y}^T = (\ -1 \quad 2\ )$

[2] 다음 중 서로 직교하는 벡터는 어느 것인지 벡터의 내적을 사용해서 확인하라.

1. $\boldsymbol{a} = (7,-3), \quad \boldsymbol{b} = (2,1)$
2. $\boldsymbol{a} = (3,-2,1), \quad \boldsymbol{b} = (1,1,-1)$
3. $\boldsymbol{a} = (a,b), \quad \boldsymbol{b} = (-b,a), \quad a,\ b \neq 0$
4. $\boldsymbol{a} = (3,4,3), \quad \boldsymbol{b} = (2,-1,c)$

[3] 두 벡터 $\boldsymbol{a}$, $\boldsymbol{b}$가 아래와 같을 때, (i) $\boldsymbol{a}+\boldsymbol{b}$을 구하고, (ii) $\boldsymbol{a}$, $\boldsymbol{b}$, $\boldsymbol{a}+\boldsymbol{b}$를 각각 그림으로 도시하고 (iii) $\boldsymbol{a}$와 $\boldsymbol{b}$ 사이의 거리를 계산하고 (iv) $||\boldsymbol{a}||$와 $||\boldsymbol{b}||$를 계산하고 (v) $\boldsymbol{a}^T\boldsymbol{b}$를 계산하라.

1. $\boldsymbol{a} = (3,4), \quad \boldsymbol{b} = (-1,2)$
2. $\boldsymbol{a} = (1,1,0), \quad \boldsymbol{b} = (0,2,2)$
3. $\boldsymbol{a} = (3,0,4), \quad \boldsymbol{b} = (-1,0,2)$
4. $\boldsymbol{a} = (3,4), \quad \boldsymbol{b} = (6,8)$

[4] 벡터 $\boldsymbol{a}$와 $\boldsymbol{b}$는 모두 $\Re^2$에서 정의된다. 아래를 증명하라.

$$||\boldsymbol{a}+\boldsymbol{b}||^2 + ||\boldsymbol{a}-\boldsymbol{b}||^2 = 2||\boldsymbol{a}||^2 + 2||\boldsymbol{b}||^2$$

그리고, 기하학적으로 어떤 의미를 가지는지 해석하라.

[5] $\Re^3$ 공간에서도 위의 등식이 성립하는지 확인하라.

[6] 함수 $f(x, y) = 3x^2y$의 기울기벡터(gradient vector)를 점 $(3, 2)$에서 구하라.

[7] 어떤 식물의 덩굴손이 시간이 지남에 따라 자라는 모습을 관찰한 결과 아래 그림 3.11과 같은 움직임을 발견하였다. 이를 수식으로 표현해 보니

$$\boldsymbol{x}(t) = \begin{pmatrix} \cos t \\ \sin t \\ t \end{pmatrix} \tag{3.21}$$

였다. 시간이 $t = 2\pi$ 일 때의 속도벡터를 구하고 아래 그림 3.11 위에 표시하라.

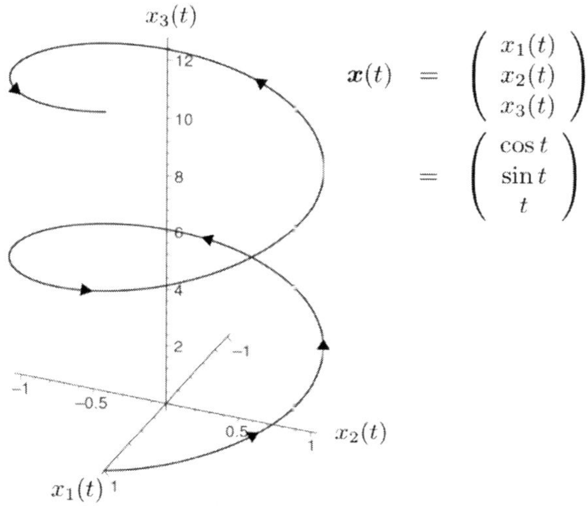

그림 3.11: 시간에 따른 위치 $\boldsymbol{x}(t)$의 모습

Chapter 4

행렬의 기본개념

이 단원에서는 행렬을 다루는데 있어서 기본이 되는 개념을 소개하고자 하는데 행렬의 전치, 덧셈, 뺄셈, 곱셈 뿐 아니라 분할행렬과 특이한 연산작용도 소개하려고 한다.

Definition 행렬이란 숫자나 문자를 일정한 순서에 의해 괄호 안에 배열(array)한 것으로 일반적으로 영문대문자로 표기한다. 다음은 행렬의 일반적인 모습이다.

$$A = \begin{pmatrix} a_{11} & a_{12} & \cdots & a_{1n} \\ a_{21} & a_{22} & \cdots & a_{2n} \\ \vdots & \vdots & & \vdots \\ a_{m1} & a_{m2} & \cdots & a_{mn} \end{pmatrix} \tag{4.1}$$

Remark 행렬은 아래와 같이 행벡터들의 배열로 볼 수 있고,

$$A = \left(\begin{array}{cccc} a_{11} & a_{12} & \cdots & a_{1n} \\ \hline a_{21} & a_{22} & \cdots & a_{2n} \\ \hline \vdots & \vdots & & \vdots \\ \hline a_{m1} & a_{m2} & \cdots & a_{mn} \end{array}\right) = \begin{pmatrix} \boldsymbol{a}_{1R}^T \\ \boldsymbol{a}_{2R}^T \\ \vdots \\ \boldsymbol{a}_{mR}^T \end{pmatrix} \tag{4.2}$$

혹은 아래와 같이 열벡터들의 배열로 표현될 수 있다.

$$A = \left(\begin{array}{c|c|c|c} a_{11} & a_{12} & \cdots & a_{1n} \\ a_{21} & a_{22} & \cdots & a_{2n} \\ \vdots & \vdots & & \vdots \\ a_{m1} & a_{m2} & \cdots & a_{mn} \end{array} \right) = \begin{pmatrix} \boldsymbol{a}_{1C} & \boldsymbol{a}_{2C} & \cdots & \boldsymbol{a}_{nC} \end{pmatrix} \tag{4.3}$$

여기서 $\boldsymbol{a}_{iR}^T$은 A의 i번째 행벡터(row vector)이고 $\boldsymbol{a}_{jC}$는 A의 j번째 열벡터(column vector)를 의미한다.

Remark 다음은 이 책에서 사용될 행렬의 일반적인 표기와 명칭이다.

1. 행렬의 크기는 행(row)의 수와 열(column)의 수로 표기하는데 m행 n열 행렬의 경우 '$m \times n$ 행렬'이라고 쓰고 'm by n 행렬'이라고 읽는다.

2. 행렬을 표기할 때 번거로움을 줄이기 위해 $m \times n$ 행렬인 A의 경우 $A = \{a_{ij}\}_{m\times n}$이라고 표기한다.

3. 행렬을 이루는 숫자나 기호를 그 행렬의 '원소(component)'라고 하며, $(A)_{ij}$란 행렬 A의 i번째 행의 j번째 열에 있는 원소, 즉 a_{ij}를 의미한다.

$$(A)_{ij} = a_{ij}$$

4. 행렬 $0_{m\times n}$은 모든 원소가 0으로 구성된 크기가 $m\times n$인 영행렬(null matrix)이다

5. 행렬 $A_{m\times n}$에 스칼라 c를 곱하면, 벡터에서와 마찬가지로 행렬의 모든 원소에 c를 곱하는 것을 의미한다. 즉, $cA = \{ca_{ij}\}_{m\times n}$ 이다.

6. 행렬 $A_{m\times n}$에서 행과 열의 수가 같을 때, $A_{m\times m}$을 정방행렬(square matrix)이라고 한다.

Q 다음 행렬에 대하여 $5A$와 $-2B$를 각각 계산하라.

$$A = \begin{pmatrix} 1 & 2 \\ 0 & 4 \end{pmatrix}, \quad B = \begin{pmatrix} 1 & 0 \\ -1 & 1 \end{pmatrix}$$

4.1 행렬의 덧셈과 뺄셈

지금까지 벡터와 스칼라 간의 곱셈, 벡터와 벡터간의 연산작용에 대하여 살펴보았다. 이 단원에서는 행렬과 행렬간의 연산작용을 소개하려고 한다. 먼저 행렬과 행렬의 덧셈과 뺄셈은 해당 원소간의 덧셈과 뺄셈으로 정의되며 이를 위해선 벡터와 마찬가지로 두 행렬의 크기가 같아야 한다.

Definition 두 행렬 $A_{m\times n} = \{a_{ij}\}_{m\times n}$, $B_{m\times n} = \{b_{ij}\}_{m\times n}$에 대하여

$$A \pm B = \{a_{ij} \pm b_{ij}\}_{m\times n} \tag{4.4}$$

라고 정의한다.

Q 아래 두 행렬 간에 $A+B$, $A-B$를 구하라.

$$A = \begin{pmatrix} 1 & 2 \\ 3 & 4 \end{pmatrix}, \quad B = \begin{pmatrix} 1 & 0 \\ 0 & 4 \end{pmatrix}$$

Proposition 4.1 *덧셈의 정의를 이용하면 아래와 같은 등식도 성립하게 된다.*

- $A + A = 2A$
- $A + A + A + A = 4A$

Proof $A = \{a_{ij}\}_{m\times n}$라고 표현하면, $A + A = \{(A+A)_{ij}\}_{m\times n} = \{a_{ij} + a_{ij}\}_{m\times n} = \{2a_{ij}\}_{m\times n} = 2\{a_{ij}\}_{m\times n} = 2A$ 가 되어 $A + A = 2A$가 된다. 마찬가지로 4번 더한 $A + A + A + A = 4A$ 도 같은 방법으로 증명이 가능하다. ∎

4.2 행렬의 전치(Transpose)

행렬의 전치는 벡터의 전치와 같은 개념이다.

Definition 행렬 A가 $m \times n$ 이고 (i, j)번째 원소가 a_{ij}라면, 전치된 행렬 A^T는 $n \times m$ 행렬이 되고, (i, j)번째 원소는 a_{ji}가 된다.

$$A = \{a_{ij}\}_{m\times n} \longrightarrow (A)_{ij} = a_{ij}, \quad (A^T)_{ij} = a_{ji}$$

Q 아래 행렬에 대한 전치행렬을 구하라.

$$A = \begin{pmatrix} 1 & 2 \\ 3 & 4 \end{pmatrix}, \qquad B = \begin{pmatrix} 1 & 2 \\ 3 & 4 \\ 5 & 6 \end{pmatrix}$$

Theorem 4.2 *행렬 $A_{m\times n}$의 전치에 대하여, 아래와 같은 성질이 존재한다.*

(i) $(A+B)^T = A^T + B^T, \quad B = \{b_{ij}\}_{m\times n}$

(ii) $(A^T)^T = A$

(iii) $(AB)^T = B^T A^T, \quad B = \{b_{ij}\}_{n\times t}$

(iv) $(cA)^T = cA^T, \quad$ *c는 스칼라.*

Proof *(i)* 행렬 $(A+B)^T$의 (i,j)번째 원소는 $((A+B)^T)_{ij}$라고 표기되며, 이는,

$$\begin{aligned} ((A+B)^T)_{ij} &= (A+B)_{ji} = (A)_{ji} + (B)_{ji} \\ &= (A^T)_{ij} + (B^T)_{ij} \\ &= (A^T + B^T)_{ij} \end{aligned}$$

라고 할 수 있다. 따라서, $(A+B)^T$의 (i,j)번째 원소는 $A^T + B^T$의 (i,j)번째 원소와 일치하게 되므로, $(A+B)^T = A^T + B^T$가 된다. ∎

(ii) $(A^T)^T$의 (i,j)번째 원소가 A의 (i,j)번째 원소와 일치함을 보인다.

$$((A^T)^T)_{ij} = (A^T)_{ji} = (A)_{ij} \quad \blacksquare \tag{4.5}$$

(iv) $(cA)^T$의 (i,j)번째 원소가 cA^T의 (i,j)번째 원소와 일치함을 보인다.

$$((cA)^T)_{ij} = (cA)_{ji} = c(A)_{ji} = c(A^T)_{ij} = (cA^T)_{ij} \quad \blacksquare \tag{4.6}$$

(iii) $(AB)^T = B^T A^T$에 대한 증명은 나중에 행렬의 곱셈에서 다루기로 하자.

Remark 정방행렬 $A_{n\times n}$이 $A^T = A$를 만족하면 A는 대칭행렬(symmetric matrix)이라고 한다.

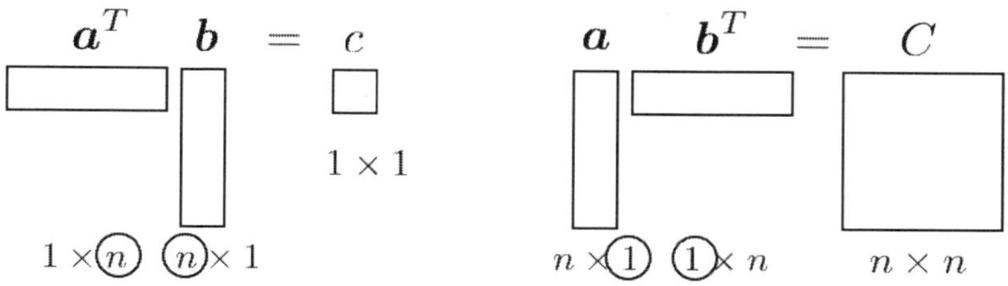

그림 4.1: 벡터의 내적과 외적의 크기

Q 행렬 A가 대칭행렬이 되게 빈 칸을 채우라.

$$A = \begin{pmatrix} 1 & 0 & & -1 \\ & 3 & & 6 \\ 7 & 2 & & 4 \\ & & & 3 \end{pmatrix}$$

4.3 벡터의 외적(Outer Product)

벡터의 내적(inner product)에 대해서는 지난 단원에서 다음과 같이 정의하였다.

$$\boldsymbol{a}^T\boldsymbol{b} = \sum_{i=1}^{n} a_i b_i \tag{4.7}$$

여기서 $\boldsymbol{a}$ 와 $\boldsymbol{b}$ 는 모두 $n \times 1$로 크기가 같아야 내적이 성립한다. 다시말해서 $\boldsymbol{a}^T$의 크기를 나타내는 $1 \times n$의 n과 뒷 부분 $\boldsymbol{b}$의 크기인 $n \times 1$의 n이 서로 일치해야 내적이 정의되고, 그 크기는 1×1, 곧 스칼라가 된다(그림 4.1 참조).

그렇다면 벡터의 외적은 어떻게 정의될 것인가? 벡터의 내적이 스칼라(1×1)인 반면에, 크기가 n인 두 벡터의 외적은 $n \times n$인 행렬로 계산되며(그림 4.1 참조) 아래와 같이 정의된다.

Definition 두 벡터 $\boldsymbol{a}, \boldsymbol{b} \in \Re^n$에 대하여 두 벡터의 외적은 $\boldsymbol{a}\,\boldsymbol{b}^T$라고 정의되며, 외적으로 생성된 행렬의 (i,j)번째 원소는 첫번째 벡터의 i번째 원소와 두번째 벡터의 j번째 원소를 곱함으로써,

$$\boldsymbol{a}\,\boldsymbol{b}^T = \begin{pmatrix} a_1 \\ a_2 \\ a_3 \end{pmatrix} \begin{pmatrix} b_1 & b_2 & b_3 \end{pmatrix} = \begin{pmatrix} a_1b_1 & a_1b_2 & a_1b_3 \\ a_2b_1 & a_2b_2 & a_2b_3 \\ a_3b_1 & a_3b_2 & a_3b_3 \end{pmatrix} \tag{4.8}$$

라고 정의된다.

Q 아래 두 벡터 간의 외적, $\boldsymbol{a}\,\boldsymbol{b}^T$와 $\boldsymbol{b}\,\boldsymbol{a}^T$를 각각 구하라.

$$\boldsymbol{a} = \begin{pmatrix} 1 \\ 2 \end{pmatrix}, \quad \boldsymbol{b} = \begin{pmatrix} 3 \\ 4 \end{pmatrix}$$

4.4 벡터와 행렬의 곱셈

벡터와 벡터간의 곱셈이 내적과 외적으로 정의된 것 같이, 벡터와 행렬간의 곱셈도 같은 방식으로 정의될 수 있다. 만일 A가 $m \times n$ 인 행렬이고, $\boldsymbol{x}$가 $n \times 1$ 벡터를 나타낸다고 하면, 행렬과 벡터의 곱셈의 결과는 $m \times 1$ 벡터인 $\boldsymbol{c}$로 아래와 같이 정의된다(그림 4.2 참조).

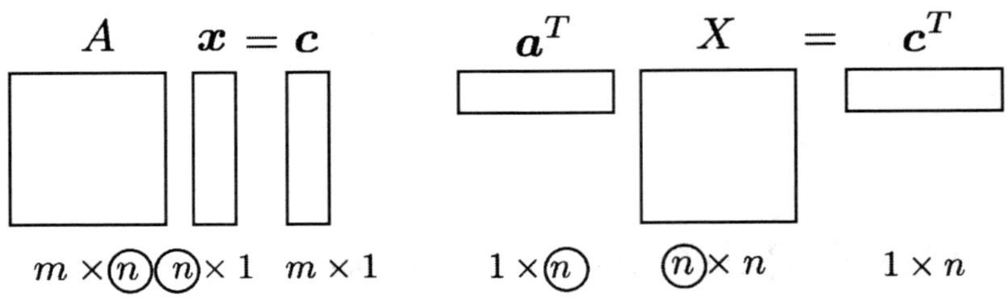

그림 4.2: 벡터의 행렬간의 곱셈

$$A\boldsymbol{x} = \begin{pmatrix} a_{11} & a_{12} & \cdots & a_{1n} \\ a_{21} & a_{22} & \cdots & a_{2n} \\ \vdots & \vdots & & \vdots \\ \boxed{a_{i1}} & \boxed{a_{i2}} & & \boxed{a_{in}} \\ \vdots & \vdots & & \vdots \\ a_{m1} & a_{m2} & \cdots & a_{mn} \end{pmatrix} \begin{pmatrix} x_1 \\ x_2 \\ \vdots \\ x_n \end{pmatrix} = \begin{pmatrix} c_1 \\ c_2 \\ \vdots \\ \boxed{c_i} \\ \vdots \\ c_m \end{pmatrix} = \boldsymbol{c} \tag{4.9}$$

여기서, c_i는 A의 i번째 행인 행벡터 $\boldsymbol{a}_{iR}^T = (a_{i1}\ a_{i2}\ \cdots\ a_{in})$ 와 벡터 $\boldsymbol{x}$의 내적이다.

$$c_i = \boldsymbol{a}_{iR}^T \boldsymbol{x} = \sum_{j=1}^{n} a_{ij} x_j \tag{4.10}$$

이를 정리하면 다음과 같다.

$$A\boldsymbol{x} = \begin{pmatrix} \boldsymbol{a}_{1R}^T \\ \boldsymbol{a}_{2R}^T \\ \vdots \\ \boldsymbol{a}_{mR}^T \end{pmatrix} \boldsymbol{x} = \begin{pmatrix} \boldsymbol{a}_{1R}^T\,\boldsymbol{x} \\ \boldsymbol{a}_{2R}^T\,\boldsymbol{x} \\ \vdots \\ \boldsymbol{a}_{mR}^T\,\boldsymbol{x} \end{pmatrix} = \boldsymbol{c} \tag{4.11}$$

반면에, $\boldsymbol{a}^T$가 $1\times n$ 행벡터이고 X가 $n\times n$ 행렬이면 두 개의 곱셈은 $1\times n$ 행벡터가 된다(그림 4.2 참조).

$$\begin{aligned}\boldsymbol{a}^T X &= \begin{pmatrix} \boxed{a_1} & \boxed{a_2} & \cdots & \boxed{a_n} \end{pmatrix} \begin{pmatrix} x_{11} & x_{12} & \cdots & \boxed{x_{1i}} & \cdots & x_{1n} \\ x_{21} & x_{22} & \cdots & \boxed{x_{2i}} & \cdots & x_{2n} \\ \vdots & \vdots & \vdots & & & \vdots \\ x_{n1} & x_{n2} & \cdots & \boxed{x_{ni}} & \cdots & x_{nn} \end{pmatrix} \\ &= \begin{pmatrix} c_1 & c_2 & \cdots & \boxed{c_i} & \cdots & c_n \end{pmatrix} = \boldsymbol{c}^T \end{aligned} \tag{4.12}$$

여기서

$$c_i = \boldsymbol{a}^T \boldsymbol{x}_{iC} = \sum_{j=1}^{n} a_j x_{ji} \tag{4.13}$$

라고 할 수 있다.

$\boxed{\text{Q}}$ 다음에서 $A\boldsymbol{x}$를 계산하라.

$$A = \begin{pmatrix} 1 & 2 \\ 3 & 4 \end{pmatrix}, \quad \boldsymbol{x} = \begin{pmatrix} 1 \\ 0 \end{pmatrix}$$

$\boxed{\text{Q}}$ 다음에서 $\boldsymbol{x}^T A$를 계산하라.

$$A = \begin{pmatrix} 1 & 2 \\ 3 & 4 \end{pmatrix}, \quad \boldsymbol{x} = \begin{pmatrix} 1 \\ -1 \end{pmatrix}$$

4.5 행렬과 행렬의 곱셈

행렬과 행렬사이에 곱셈은 앞에 위치한 행렬의 '열의 수(number of columns)'와 뒤에 위치한 행렬의 '행의 수(number of rows)'가 일치하는 경우에만 존재하며, 곱셈 AB의 경우, 앞 행렬의 행벡터 $\boldsymbol{a}_{iR}^T$와 뒷 행렬의 열벡터 $\boldsymbol{b}_{jC}$를 내적한 $\boldsymbol{a}_{iR}^T\boldsymbol{b}_{jC}$가 행렬 AB의 (i,j)번째 원소인 c_{ij}가 된다.

Definition 행렬 A가 $m\times n$ 행렬이고, 행렬 B가 $n\times t$ 행렬이라면, $A\times B = AB$ 행렬은 $m\times t$ 행렬이 되며,

$$\begin{aligned}
AB &= \begin{pmatrix} a_{11} & a_{12} & \cdots & a_{1n} \\ a_{21} & a_{22} & \cdots & a_{2n} \\ \vdots & \vdots & & \vdots \\ a_{m1} & a_{m2} & \cdots & a_{mn} \end{pmatrix} \begin{pmatrix} b_{11} & b_{12} & \cdots & b_{1t} \\ b_{21} & b_{22} & \cdots & b_{2t} \\ \vdots & \vdots & & \vdots \\ b_{n1} & b_{n2} & \cdots & b_{nt} \end{pmatrix} && (4.14) \\
&= \begin{pmatrix} \boldsymbol{a}_{1R}^T \\ \boldsymbol{a}_{2R}^T \\ \vdots \\ \boldsymbol{a}_{mR}^T \end{pmatrix} \begin{pmatrix} \boldsymbol{b}_{1C} & \boldsymbol{b}_{2C} & \cdots & \boldsymbol{b}_{tC} \end{pmatrix} && (4.15) \\
&= \begin{pmatrix} \boldsymbol{a}_{1R}^T\boldsymbol{b}_{1C} & \boldsymbol{a}_{1R}^T\boldsymbol{b}_{2C} & \cdots & \boldsymbol{a}_{1R}^T\boldsymbol{b}_{tC} \\ \boldsymbol{a}_{2R}^T\boldsymbol{b}_{1C} & \boldsymbol{a}_{2R}^T\boldsymbol{b}_{2C} & \cdots & \boldsymbol{a}_{2R}^T\boldsymbol{b}_{tC} \\ \vdots & \vdots & & \vdots \\ \boldsymbol{a}_{mR}^T\boldsymbol{b}_{1C} & \boldsymbol{a}_{mR}^T\boldsymbol{b}_{2C} & \cdots & \boldsymbol{a}_{mR}^T\boldsymbol{b}_{tC} \end{pmatrix} && (4.16) \\
&= \begin{pmatrix} c_{11} & c_{12} & \cdots & c_{1t} \\ c_{21} & c_{22} & \cdots & c_{2t} \\ \vdots & \vdots & & \vdots \\ c_{m1} & c_{m2} & \cdots & c_{mt} \end{pmatrix} && (4.17)
\end{aligned}$$

라고 정의된다.

Remark AB의 원소 c_{ij}는 아래와 같이 표현가능하다.

$$c_{ij} = \boldsymbol{a}_{iR}^T\boldsymbol{b}_{jC} = \sum_{k=1}^{n} a_{ik}b_{kj} \tag{4.18}$$

Remark A가 정방행렬일 때, $AA = A^2$, $AAA = A^3$ 라고 표기할 수 있다.

Q 아래 행렬 A, B에 대하여 AB 혹은 BA를 구하라.

$$A = \begin{pmatrix} 1 & 0 & -1 \\ 0 & 1 & 2 \end{pmatrix}, \qquad B = \begin{pmatrix} 1 & 0 \\ 1 & 1 \end{pmatrix}$$

이제 행렬의 곱셈방법을 배웠으니, 지난 단원에서 언급하였던 $(AB)^T = B^TA^T$ 에 대한 증명을 해 보자.

Theorem 4.3 행렬 $A_{m\times n}$, $B_{n\times t}$에 대하여,

$$(AB)^T = B^T A^T \tag{4.19}$$

이다.

Proof $(AB)^T$의 (i,j)번째 원소를 $((AB)^T)_{ij}$라고 하고, A의 j번째 행을 $\boldsymbol{a}_{jR}^T$, B의 i번째 열을 $\boldsymbol{b}_{iC}$ 라고 하면,

$$((AB)^T)_{ij} = (AB)_{ji} = \sum_{k=1}^{n} a_{jk}b_{ki} = \sum_{k=1}^{n} b_{ki}a_{jk} = \boldsymbol{b}_{iC}^T(\boldsymbol{a}_{jR}^T)^T = \boldsymbol{b}_{iC}^T\boldsymbol{a}_{jR}$$

가 된다. 또한 B^TA^T의 (i,j)번째 원소를 구해보면

$$\begin{aligned}
B^TA^T &= \begin{pmatrix} \boldsymbol{b}_{1C} & \boldsymbol{b}_{2C} & \cdots & \boldsymbol{b}_{tC} \end{pmatrix}^T \begin{pmatrix} \boldsymbol{a}_{1R}^T \\ \boldsymbol{a}_{2R}^T \\ \vdots \\ \boldsymbol{a}_{mR}^T \end{pmatrix}^T \\
&= \begin{pmatrix} \boldsymbol{b}_{1C}^T \\ \boldsymbol{b}_{2C}^T \\ \vdots \\ \boldsymbol{b}_{tC}^T \end{pmatrix} \begin{pmatrix} \boldsymbol{a}_{1R} & \boldsymbol{a}_{2R} & \cdots & \boldsymbol{a}_{mR} \end{pmatrix} \\
&= \begin{pmatrix} \boldsymbol{b}_{1C}^T\boldsymbol{a}_{1R} & \boldsymbol{b}_{1C}^T\boldsymbol{a}_{2R} & \cdots & \boldsymbol{b}_{1C}^T\boldsymbol{a}_{mR} \\ \boldsymbol{b}_{2C}^T\boldsymbol{a}_{1R} & \boldsymbol{b}_{2C}^T\boldsymbol{a}_{2R} & \cdots & \boldsymbol{b}_{2C}^T\boldsymbol{a}_{mR} \\ \vdots & \vdots & \ddots & \vdots \\ \boldsymbol{b}_{tC}^T\boldsymbol{a}_{1R} & \boldsymbol{b}_{tC}^T\boldsymbol{a}_{2R} & \cdots & \boldsymbol{b}_{tC}^T\boldsymbol{a}_{mR} \end{pmatrix}
\end{aligned}$$

가 되어 $\boldsymbol{b}_{iC}^T\boldsymbol{a}_{jR}$가 된다. 따라서, $(AB)^T$의 (i,j)번째 원소와 B^TA^T의 (i,j)번째 원소가 항상 일치하므로 $(AB)^T = B^TA^T$라고 할 수 있다. ∎

Corollary 4.4 행렬 $A_{m\times n}$, $B_{n\times t}$, $C_{t\times s}$가 있을 때, $(ABC)^T = C^TB^TA^T$ 가 성립한다.

Proof $(ABC)^T = \{(AB)C\}^T = C^T(AE)^T = C^TB^TA^T$ ∎

4.6 행렬의 결합법칙(Associative Law)

Theorem 4.5 *세 행렬,* $A_{m\times n}$, $B_{n\times t}$, $C_{t\times s}$ *곱셈에 대하여 다음의 결합법칙 (Associative Law)이 성립한다.*

$$A(BC) = (AB)C \tag{4.20}$$

Proof 이를 증명하기 위해, 좌변의 (i,j)번째 원소가 우변의 (i,j)번째 원소가 동일하게 표현됨을 보이고자 한다. 좌변의 (i,j)번째 원소는

$$
\begin{aligned}
(A(BC))_{ij} &= (\text{A의 i번째 행})\begin{pmatrix} \\ \text{BC의 j번째 열} \\ \\ \end{pmatrix} && (4.21)\\
&= \begin{pmatrix} a_{i1} & a_{i2} & \cdots & a_{in} \end{pmatrix}\begin{pmatrix} (BC)_{1j} \\ (BC)_{2j} \\ \vdots \\ (BC)_{nj} \end{pmatrix} && (4.22)\\
&= \begin{pmatrix} a_{i1} & a_{i2} & \cdots & a_{in} \end{pmatrix}\begin{pmatrix} \sum_{k=1}^{t} b_{1k}c_{kj} \\ \sum_{k=1}^{t} b_{2k}c_{kj} \\ \vdots \\ \sum_{k=1}^{t} b_{nk}c_{kj} \end{pmatrix} && (4.23)\\
&= \sum_{l=1}^{n}\sum_{k=1}^{t} a_{il}b_{lk}c_{kj}
\end{aligned}
$$

가 된다. 이는 다시

$$
\begin{aligned}
\sum_{l=1}^{n}\sum_{k=1}^{t} a_{il}b_{lk}c_{kj} &= \sum_{k=1}^{t}\sum_{l=1}^{n} a_{il}b_{lk}c_{kj} \\
&= \sum_{k=1}^{t}\left(\sum_{l=1}^{n} a_{il}b_{lk}\right)c_{kj} \\
&= \begin{pmatrix} \sum_{l=1}^{n} a_{il}b_{l1} & \sum_{l=1}^{n} a_{il}b_{l2} & \cdots & \sum_{l=1}^{n} a_{il}b_{lt} \end{pmatrix}\begin{pmatrix} c_{1j} \\ c_{2j} \\ \vdots \\ c_{tj} \end{pmatrix}
\end{aligned}
$$

$$
\begin{aligned}
&= \text{(AB 의 i번째 행)} \begin{pmatrix} \text{C의 j번째 열} \end{pmatrix} \\
&= ((AB)C)_{ij}
\end{aligned}
$$

라고 할 수 있으므로, $(A(BC))_{ij} = ((AB)C)_{ij}$가 성립한다. ∎

Q 아래 행렬 A, B, C에 대하여 결합법칙 $A(BC) = (AB)C$가 성립하는지 계산으로 확인하라.

$$
A = \begin{pmatrix} 1 & 2 \\ 0 & 2 \end{pmatrix}, \quad B = \begin{pmatrix} 2 & 0 \\ 2 & -1 \end{pmatrix}, \quad C = \begin{pmatrix} 1 & 0 \\ 0 & -1 \end{pmatrix}
$$

4.7 행렬의 분배법칙(Distributive Law)

행렬의 결합법칙외에 다음과 같은 행렬의 분배법칙도 성립한다.

Theorem 4.6 *세 행렬 $A_{n\times n}$, $B_{n\times n}$, $C_{n\times n}$ 곱셈에 대하여, 아래와 같은 행렬의 분배법칙(distributive law)이 성립된다.*

- $A(B+C) = AB + AC$
- $(A+B)C = AC + BC$

Proof 위의 성질 중 $A(B+C) = AB + AC$ 는 아래와 같이 증명가능하며, 같은 방법으로 $(A+B)C = AC + BC$ 도 증명할 수 있다.

$$
\begin{aligned}
(A(B+C))_{ij} &= \sum_{k=1}^{n} a_{ik}(b_{kj} + c_{kj}) \\
&= \sum_{k=1}^{n} (a_{ik}b_{kj} + a_{ik}c_{kj}) \\
&= \sum_{k=1}^{n} a_{ik}b_{kj} + \sum_{k=1}^{n} a_{ik}c_{kj} \\
&= (AB)_{ij} + (AC)_{ij} \\
&= (AB + AC)_{ij} \quad ∎
\end{aligned}
$$

Q 아래 행렬 A, B, C에 대하여 결합법칙 $A(B+C) = AB + AC$ 가 성립하는지 계산으로 확인하라.

$$A = \begin{pmatrix} 1 & 2 \\ 0 & 2 \end{pmatrix}, \quad B = \begin{pmatrix} 2 & 0 \\ 2 & -1 \end{pmatrix}, \quad C = \begin{pmatrix} 1 & 0 \\ 0 & -1 \end{pmatrix}$$

4.8 행렬의 궤적(Trace)

정방행렬의 궤적(trace)은 대각원소의 합으로 정의된다.

Definition 정방행렬 $A_{n\times n} = \{a_{ij}\}_{n\times n}$에 대하여 A의 궤적은

$$\mathrm{tr}(A) = \sum_{i=1}^{n} a_{ii} \tag{4.24}$$

라고 정의한다.

Theorem 4.7 *정방행렬 A, B, C의 궤적에 대해 아래와 같은 등식이 성립한다.*

(1) $\mathrm{tr}(A^T) = \mathrm{tr}(A)$

(2) $\mathrm{tr}(A \pm B) = \mathrm{tr}(A) \pm \mathrm{tr}(B)$

(3) $\mathrm{tr}(cA) = c\ \mathrm{tr}(A)$, c *는 스칼라.*

(4) $\mathrm{tr}(A^T A) = \sum_{i=1}^{n}\sum_{j=1}^{n} a_{ij}^2$

(5) $\mathrm{tr}(AB) = \mathrm{tr}(BA)$

(6) $\mathrm{tr}(ABC) = \mathrm{tr}(BCA) = \mathrm{tr}(CAB)$

Proof (5)번을 먼저 증명해 보면, 좌변으로부터

$$\begin{aligned}
\mathrm{tr}(AB) &= \sum_{i=1}^{n}(AB)_{ii} = \sum_{i=1}^{n}\sum_{k=1}^{n} a_{ik}b_{ki} \\
&= \sum_{k=1}^{n}\sum_{i=1}^{n} b_{ki}a_{ik} = \sum_{k=1}^{n}(BA)_{kk} \\
&= \mathrm{tr}(BA)
\end{aligned}$$

가 된다. 또한 (4)번을 증명하면,

$$\mathrm{tr}(A^T A) = \sum_{i=1}^{n}(A^T A)_{ii} = \sum_{i=1}^{n}\sum_{k=1}^{n} a_{ki}a_{ki}$$

$$= \sum_{i=1}^{n}\sum_{k=1}^{n} a_{ki}^2 = \sum_{i=1}^{n}\sum_{j=1}^{n} a_{ij}^2$$

가 됨을 알 수 있다. ∎

Q 정방행렬 A, B, C에 대하여 아래를 증명하라.

- $\mathrm{tr}(A^T) = \mathrm{tr}(A)$
- $\mathrm{tr}(A \pm B) = \mathrm{tr}(A) \pm \mathrm{tr}(B)$
- $\mathrm{tr}(cA) = c\ \mathrm{tr}(A)$, $\quad c$ 는 스칼라.
- $\mathrm{tr}(ABC) = \mathrm{tr}(BCA) = \mathrm{tr}(CAB)$

4.9 분할행렬(Partitioned Matrix)

하나의 행렬이 여러 개의 작은 부분행렬로 분할될 때, 이를 블록행렬(block matrix) 혹은 분할행렬(partitioned matrix)라고 일컫는다. 행렬의 분할은 행방향, 혹은 열방향으로 이루어 지며, 모든 행과 열에 대하여 수행된다. 아래는 분할행렬의 예이다.

$$A = \left(\begin{array}{cc|cc} 1 & 1 & 2 & 2 \\ 1 & 1 & 2 & 2 \\ \hline 3 & 3 & 4 & 4 \\ 3 & 3 & 4 & 4 \end{array}\right) = \begin{pmatrix} A_{11} & A_{12} \\ A_{21} & A_{22} \end{pmatrix}$$

여기서,

$$A_{11} = \begin{pmatrix} 1 & 1 \\ 1 & 1 \end{pmatrix}, \quad A_{12} = \begin{pmatrix} 2 & 2 \\ 2 & 2 \end{pmatrix}, \quad A_{21} = \begin{pmatrix} 3 & 3 \\ 3 & 3 \end{pmatrix}, \quad A_{22} = \begin{pmatrix} 4 & 4 \\ 4 & 4 \end{pmatrix}$$

이다.

Definition 분할행렬의 비대각선 방향으로 있는 블록이 모두 0인 행렬을 '블록대각행렬(Block Diagonal Matrix)'이라고 하며

$$A = \begin{pmatrix} A_{11} & 0 & \cdots & 0 \\ 0 & A_{22} & \cdots & 0 \\ \vdots & \vdots & \ddots & \vdots \\ 0 & 0 & \cdots & A_{nn} \end{pmatrix}$$

이를 $A = \mathrm{diag}(A_{11}, A_{22}, \cdots, A_{nn})$ 라고 표현한다.

이와 같이 행렬을 분할하고나면, 사이즈가 큰 행렬(예: $10,000 \times 10,000$)의 계산을 분할된 부분행렬(submatrix)들의 곱셈으로 처리함으로써 계산을 위한 메모리할당 및 속도에 대한 부담을 줄 일 수 있다. 분할된 행렬의 곱셈은 아래와 같이 계산된다.

$$\begin{aligned} A &= \begin{pmatrix} A_{11} & A_{12} & \cdots & A_{1n} \\ A_{21} & A_{22} & \cdots & A_{2n} \\ \vdots & \vdots & \ddots & \vdots \\ A_{m1} & A_{n2} & \cdots & A_{mn} \end{pmatrix}, \quad B = \begin{pmatrix} B_{11} & B_{12} & \cdots & B_{1t} \\ B_{21} & B_{22} & \cdots & B_{2t} \\ \vdots & \vdots & \ddots & \vdots \\ B_{n1} & B_{n2} & \cdots & B_{nt} \end{pmatrix} \\ \longrightarrow AB &= \begin{pmatrix} C_{11} & C_{12} & \cdots & C_{1t} \\ C_{21} & C_{22} & \cdots & C_{2t} \\ \vdots & \vdots & \ddots & \vdots \\ C_{m1} & C_{n2} & \cdots & C_{mt} \end{pmatrix} = C \end{aligned}$$

여기서,

$$C_{ij} = \sum_{k=1}^{n} A_{ik} B_{kj}$$

이며, 일반적으로 A_{ik} 는 $\alpha_i \times \beta_k$ 인 부분행렬이고, B_{kj} 는 $\beta_k \times \gamma_j$ 인 부분행렬을 의미한다.

Q 행렬 A, B는 분할행렬이다. 두 행렬의 곱셈인 AB와 BA를 구하고자 할 때, 이에 맞는 B_{12}, B_{21}, B_{22} 의 크기를 각각 적어라.

$$A = \begin{pmatrix} A_{2\times2} & A_{2\times1} \\ A_{1\times2} & A_{1\times1} \end{pmatrix}, \quad B = \begin{pmatrix} B_{11} & B_{12} \\ B_{21} & B_{22} \end{pmatrix}$$

4.10 특이한 행렬연산

행렬간에 이루어지는 곱셈은 지금까지 살펴본 '행벡터와 열벡터의 내적을 통한 방법'외에 다음과 같은 곱셈이 있다.

4.10.1 하다마드 곱셈(Hadamard Product)

두 행렬 A, B 가 모두 $m \times n$ 행렬로 크기가 동일할 경우에, 아래와 같이 두 행렬의 동일한 위치의 원소끼리 서로 곱함으로써 하다마드 곱셈(Hadamad product)가 정의된다.

$$A \cdot B = \begin{pmatrix} a_{11}b_{11} & a_{12}b_{12} & \cdots & a_{1n}b_{1n} \\ a_{21}b_{21} & a_{22}b_{22} & \cdots & a_{2n}b_{2n} \\ \vdots & \vdots & \ddots & \vdots \\ a_{m1}b_{m1} & a_{m2}b_{m2} & \cdots & a_{mn}b_{mn} \end{pmatrix} \tag{4.25}$$

Q 아래에서 $A \cdot B$ 를 계산하라.

$$A = \begin{pmatrix} 1 & -1 \\ 1 & 2 \end{pmatrix}, \quad B = \begin{pmatrix} 1 & 0 \\ 1 & 1 \end{pmatrix}$$

4.10.2 크로네커 곱셈(Kronecker Product)

행렬 A가 $m \times n$ 이고, 행렬 B가 $p \times q$ 일 때, 두 행렬 간의 크로네커 곱셈(Kronecker product)는 아래와 같이 정의된다.

$$A \otimes B = \begin{pmatrix} a_{11}B & a_{12}B & \cdots & a_{1n}B \\ a_{21}B & a_{22}B & \cdots & a_{2n}B \\ \vdots & \vdots & \ddots & \vdots \\ a_{m1}B & a_{m2}B & \cdots & a_{mn}B \end{pmatrix} \tag{4.26}$$

여기서 $a_{ij}B$ 의 크기는 $p \times q$ 이므로 $A \otimes B$ 는 $mp \times nq$ 행렬이 된다. 지금까지의 다른 곱셈과 달리 크로네커 곱셈은 두 행렬의 크기와 관계없이 성립한다. 직관적으로 알 수 있듯이, 크로네커 곱셈의 경우 교환법칙이 성립하지 않는다.

Q 아래 두 행렬의 크로네커 곱셈, $A \otimes B$, $B \otimes A$ 를 각각 계산하라.

$$A = \begin{pmatrix} 1 & -1 \\ 1 & 2 \end{pmatrix}, \quad B = \begin{pmatrix} 1 & 0 \\ 1 & 1 \end{pmatrix}$$

Q 벡터 $\mathbf{1}_n$과 행렬 I_n이 아래와 같이 정의될 때, 아래의 행렬 A와 B를 $\mathbf{1}_n$과 I_n을 사용한 크로네커 곱셈으로 표시하라(n의 값을 알맞게 사용하라).

$$\mathbf{1}_n = \begin{pmatrix} 1 \\ 1 \\ \vdots \\ 1 \end{pmatrix}, \qquad I_n = \begin{pmatrix} 1 & 0 & \cdots & 0 \\ 0 & 1 & \cdots & 0 \\ \vdots & \vdots & & \vdots \\ 0 & 0 & \cdots & 1 \end{pmatrix} \tag{4.27}$$

$$A = \begin{pmatrix} 1 & 0 & 0 \\ 1 & 0 & 0 \\ 0 & 1 & 0 \\ 0 & 1 & 0 \\ 0 & 0 & 1 \\ 0 & 0 & 1 \end{pmatrix}, \quad B = \begin{pmatrix} 1 & 0 & 0 \\ 0 & 1 & 0 \\ 0 & 0 & 1 \\ 1 & 0 & 0 \\ 0 & 1 & 0 \\ 0 & 0 & 1 \end{pmatrix} \tag{4.28}$$

참고로, 여기서 $\mathbf{1}_n$을 합벡터(summing vector) 라고 하고, I_n을 항등행렬(identity matrix)이라고 한다.

4.11 연습문제

[1] 행렬이 아래와 같을 때, 다음을 계산하라.

$$A = \begin{pmatrix} -2 & 1 & 3 \\ 4 & 0 & -1 \end{pmatrix}, \quad B = \begin{pmatrix} 4 & 1 & -2 \\ 5 & -1 & 3 \end{pmatrix},$$

$$C = \begin{pmatrix} 2 & -1 \\ 0 & 6 \\ -3 & 2 \end{pmatrix}, \quad D = \begin{pmatrix} -4 & 2 \\ 3 & 5 \\ -1 & -3 \end{pmatrix}$$

1. $2A$
2. $0C$
3. $A - B$
4. $(AC)^2$
5. $A^T A$
6. BC
7. CB
8. $D \cdot D$

[2] 아래 행렬의 크기가 알맞게 정의되었다고 가정했을 때, 참이면 T, 거짓이면 F를 적어라.

1. 만일 $A = B$ 이면 $AC = BC$ 이다. $(C \neq 0)$
2. 만일 $AC = BC$ 이면 $A = B$ 이다.
3. 만일 $AB = 0$ 이면 $A = 0$ 혹은 $B = 0$ 이다.
4. 만일 $A + C = B + C$ 이면 $A = B$ 이다.
5. $AB = C$ 에서 C가 열벡터이면 B도 열벡터이다.

[3] 정방행렬 A, B에 대하여

$$AB = BA \tag{4.29}$$

가 성립하는가? 만일 성립하면 증명을 하고, 성립하지 않으면 반예(counter example)를 제시하라.

[4] 아래 식이 참이면 증명을 하고, 참이 아니면 어떤 조건에서 참이 될 수 있는지 서술하라.

1. $(A + B)(A - B) = A^2 - B^2$
2. $(A + B)^2 = A^2 + 2AB + B^2$

[5] 정방행렬로서 $A^2 = AA = 0_{2\times2}$ 되는 $A_{2\times2}$행렬 중 한 개를 적어 보아라.

[6] A가 정방행렬일때, 아래를 증명하라.

1. $\mathrm{tr}(A^T A) \geq 0$
2. 만일 $\mathrm{tr}(A^T A) = 0$ 이면 $A = 0$
3. 만일 $A = 0$ 이면 $\mathrm{tr}(A^T A) = 0$

[7] 행렬 $A_{m\times n}$, $B_{m\times n}$에 대하여,

$$(A - B)^T = A^T - B^T \tag{4.30}$$

임을 보여라.

[8] 다음 행렬 A, B에 대하여, $A \otimes B$ 를 구하라.

$$A = \begin{pmatrix} 0 & 1 & 2 \end{pmatrix}, \quad B = \begin{pmatrix} 1 & 2 \\ 3 & 4 \end{pmatrix}$$

Chapter 5

특수행렬

여러 종류의 행렬은 자기 나름대로의 성질을 가지고 있으며, 이러한 성질을 잘 활용하면 보다 폭 넓은 자료분석에 도움이 된다. 이 단원에서는 통계학 분야에서 널리 사용되는 행렬들의 종류, 그리고 그 활용도에 대하여 소개하고자 한다.

5.1 대칭행렬(Symmetric Matrix)

정방행렬 $A_{n\times n}$이란 행의 수와 열의 수가 일치하는 행렬을 의미한다. 만일 정방행렬 A가 아래 조건을 만족하면, 이를 '대칭행렬(symmetric matrix)'이라고 한다.

Definition 정방행렬 $A_{n\times n}$에 대하여,

$$A^T = A \tag{5.1}$$

즉,

$$a_{ij} = a_{ji}, \quad (1 \le \forall i,\ j \le n) \tag{5.2}$$

이면, 행렬 A는 대칭행렬(symmetric matrix)이다.

대칭행렬의 중요한 성질은 너무도 많지만, 여기서는 몇가지 성질만 언급하고자 한다.

Theorem 5.1 *대칭행렬에 관하여, 아래와 같은 성질이 존재한다.*

(1) A, B 모두 대칭행렬이면, $(AB)^T = BA$

(2) $A_{n\times n}$에 대하여, A^TA는 항상 대칭행렬이다.

(3) $A_{n\times n}$에 대하여, $\frac{A^T+A}{2}$는 항상 대칭행렬이다.

(4) $A_{n\times n}$이 대칭행렬이면, 최대로 $\frac{n(n+1)}{2}$ 개의 서로 다른 원소를 포함할 수 있다.

Proof 앞서 소개된 대칭행렬의 정의를 이용하면 (1)-(3)은 쉽게 된다. 그리고 (4)의 증명은 연습문제에서 다루도록 한다.

5.2 반대칭행렬(Skew-Symmetric Matrix)

정방행렬 $A_{n\times n}$에 대하여 아래 조건이 만족하면 이를 '반대칭행렬(skew-symmetric matrix)'라고 일컫는다.

Definition 행렬 $A_{n\times n}$에 대하여, 만일

$$A^T = -A \tag{5.3}$$

즉

$$a_{ij} = -a_{ji}, \quad (1 \le \forall i,\ j \le n) \tag{5.4}$$

을 만족하면 A는 반대칭행렬(skew-symmetric matrix)이다.

Theorem 5.2 *반대칭행렬에 대한 대표적 성질이다.*

(1) A가 반대칭행렬이면, $a_{11} = a_{22} = \cdots = a_{nn} = 0$ 이다.

(2) A가 반대칭행렬이면, $\mathrm{tr}(A) = 0$ 이다.

(3) 정방행렬 A에 대하여, $\frac{A-A^T}{2}$는 항상 반대칭행렬이다.

(4) A가 반대칭행렬이면, 임의의 벡터 $\boldsymbol{x}_{n\times 1}$에 대하여, $\boldsymbol{x}^TA\boldsymbol{x} = 0$ 이다.

Proof (1) $A^T = -A$ 이므로 $A^T + A = 0$ 이 된다. 따라서

$$a_{ij} + a_{ji} = 0, \quad \text{if } i \neq j \tag{5.5}$$

$$2a_{ii} = 0, \quad \text{if } i = j \tag{5.6}$$

가 된다. 그러므로 $a_{11} = a_{22} = \cdots = a_{nn} = 0$ 이다. 그 결과 (2)가 자동으로 성립한다. 증명 (4)는 연습문제에서 다루기로 한다. ∎

Proposition 5.3 *모든 정방행렬 A는 대칭행렬과 반대칭행렬의 합으로 표현할 수 있다.*

Proof 임의의 정방행렬 A를 아래와 같이 표현가능하고,

$$A = \frac{1}{2}(A + A^T) + \frac{1}{2}(A - A^T) \tag{5.7}$$

이때, 첫째 항은 대칭행렬, 둘째 항은 반대칭행렬이 된다. ∎

5.3 항등행렬(Identity Matrix)

대수(algebra)에서 어떤 숫자에 1을 곱해도 값이 변하지 않기 때문에 1을 '곱셈의 항등원'이라고 한다. 이와 같이 행렬에서도 임의의 행렬에 대해 어떤 행렬을 곱해도 행렬이 변하지 않는 경우, 그 행렬을 '항등행렬(identity matrix)'라고 한다.

Definition 정방행렬 I_n이 아래와 같이 정의될 때,

$$I_n = \begin{pmatrix} 1 & 0 & \cdots & 0 \\ 0 & 1 & \cdots & 0 \\ \vdots & \vdots & & \vdots \\ 0 & 0 & \cdots & 1 \end{pmatrix} \tag{5.8}$$

I_n을 항등행렬(identity matrix)라고 한다.

Remark 항등행렬 I_n에 대하여 아래가 성립한다.

- I_n은 대칭행렬이다.
- 임의의 행렬 $A_{m\times n}$에 대하여 $AI_n = A, \quad I_mA = A$ 가 항상 성립한다.

5.4 역행렬(Inverse Matrix)

상수 c의 역수는 $c^{-1} = \frac{1}{c}$ 로서 $c^{-1}c = cc^{-1} = 1$ 가 성립한다. 행렬에도 비슷한 성질을 가진 행렬이 존재하는데 이를 역행렬(inverse matrix)라고 한다.

Definition 행렬 $A_{n\times n}$에 대하여

$$AA^{-1} = A^{-1}A = I_n \tag{5.9}$$

을 만족하는 A^{-1}이 존재한다면, A^{-1}은 A의 역행렬이다.

Q 다음 행렬 A에 대하여 A^{-1}가 A의 역행렬이 되는지 확인하라.

1.

$$A = \begin{pmatrix} 1 & 1 \\ 0 & 1 \end{pmatrix}, \quad A^{-1} = \begin{pmatrix} 1 & -1 \\ 0 & 1 \end{pmatrix}$$

2.

$$A = \begin{pmatrix} 1 & 1 \\ -1 & 1 \end{pmatrix}, \quad A^{-1} = \begin{pmatrix} \frac{1}{2} & -\frac{1}{2} \\ \frac{1}{2} & \frac{1}{2} \end{pmatrix}$$

5.5 삼각행렬(Triangular Matrix)

정방행렬 가운데 한 쪽의 비대각(off-diagonal) 원소가 모두 0이어서 삼각형모양의 행렬을 이루는 경우가 있는데, 이를 상삼각행렬, 혹은 하삼각행렬이라고 한다.

Definition 정방행렬 $A_{n\times n}$에 대하여, 만일

$$a_{ij} = 0 \quad \text{for } i > j \tag{5.10}$$

이면, 이 행렬을 상삼각행렬(upper triangular matrix)라 한다.

Definition 정방행렬 $A_{n\times n}$에 대하여, 만일

$$a_{ij} = 0 \quad \text{for } i < j \tag{5.11}$$

이면, 이 행렬을 하삼각행렬(lower triangular matrix)라 한다.

Example 다음은 상삼각행렬과 하삼각행렬의 예이다.

$$A = \begin{pmatrix} 1 & 3 & 2 \\ 0 & 0 & 4 \\ 0 & 0 & 2 \end{pmatrix}, \quad B = \begin{pmatrix} 2 & 0 & 0 \\ 1 & 3 & 0 \\ 0 & 3 & 1 \end{pmatrix}$$

5.6 합벡터(Summing Vector)

행렬의 모든 원소들을 더하거나, 행렬의 행방향 혹은 열방향의 원소들을 더하고 싶을 때 사용되는 벡터가 '합벡터(summing vector)'이며 아래와 같이 정의된다.

$$\mathbf{1}_n = \begin{pmatrix} 1 \\ 1 \\ \vdots \\ 1 \end{pmatrix}_{n\times 1}$$

다음은 합벡터를 활용한 예이다.

(1) 행렬의 행방향 원소합을 구할 때:

$$A\mathbf{1}_n = \begin{pmatrix} a_{11} & a_{12} & \cdots & a_{1n} \\ a_{21} & a_{22} & \cdots & a_{2n} \\ \vdots & \vdots & & \vdots \\ a_{n1} & a_{n2} & \cdots & a_{nn} \end{pmatrix} \begin{pmatrix} 1 \\ 1 \\ \vdots \\ 1 \end{pmatrix} = \begin{pmatrix} a_{1.} \\ a_{2.} \\ \vdots \\ a_{n.} \end{pmatrix} \tag{5.12}$$

(여기서 $a_{i.} = \sum_{j=1}^{n} a_{ij}$를 의미함)

(2) 행렬의 열방향 원소합을 구할 때:

$$\begin{aligned} \mathbf{1}_n^T A &= \begin{pmatrix} 1 & 1 & \cdots & 1 \end{pmatrix} \begin{pmatrix} a_{11} & a_{12} & \cdots & a_{1n} \\ a_{21} & a_{22} & \cdots & a_{2n} \\ \vdots & \vdots & & \vdots \\ a_{n1} & a_{n2} & \cdots & a_{nn} \end{pmatrix} \\ &= \begin{pmatrix} a_{.1} & a_{.2} & \cdots & a_{.n} \end{pmatrix} \end{aligned}$$

(여기서 $a_{.j} = \sum_{i=1}^{n} a_{ij}$를 의미함)

(3) 행렬의 모든 원소의 합을 구할 때:

$$\mathbf{1}_n^T A\mathbf{1}_n = \begin{pmatrix} 1 & 1 & \cdots & 1 \end{pmatrix} \begin{pmatrix} a_{11} & a_{12} & \cdots & a_{1n} \\ a_{21} & a_{22} & \cdots & a_{2n} \\ \vdots & \vdots & & \vdots \\ a_{n1} & a_{n2} & \cdots & a_{nn} \end{pmatrix} \begin{pmatrix} 1 \\ 1 \\ \vdots \\ 1 \end{pmatrix}$$

$$= \begin{pmatrix} a_{.1} & a_{.2} & \cdots & a_{.n} \end{pmatrix} \begin{pmatrix} 1 \\ 1 \\ \vdots \\ 1 \end{pmatrix} = a_{..}$$

(여기서 $a_{..} = \sum_{i=1}^{n} \sum_{j=1}^{n} a_{ij}$를 의미함)

Q 아래 항들을 합벡터를 사용하여 표현하라.

(i) n

(ii) $\bar{y} = \frac{1}{n} \sum_{i=1}^{n} y_i$

(iii) $J_n = \{1\}_{n \times n}$

5.7 기본벡터(Elementary Vector)

행렬의 계산을 쉽게 도와주는 벡터로서 기본벡터(elementary vector)가 있으며, 아래와 같이 정의된다.

Definition 벡터 $\boldsymbol{e}_i \in \Re^n$는 원소, $e_j, (1 \leq j \leq n)$로 구성되며

$$e_j = \begin{cases} 0 & \text{if } j \neq i \\ 1 & \text{if } j = i \end{cases}$$

아래와 같은 모습이고

$$\boldsymbol{e}_i = \begin{pmatrix} 0 \\ \vdots \\ 0 \\ 1 \\ 0 \\ \vdots \\ 0 \end{pmatrix} \leftarrow i\text{-번째 원소} \tag{5.13}$$

이를 기본벡터(elementary vector)라고 한다.

Example 아래는 여러가지 기본벡터를 나타낸다.

$$\boldsymbol{e}_1 = \begin{pmatrix} 1 \\ 0 \\ 0 \end{pmatrix}, \ \boldsymbol{e}_2 = \begin{pmatrix} 0 \\ 1 \\ 0 \end{pmatrix}, \ \boldsymbol{e}_3 = \begin{pmatrix} 0 \\ 0 \\ 1 \end{pmatrix}$$

Remark 기본벡터는 아래와 같이 활용된다.

(1) 행렬의 i번째 열을 선택할 때:

$$A\boldsymbol{e}_i = \begin{pmatrix} a_{11} & a_{12} & \cdots & a_{1n} \\ a_{21} & a_{22} & \cdots & a_{2n} \\ \vdots & \vdots & & \vdots \\ a_{n1} & a_{n2} & \cdots & a_{nn} \end{pmatrix} \boldsymbol{e}_i = \begin{pmatrix} a_{1i} \\ a_{2i} \\ \vdots \\ a_{ni} \end{pmatrix} = \boldsymbol{a}_{iC}$$

(2) 행렬의 i번째 행을 선택할 때:

$$\boldsymbol{e}_i^T A = \boldsymbol{e}_i^T \begin{pmatrix} a_{11} & a_{12} & \cdots & a_{1n} \\ a_{21} & a_{22} & \cdots & a_{2n} \\ \vdots & \vdots & & \vdots \\ a_{n1} & a_{n2} & \cdots & a_{nn} \end{pmatrix} = \begin{pmatrix} a_{i1} & a_{i2} & \cdots & a_{in} \end{pmatrix} = \boldsymbol{a}_{iR}^T$$

(3) 행렬의 (i, j)번째 원소를 선택할 때:

$$\begin{aligned} \boldsymbol{e}_i^T A\boldsymbol{e}_j &= \boldsymbol{e}_i^T \begin{pmatrix} a_{11} & a_{12} & \cdots & a_{1n} \\ a_{21} & a_{22} & \cdots & a_{2n} \\ \vdots & \vdots & & \vdots \\ a_{n1} & a_{n2} & \cdots & a_{nn} \end{pmatrix} \boldsymbol{e}_j \\ &= \begin{pmatrix} a_{i1} & a_{i2} & \cdots & a_{in} \end{pmatrix} \boldsymbol{e}_j \\ &= a_{ij} \end{aligned}$$

Q 다음 행렬에서 기본벡터를 곱하여 2행 3열 원소를 선택하라.

$$A = \begin{pmatrix} 1 & 3 & 2 & 0 \\ 2 & 1 & 1 & 1 \\ 0 & 3 & -1 & 4 \\ 7 & -2 & -3 & 8 \end{pmatrix}$$

5.8 멱등행렬(Idempotent Matrix)

통계학에서 많이 사용되는 행렬 중 하나가 멱등행렬이다. 특히 회귀선을 구하기 위한 최소제곱추정법(Least Squares Estimation)의 계산에 멱등행렬이 많이 사용되고 있다. 최소제곱법에 대한 자세한 설명은 8장에서 다루기로 한다.

Definition 정방행렬 $A_{n\times n}$에 대하여, 만일

$$AA = A \tag{5.14}$$

이면 A는 멱등행렬(idempotent matrix)이라고 한다.

아래는 통계학에서 자주 등장하는 멱등행렬의 예이다. 이에 대한 증명은 멱등행렬의 정의를 이용하면 쉽게 증명할 수 있다.

Proposition 5.4 *I_n는 멱등행렬이다.*

Proposition 5.5 *$\frac{1}{n}J_n$는 멱등행렬이다.*

Proposition 5.6 *A가 멱등행렬일 때, $A^2 = A^3 = A^4 = \cdots = A^k$ 이다.*

Proposition 5.7 *A가 멱등행렬일 때, $(I - A)$도 멱등행렬이다.*

Proposition 5.8 *$X_{m\times n}$에서, $X(X^TX)^{-1}X^T$는 멱등행렬이다.*

[Q] 다음 행렬 A가 멱등행렬이 되기 위한 c의 값을 구하라.

$$A = \begin{pmatrix} 2 & c & -4 \\ -1 & 3 & 4 \\ 1 & c & -3 \end{pmatrix} \tag{5.15}$$

5.9 행렬의 이차형식(Quadratic Form)

다항식(polynomial)은 변수 x나 x의 승수들의 합으로 이루어진 함수를 말하며 일반적으로

$$f(x) = a_0 + a_1x + a_2x^2 + \cdots + a_px^p \tag{5.16}$$

의 모습을 하고 있다. 이러한 다항식은 미분-적분이 편할 뿐 아니라 대부분의 함수가 식 1.30에서와 같이 테일러 근사에 의하서 다항식으로 근사할 수 있다는 점에서 그 중요성을 더하고 있다. 통계학에서도 2차 다항식이 많이 사용되고 있으며 이 단원에서는 이런 다항식에 대한 행렬의 표현을 알아보도록 하자.

Definition 세 개의 변수가 x_1, x_2, x_3로 이루어진 2차 함수가

$$f(x_1,x_2,x_3)=\beta_{11}x_1^2+\beta_{22}x_2^2+\beta_{33}x_3^2+\beta_{12}x_1x_2+\beta_{13}x_1x_3+\beta_{23}x_2x_3$$

라고 할 때, 이를

$$f(x_1,x_2,x_3)=(x_1\ x_2\ x_3)\begin{pmatrix} a_{11} & a_{12} & a_{13} \\ a_{21} & a_{22} & a_{23} \\ a_{31} & a_{32} & a_{33} \end{pmatrix}\begin{pmatrix} x_1 \\ x_2 \\ x_3 \end{pmatrix}=\boldsymbol{x}^T A\boldsymbol{x} \tag{5.17}$$

라고 표현 가능하며 이는

$$f(x_1,x_2,x_3)=\boldsymbol{x}^T A\boldsymbol{x}=\sum_{i=1}^{3}\sum_{j=1}^{3}a_{ij}x_ix_j \tag{5.18}$$

라고 할 수 있다. 이를 벡터 $\boldsymbol{x}$의 이차형식(quadratic form)이라고 한다.

Remark 위 이차형식으로부터, 우리는

$$\beta_{11}=a_{11},\quad \beta_{22}=a_{22},\quad \beta_{33}=a_{33}$$
$$\beta_{12}=a_{12}+a_{21},\quad \beta_{13}=a_{13}+a_{31},\quad \beta_{23}=a_{23}+a_{32}$$

임을 알 수 있고, 만일 A가 대칭행렬이라면

$$\begin{aligned} &a_{11}=\beta_{11},\quad a_{22}=\beta_{22},\quad a_{33}=\beta_{33} \\ &a_{12}=a_{21}=\frac{\beta_{12}}{2}, \\ &a_{13}=a_{31}=\frac{\beta_{13}}{2}, \\ &a_{23}=a_{32}=\frac{\beta_{23}}{2} \end{aligned}$$

가 되어

$$A=\begin{pmatrix} \beta_{11} & \frac{\beta_{12}}{2} & \frac{\beta_{13}}{2} \\ \frac{\beta_{12}}{2} & \beta_{22} & \frac{\beta_{23}}{2} \\ \frac{\beta_{13}}{2} & \frac{\beta_{23}}{2} & \beta_{33} \end{pmatrix} \tag{5.19}$$

라고 할 수 있다.

Q 이차다항식

$$f(x_1, x_2, x_3) = 9x_1^2 + 7x_2^2 + 3x_3^2 - 2x_1x_2 + 4x_1x_3 - 6x_2x_3 \tag{5.20}$$

을 이차형식 $\boldsymbol{x}^T A\boldsymbol{x}$으로 표현하려고 한다. 알맞은 대칭행렬 A를 완성하라.

$$A = \begin{pmatrix} 9 & & \\ & 7 & \\ & & 3 \end{pmatrix}$$

Theorem 5.9 *A가 반대칭행렬(skew-symmetric matrix)인 경우에, 임의의 벡터 $\boldsymbol{x}$에 대하여, $\boldsymbol{x}^T A\boldsymbol{x} = 0$이다.*

Proof 행렬 A가 $A^T = -A$ 을 만족하기에, $a_{11} = a_{22} = \cdots = a_{nn} = 0$ 이 되고, 행렬의 이차형식 공식에 의해

$$\boldsymbol{x}^T A\boldsymbol{x} = \sum_{i=1}^{n}\sum_{j=1}^{n} a_{ij}x_ix_j = \sum_{i=1}^{n}\sum_{j>i}^{n} a_{ij}x_ix_j + \sum_{i=1}^{n}\sum_{j<i}^{n} a_{ij}x_ix_j = 0$$

이다. 여기서, $a_{ij} = -a_{ji}$ 이기에

$$\sum_{i=1}^{n}\sum_{j>i}^{n} a_{ij}x_ix_j = -\sum_{i=1}^{n}\sum_{j>i}^{n} a_{ji}x_ix_j = -\sum_{i=1}^{n}\sum_{j<i}^{n} a_{ij}x_ix_j$$

가 성립하여 $\boldsymbol{x}^T A\boldsymbol{x} = 0$ 가 된다. ∎

5.10 양정치행렬(Positive Definite Matrix)

행렬에는 여러 개의 숫자가 존재하기 때문에 스칼라와 달리 어떤 행렬이 영보다 크다(> 0) 혹은 적다(< 0)라는 표현은 적합하지 않다. 그러나, 행렬의 이차형식은 스칼라이므로 부호를 가질 수 있기에 부호의 개념이 존재한다. 어떤 행렬의 이차형식이 항상 양일 때, 그 행렬을 '양정치행렬(positive definite matrix)'라고 하며, 이는 통계학에서 공분산행렬(covariance matrix)을 나타낼때 많이 쓰이고 있다. 다음은 양정치 행렬의 정의이다.

Definition 만일 정방행렬 $A_{n\times n}$이 영이 아닌 임의의 벡터 $\boldsymbol{x} \in \Re^n$에 대하여

$$\boldsymbol{x}^T A\boldsymbol{x} > 0, \quad \forall \boldsymbol{x} \neq \boldsymbol{0}$$

을 항상 만족하면, 행렬 A를 양정치행렬(positive definite matrix)라고 한다.

Remark 만일 영 아닌 모든 $\boldsymbol{x} \in \Re^n$에 대하여

$$\boldsymbol{x}^T A\boldsymbol{x} < 0, \quad \forall \boldsymbol{x} \neq \boldsymbol{0}$$

가 항상 성립하면, 행렬 A를 음정치행렬(negative definite matrix)라고 한다. 그리고 이차형식의 값이 경우에 따라 음수 혹은 양수가 된다면 이를 부정행렬(indefinite matrix)이라고 한다.

Remark 참고로, 영 아닌 모든 벡터 $\boldsymbol{x} \in \Re^n$에 대하여

$$\boldsymbol{x}^T A\boldsymbol{x} \geq 0, \quad \forall \boldsymbol{x} \neq \boldsymbol{0}$$

가 성립한다면, A는 반양정치행렬(positive semi-definite matrix)이라고 일컫고, 반대의 경우는 반음정치행렬(negative semi-definite matrix)라고 일컫는다.

Question: 아래 행렬이 양정치행렬임을 보여라.

$$A = \begin{pmatrix} 1 & 1 \\ -1 & 1 \end{pmatrix}$$

Answer: 영이 아닌 임의의 벡터 $\boldsymbol{x} \in \Re^2$에 대하여,

$$\boldsymbol{x}^T A\boldsymbol{x} = \begin{pmatrix} x_1 & x_2 \end{pmatrix} \begin{pmatrix} 1 & 1 \\ -1 & 1 \end{pmatrix} \begin{pmatrix} x_1 \\ x_2 \end{pmatrix} = x_1^2 + x_2^2 > 0$$

가 항상 성립하므로($\boldsymbol{x} \neq \boldsymbol{0}$), A는 양정치행렬이다. ∎

Q 다음 행렬이 순서대로 양정치행렬, 반양정치행렬, 그리고 양정치행렬임을 양정치(혹은 반양정치)행렬 정의를 이용해서 증명하라.

$$A = \begin{pmatrix} 1 & -\frac{1}{2} \\ -\frac{1}{2} & 1 \end{pmatrix}, \quad B = \begin{pmatrix} 1 & -1 \\ -1 & 1 \end{pmatrix}, \quad C = \begin{pmatrix} 1 & 0 \\ 0 & 1 \end{pmatrix}$$

5.11 이차형식의 그래프

지난 단원에서는 행렬을 사용함으로써 2개 이상의 변수들로 구성된 이차함수를 $\boldsymbol{x}^T A\boldsymbol{x}$ 라는 이차형식으로 쉽게 표현할 수 있다는 것을 배웠다. 그렇다면, 이렇게

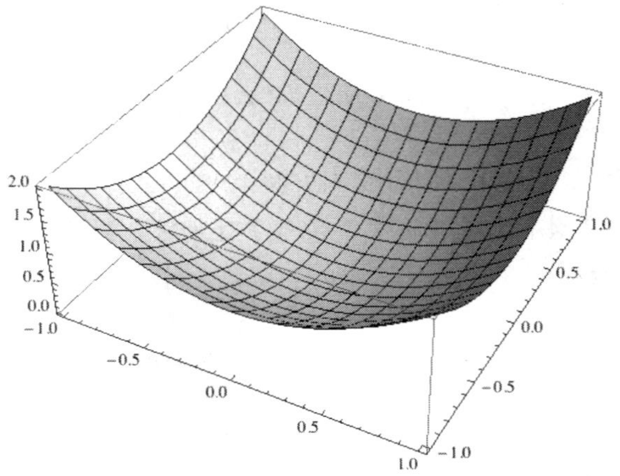

그림 5.1: A가 양정치행렬일 때 이차형식 $P(\boldsymbol{x}) = \boldsymbol{x}^T A\boldsymbol{x}$의 그래프

이차형식으로 표현된 함수에 대한 최대값/최소값 구하는 것도 흥미로운 일이 아닐 수 없다. 그림 5.1-5.4는 함수

$$P(\boldsymbol{x}) = P(x_1, x_2) = \boldsymbol{x}^T A\boldsymbol{x} = a_{11}x_1^2 + (a_{12} + a_{21})x_1x_2 + a_{22}x_2^2$$

의 여러 모습을 나타낸 것인데, 그림에서 알 수 있듯이 이차형식의 그래프는 행렬A의 종류에 따라 결정되고 있다.

예를 들어, 그림 5.1은 행렬A가 양정치행렬인 경우를 나타내며 원점을 제외한 모든 영역에서 양의 값을 갖고 있다. 반면에 그림 5.2는 행렬A가 음정치행렬인 경우인데 원점을 제외한 모든 점에서 음의 값을 지닌다. 또한, 그림 5.3은 행렬A가 반양정치행렬인 경우의 이차형식이며 원점을 제외한 다른 점에서도 함수의 값이 0이 될 수 있고, 그 외의 점은 양의 값을 지니고 있다. 마지막으로 그림 5.4는 행렬A가 부정행렬인 이차형식을 나타내며 이차형식의 값이 양의 값일 수도 있고 혹은 음의 값을 취할 수도 있다.

5.12 양정치행렬을 구분하는 법

이 단원에서는 양정치행렬의 정의 5.10를 사용하는 방법 외에, 양정치행렬임을 확인하는 다른 방법들을 소개하고자 한다.

이를 위해 먼저 행렬 $A_{n\times n}$의 Leading Principal Minor를 다음과 같이 정의한다.

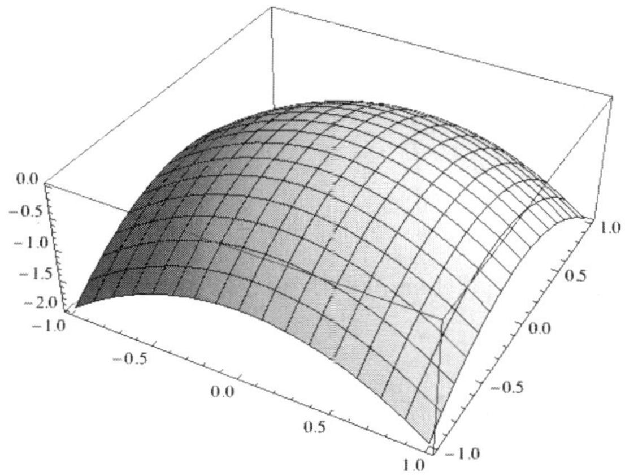

그림 5.2: A가 음정치행렬일 때 이차형식 $P(\boldsymbol{x}) = \boldsymbol{x}^T A \boldsymbol{x}$ 의 그래프

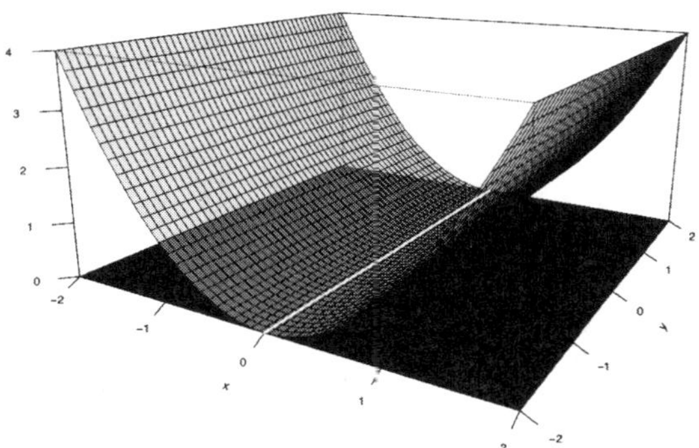

그림 5.3: A가 반양정치행렬일 때 이차형식 $P(\boldsymbol{x}) = \boldsymbol{x}^T A \boldsymbol{x}$ 의 그래프

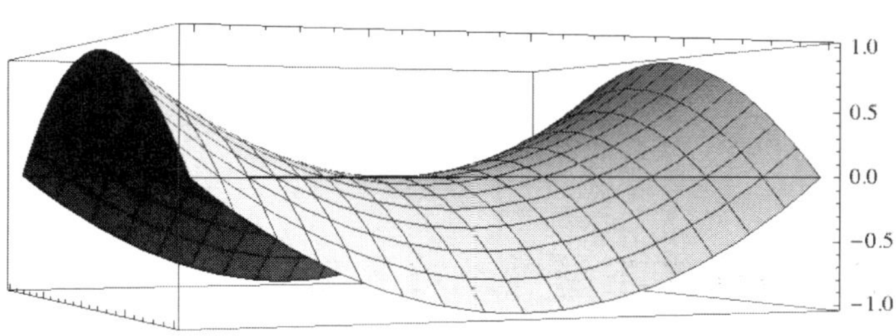

그림 5.4: A가 부정행렬일 때 이차형식 $P(\boldsymbol{x}) = \boldsymbol{x}^T A \boldsymbol{x}$ 의 그래프

Definition 행렬 $\{a_{ij}\}_{n\times n}$에 대하여,

$$\Delta_1 = a_{11},\ \Delta_2 = \begin{pmatrix} a_{11} & a_{12} \\ a_{21} & a_{22} \end{pmatrix},\ \cdots\ \Delta_n = \begin{pmatrix} a_{11} & a_{12} & \cdots & a_{1n} \\ a_{21} & a_{22} & \cdots & a_{2n} \\ \vdots & \vdots & & \vdots \\ a_{n1} & a_{n2} & \cdots & a_{nn} \end{pmatrix}$$

와 같은 방법으로, Δ_k를 k번째 Leading Principal Minor라고 정의한다.

Theorem 5.10 *행렬 $A_{n\times n}$에 대하여, 모든 Leading Principal Minor의 행렬식이*

$$\det(\Delta_k) > 0, \quad 1 \le \forall k \le n \tag{5.21}$$

이면 행렬 A는 양정치행렬이다(증명생략: 행렬식에 대해서는 제10장에서 자세히 다루기로 한다).

Theorem 5.11 *행렬 $A_{n\times n}$에 대하여, 모든 고유값(eigenvalue)이*

$$\lambda_i > 0, \quad 1 \le \forall i \le n \tag{5.22}$$

이면 행렬 A는 양정치행렬이다(증명생략: 고유값에 대해서는 제12장에서 자세히 다루기로 한다).

Summary: 양정치행렬을 확인하는 방법을 정리하면 다음과 같다.

1) 0이 아닌 임의의 벡터 $\boldsymbol{x}$에 대하여, $\boldsymbol{x}^T A\boldsymbol{x} > 0$ 이 항상 성립한다.
2) 모든 Leading Principal Minor 의 행렬식이 양수(> 0)이다.
3) 모든 고유값이 양수(> 0)이다.

Q 아래 행렬이 양정치행렬이 되도록 k값을 구하라.

$$\begin{pmatrix} 2 & 6 \\ 6 & k \end{pmatrix}$$

5.13 공분산행렬과 촐레스키분해

행렬A가 양정치행렬(혹은 반양정치행렬)이라면, 통계학적으로 유용한 성질을 지니게 된다. 이는 통계학에서 많이 사용되는 공분산행렬(covariance matrix)이 양정치행렬 혹은 반양정치행렬이라는 사실과 무관하지 않다.

Definition 벡터 $\boldsymbol{y} \in \Re^n$의 모든 원소가 확률변수(random variable)로 이루어졌을 경우, 이 벡터를 확률벡터(random vector)라고 한다.

Remark 변수(variable)와는 달리 확률변수(random variable)란 반복측정에 의해 그 값이 일정한 분포(distribution)를 가지게 된다. 확률벡터란 여러 개의 확률변수를 벡터로 묶어놓은 것을 의미한다. 예를 들어, 키를 나타내는 x와 몸무게를 나타내는 y는 대상자에 따라 그 값이 일정한 분포를 따르는 확률변수이며, 벡터 $\boldsymbol{x} = (x\ y)^T$는 확률벡터이다.

Example 만일 확률변수 y_1이 부모의 소득을 나타내고, 확률변수 y_2가 자식의 소득을 나타낸다면, 벡터

$$\boldsymbol{y} = \begin{pmatrix} y_1 \\ y_2 \end{pmatrix} \in \Re^2 \tag{5.23}$$

는 부모과 자식의 소득분포를 함께 나타나는 확률벡터라고 할 수 있다.

Definition 확률변수 y가 어떤 분포를 가질경우, 그 분포를 대표하는 값을 기대값(expected value, 혹은 mean)이라고 하고 $\mathrm{E}(y)$라고 표시하며, 그 분포의 퍼짐정도(산포도)를 분산(variance)라고 하며 $\mathrm{Var}(y)$라고 표기한다.

Definition 확률벡터 $\boldsymbol{y} \in \Re^n$의 기대값은

$$\boldsymbol{\mu} = \mathrm{E}(\boldsymbol{y}) = \mathrm{E}\begin{pmatrix} y_1 \\ y_2 \\ \vdots \\ y_n \end{pmatrix} = \begin{pmatrix} \mathrm{E}(y_1) \\ \mathrm{E}(y_2) \\ \vdots \\ \mathrm{E}(y_n) \end{pmatrix} \tag{5.24}$$

라고 정의한다.

Definition 확률벡터 $\boldsymbol{y} \in \Re^n$의 분산-공븐산행열(혹은 공분산행렬)은

$$V = \mathrm{Var}(\boldsymbol{y}) = \begin{pmatrix} \mathrm{Var}(y_1) & \mathrm{Cov}(y_1, y_2) & \cdots & \mathrm{Cov}(y_1, y_n) \\ \mathrm{Cov}(y_2, y_1) & \mathrm{Var}(y_2) & \cdots & \mathrm{Cov}(y_2, y_n) \\ \vdots & \vdots & & \vdots \\ \mathrm{Cov}(y_n, y_1) & \mathrm{Cov}(y_n, y_2) & \cdots & \mathrm{Var}(y_n) \end{pmatrix} \tag{5.25}$$

라고 정의한다.

Remark 공분산 $\text{Cov}(y_1, y_2)$은 두 확률변수 y_1과 y_2의 상관관계를 나타내며 '양의 상관관계'에서는 $\text{Cov}(y_1, y_2) > 0$ 이고, '음의 상관관계'에서는 $\text{Cov}(y_1, y_2) < 0$ 가 된다.

Question: 확률변수 y_1이 평균이 1이고 분산이 2인 정규분포를 따르고, 확률변수 y_2가 평균이 2이고 분산이 2인 정규분포를 따르고 있다. 두 확률변수 간의 상관계수가 0.5임을 고려할 때, 확률벡터 $\boldsymbol{y} = (y_1 \ \ y_2)^T$의 기대값 $\boldsymbol{\mu}$와 공분산행렬 V를 구하라.

Answer: 두 확률변수 y_1, y_2의 상관계수 정의에 의해

$$\rho = \frac{\text{Cov}(y_1, y_2)}{\sqrt{\text{Var}(y_1)}\sqrt{\text{Var}(y_2)}} = \frac{\text{Cov}(y_1, y_2)}{\sqrt{2}\sqrt{2}} = 0.5 \tag{5.26}$$

가 되므로, $\text{Cov}(y_1, y_2) = 1$이 된다. 따라서

$$\boldsymbol{\mu} = \begin{pmatrix} \text{E}(y_1) \\ \text{E}(y_2) \end{pmatrix} = \begin{pmatrix} 1 \\ 2 \end{pmatrix} \tag{5.27}$$

이고

$$V = \begin{pmatrix} 2 & 1 \\ 1 & 2 \end{pmatrix} \tag{5.28}$$

가 된다.

Theorem 5.12 *상수벡터 $\boldsymbol{c}$와 확률벡터 $\boldsymbol{y}$로 이루어진 확률변수 $\boldsymbol{c}^T\boldsymbol{y}$의 기대값은*

$$E(\boldsymbol{c}^T\boldsymbol{y}) = \boldsymbol{c}^T E(\boldsymbol{y}) \tag{5.29}$$

이고, 분산은

$$Var(\boldsymbol{c}^T\boldsymbol{y}) = \boldsymbol{c}^T Var(\boldsymbol{y})\, \boldsymbol{c} \tag{5.30}$$

이다.

Proof 확률벡터 $\boldsymbol{y} \in \Re^n$ 에 대하여, $\boldsymbol{c}^T\boldsymbol{y}$의 기대값은

$$\mathrm{E}(\boldsymbol{c}^T\boldsymbol{y}) = \mathrm{E}\left(\sum_{i=1}^{n} c_i y_i\right) = \sum_{i=1}^{n} c_i \mathrm{E}(y_i) = \boldsymbol{c}^T \mathrm{E}(\boldsymbol{y}) \tag{5.31}$$

가 되고, $\boldsymbol{c}^T\boldsymbol{y}$의 분산은

$$\begin{aligned}
\mathrm{Var}(\boldsymbol{c}^T\boldsymbol{y}) &= \mathrm{Var}\left(\sum_{i=1}^{n} c_i y_i\right) \\
&= \sum_{i=1}^{n} \mathrm{Var}(c_i y_i) + 2\sum_{i=1}^{n}\sum_{j>i}^{n} \mathrm{Cov}(c_i y_i, c_j y_j) \\
&= \sum_{i=1}^{n} c_i^2 \mathrm{Var}(y_i) + \sum_{i=1}^{n}\sum_{j\neq i}^{n} c_i c_j \mathrm{Cov}(y_i, y_j) \\
&= (c_1\, c_2\, \cdots\, c_n) \begin{pmatrix} \mathrm{Var}(y_1) & \mathrm{Cov}(y_1, y_2) & \cdots & \mathrm{Cov}(y_1, y_n) \\ \mathrm{Cov}(y_2, y_1) & \mathrm{Var}(y_2) & \cdots & \mathrm{Cov}(y_2, y_n) \\ \vdots & \vdots & & \vdots \\ \mathrm{Cov}(y_n, y_1) & \mathrm{Cov}(y_n, y_2) & \cdots & \mathrm{Var}(y_n) \end{pmatrix} \begin{pmatrix} c_1 \\ c_2 \\ \vdots \\ c_n \end{pmatrix} \\
&= \boldsymbol{c}^T \mathrm{Var}(\boldsymbol{y})\, \boldsymbol{c}
\end{aligned} \tag{5.32}$$

가 된다. ∎

Question: 확률변수 $y_1 \sim N(1,2)$, $y_2 \sim N(2,4)$이고 $\mathrm{Cov}(y_1, y_2) = -1$일 때, $(y_1 - y_2)$의 기대값과 분산을 구하라.

Answer: 먼저, 확률벡터 $\boldsymbol{y} = (y_1\ y_2)^T$의 평균을 구하면

$$\mathrm{E}(\boldsymbol{y}) = \mathrm{E}\begin{pmatrix} y_1 \\ y_2 \end{pmatrix} = \begin{pmatrix} 1 \\ 2 \end{pmatrix}, \quad \mathrm{Var}(\boldsymbol{y}) = \begin{pmatrix} 2 & -1 \\ -1 & 4 \end{pmatrix} \tag{5.33}$$

가 되므로, $\boldsymbol{c}^T\boldsymbol{y} = y_1 - y_2$ 로부터 $\boldsymbol{c}^T = (1\ \ -1)$ 이므로

$$\mathrm{E}(\boldsymbol{c}^T\boldsymbol{y}) = (1\ \ -1)\begin{pmatrix} 1 \\ 2 \end{pmatrix} = 1 - 2 = -1 \tag{5.34}$$

이고, $y_1 - y_2$ 의 분산은

$$\mathrm{Var}(\boldsymbol{c}^T\boldsymbol{y}) = (1\ \ -1)\begin{pmatrix} 2 & -1 \\ -1 & 4 \end{pmatrix}\begin{pmatrix} 1 \\ -1 \end{pmatrix} = 8 \tag{5.35}$$

이 된다.

Q 위 예제의 확률분포 가정, 식 5.33의 가정과 식5.30를 이용하여 $2y_1 - y_2$ 의 분산을 구하라.

Theorem 5.13 *확률벡터* $\boldsymbol{y} \in \Re^n$ *의 공분산행렬(식 5.25)* V*는 항상 반양정치행렬이다.*

Proof 임의의 상수벡터 $\boldsymbol{x} \in \Re^n$ 와 확률벡터 $\boldsymbol{y}$에 대하여 우리는 $\mathrm{Var}(\boldsymbol{x}^T\boldsymbol{y}) = \boldsymbol{x}^T V \boldsymbol{x}$ 임을 알고 있다. 여기서 분산이 항상 0 이상이라는 사실을 이용하여

$$\mathrm{Var}(\boldsymbol{x}^T\boldsymbol{y}) = \boldsymbol{x}^T V \boldsymbol{x} \geq 0$$

이라고 할 수 있다. 따라서 행렬 V는 반양정치행렬이 된다. ∎

또한, 대칭인 양정치행렬에 대해서는 아래와 같은 '촐레스키 분해'가 적용된다.

Theorem 5.14 *(촐레스키 분해: Cholesky Factorization) 만일 행렬* $A_{n\times n}$*이 양정치행렬이고 대칭행렬이라면,*

$$A = \Gamma\Gamma^T \tag{5.36}$$

가 되는 하삼각행렬 $\Gamma_{n\times n}$ *가 존재한다. 만일 여러 개의 분해가 존재한다면 대각원소가 양수인 것을 선택하기로 한다(증명은 생략).*

Q 아래 행렬이 대칭-양정치행렬임을 보이고, 촐레스키 분해를 행하라.

$$A = \begin{pmatrix} 1 & -\frac{1}{2} \\ -\frac{1}{2} & 1 \end{pmatrix}$$

Q 선형연립방정식 $A\boldsymbol{x} = \boldsymbol{b}$ 가 아래와 같을 때, x_1, x_2, x_3의 값을 구함에 있어서 A가 하삼각행렬이라는 사실이 계산에 어떻게 도움이 되는가?

$$\begin{pmatrix} 1 & 0 & 0 \\ 2 & 9 & 0 \\ 1 & 0 & 2 \end{pmatrix} \begin{pmatrix} x_1 \\ x_2 \\ x_3 \end{pmatrix} = \begin{pmatrix} 1 \\ 2 \\ 3 \end{pmatrix}$$

Remark 촐레스키분해는 특히 선형연립방정식을 풀이하는데 유용하게 사용된다. 예를 들어 $A\boldsymbol{x} = \boldsymbol{b}$ 라는 선형연립방정식이 있다고 가정하고, 행렬 A가 대칭이면서 양정치행렬이라고 가정하자. 촐레스키분해에 의해, $A = \Gamma\Gamma^T$ 가 되므로, $\Gamma\boldsymbol{y} = \boldsymbol{b}$ 에 의해 $\boldsymbol{y}$를 쉽게 구한 후에(하삼각행렬이므로 계산이 쉽다), $\Gamma^T\boldsymbol{x} = \boldsymbol{y}$ 에 의해 $\boldsymbol{x}$ 를 쉽게 구하면 된다. 이 경우도 Γ^T가 상삼각행렬이므로 계산이 쉽게 이루어 진다.

5.14 연습문제

[1] $A_{n\times n}$이 대칭행렬이면 $\frac{n(n+1)}{2}$개의 서로 다른 원소가 가능함을 증명하라.

[2] A가 반대칭행렬이면, 임의의 벡터 $\boldsymbol{x}_{n\times 1}$에 대하여, 아래를 증명하라.

$$\boldsymbol{x}^T A\boldsymbol{x} = 0$$

[3] 다음을 행렬을 사용한 이차형식으로 표현하라.

1. $f(x, y, z) = x^2 - 2xy + 6xz + z^2$
2. $f(x, y, z) = x^2 - xy - yx + 3xz + 3zx + z^2$
3. $f(x, y) = 2xy$
4. $f(x, y) = -6xy + 8y^2$
5. $f(x_1, x_2, x_3) = x_1^2 + x_2^2 + x_3^2 - 2x_1x_2 - 2x_1x_3 - 2x_2x_3$
6. $f(x, y) = x^2 + y^2$
7. $f(x, y) = \frac{x^2}{6} + \frac{y^2}{4}$

[4] 정방행렬 A, B가 대칭행렬일 때 아래 행렬들도 대칭행렬임을 증명하라.

1. $A + B$
2. kA , k는 상수
3. A^2

[5] 아래 행렬 A에 대하여

$$A = \begin{pmatrix} a_1 & a_2 & a_3 & a_4 \\ b_1 & b_2 & b_3 & b_4 \\ c_1 & c_2 & c_3 & c_4 \\ d_1 & d_2 & d_3 & d_4 \end{pmatrix} \tag{5.37}$$

아래 값을 구하라.

1. $\boldsymbol{Ae}_2$
2. $\mathbf{1}^T A \mathbf{1}$
3. $\mathrm{tr}(A)$
4. $I_2 \otimes A$

[6] 아래 행렬이 멱등행렬임을 보여라

$$A = \frac{1}{6}\begin{pmatrix} 5 & -1 & 2 \\ -1 & 5 & 2 \\ 2 & 2 & 2 \end{pmatrix}$$

[7] 아래 행렬을 대칭행렬과 반대칭행렬의 합으로 표시하라.

$$A = \begin{pmatrix} 4 & 5 \\ 3 & 1 \end{pmatrix}$$

[8] 행렬 $A_{n\times n}$, $B_{n\times n}$ 에 대하여,

$$\mathrm{tr}(A \otimes B) = \mathrm{tr}(A)\,\mathrm{tr}(B) \tag{5.38}$$

임을 증명하라.

[9] 다음 선형방정식의 해, $\boldsymbol{x}$를 촐레스키 분해를 이용해서 얻되, 주어진 단계를 따라가며 답하라. 아래 선형방정식을 행렬로 $A\boldsymbol{x} = \boldsymbol{b}$ 의 구조로 표현하라.

$$\begin{aligned} 25x_1 - 5x_2 + 10x_3 &= 30 \\ -5x_1 + 17x_2 + 10x_3 &= -22 \\ 10x_1 + 10x_2 + 62x_3 &= 0 \end{aligned} \tag{5.39}$$

(step1) 위에서 구한 A를 촐레스키분해를 통해 $\Gamma\Gamma^T$ 를 구하고 식 5.39를 Γ, $\boldsymbol{x}$, $\boldsymbol{b}$로 다시 표현하라.

(step2) $\boldsymbol{y} = \Gamma^T \boldsymbol{x}$ 로 치환하여 식 5.39을 Γ, $\boldsymbol{y}$, $\boldsymbol{b}$ 를 이용해서 다시 표현하라.

(step3) $\Gamma \boldsymbol{y} = \boldsymbol{b}$ 로부터 $\boldsymbol{y}$를 계산하라.

(step4) $\Gamma^T \boldsymbol{x} = \boldsymbol{y}$ 를 이용하여 $\boldsymbol{x}$를 구하라.

[10] 다음 함수 $f(x, y)$에 대해 답하라.

$$f(x, y) = -x^2 - y^2 \tag{5.40}$$

1. 함수 $f(x, y)$이 점 $(0, 0)$에서 극대값을 가짐을 식 1.23을 이용해 보여라.
2. 벡터 $\boldsymbol{x}^T = (x \ y)$ 라고 할 때, 함수 $f(x, y)$를 이차형식 $\boldsymbol{x}^T A \boldsymbol{x}$ 로 표현하고, A가 음정치행렬임을 보여라.

Chapter 6

행렬의 응용

발달하는 현대사회에서 행렬의 역할은 더욱 두드러지고 있다. 이 단원에서는 행렬의 여러 가지 응용분야 중에서 확률과정에서 사용되는 전이행렬과 영상처리나 컴퓨터그래픽 등에서 사용되는 선형변환을 소개한다. 이렇게 행렬의 응용분야를 책의 전반부에 소개하는 이유는 독자들이 행렬의 중요성과 그 활용도를 인지함으로써 앞으로 소개되는 행렬이론에 관심을 갖게하기 위함이다.

6.1 마르코프 연쇄와 전이행렬

확률과정(stochastic process)이란 서로 다른 n개의 '상태(state)'가 있을 때, 한 상태에서 다른 상태로 옮겨지는 과정을 확률로 표현되는 과정을 말한다. 확률과정의 친숙한 예로는 주식시장이나 환율변동, 혹은 시시각각 변화되는 음성신호나 영상신호의 과정 뿐 아니라 혈압이나 체온과 같은 일련의 불확실한 과정들을 포함하고 있다. 이러한 확률과정에서 한 상태에서 다른 상태로 이동(전이: transition)할 확률을 일단계 전이확률(one-step transition probability)이라고 하며, 이들을 $n \times n$ 행렬로 표시한 것을 전이행렬(transition matrix)이라고 한다. 만일, j번째 상태에서 i번째 상태로 전이되는 확률을

$$p_{ij} = Pr\{X_n = i | X_{n-1} = j\}$$

라고 표기하면, 각 상태 간의 전이확률을 행렬로 표시하면 전이행렬(transition matrix)은 아래같이 표시된다.

$$P = \begin{pmatrix} p_{11} & p_{12} & \cdots & p_{1n} \\ p_{21} & p_{22} & \cdots & p_{2n} \\ \vdots & \vdots & \ddots & \vdots \\ p_{n1} & p_{n2} & \cdots & p_{nn} \end{pmatrix} \tag{6.1}$$

여기에서, 열(column)은 '출발'을, 행(row)은 '도착'을 나타내며, 행렬의 (i, j)원소 p_{ij}는 'j상태에서 출발하여 i상태로 전이될 확률'이다.

Definition 행렬 A가 전이행렬(transition matrix)이 되기 위해선 아래와 같은 조건이 만족하여야 한다.

(i) A는 $n \times n$ 정방행렬이어야 한다.

(ii) A의 모든 원소는 $0 \le a_{ij} \le 1$ 이어야 한다.

(iii) A의 모든 열에 대하여 열방향 원소의 합은 항상 1 이다.

$(\sum_{i=1}^{n} a_{ij} = 1,\ 1 \le \forall j \le n)$

예를 들어, 인간의 성장과정을 소인(S1), 대인(S2)으로 나누었을 때, 소인에서 매년 대인으로 10 % 성장하고, 나머진 그대로 소인으로 남고, 대인 중에서 사망률과 자녀출생률을 고려하여 전체 대인 인구의 15 %가 소인그룹으로 이동하는 효과로 이어진다고 가정하자. 이와 같은 이동현상을 행렬로 표시하면 아래와 같다.

$$P = \begin{pmatrix} 0.9 & 0.15 \\ 0.1 & 0.85 \end{pmatrix} \tag{6.2}$$

이와 같이 일정 기간에 변이확률이 동일하게 적용되면 이를 마르코프 연쇄 (Markov Chain[1])라고 한다.

Definition 어떤 상태로 이동하는 확률이 바로 이전 시점의 상태가 어떤 것인지에 영향을 받는 경우, 이를 마르코프 연쇄(Markov Chain)라고 하며, 이 연쇄를 설명하는 확률행렬을 전이행렬(transition matrix)라고 한다.

[1] 러시아 수학자 마르코프(Andrey Markov, 1856-1922)에 의해 고안된 개념

마르코프 연쇄에 의한 전이행렬은 시간에 따른 상태의 변화를 예측하는데 많은 도움을 주고 있다. 예를 들어, 현재 시점에서 대인이 70명 소인이 20명이라고 가정했을 때, 1년 후 인구의 분포를 예측하려면 전이행렬을 왼쪽에 곱함으로써

$$\begin{aligned} \boldsymbol{x}_1 &= P\boldsymbol{x}_0 && (6.3) \\ &= \begin{pmatrix} 0.9 & 0.15 \\ 0.1 & 0.85 \end{pmatrix} \begin{pmatrix} 20 \\ 70 \end{pmatrix} && (6.4) \\ &= \begin{pmatrix} 28.5 \\ 61.5 \end{pmatrix} && (6.5) \end{aligned}$$

가 되므로 소인 28.5명 대인 61.5명이 예상된다. 이런 추세로 2년 후의 인구분포는 다시 전이행렬을 왼쪽에 한번 더 곱함으로써 얻게되는데

$$\begin{aligned} \boldsymbol{x}_2 &= PP\boldsymbol{x}_0 = P^2\boldsymbol{x}_0 && (6.6) \\ &= \begin{pmatrix} 0.9 & 0.15 \\ 0.1 & 0.85 \end{pmatrix}^2 \begin{pmatrix} 20 \\ 70 \end{pmatrix} && (6.7) \\ &= \begin{pmatrix} 34.9 \\ 55.1 \end{pmatrix} && (6.8) \end{aligned}$$

라는 분포로 예상된다. 이렇게, 시간이 지날 수록 소인의 수는 늘어나고 대인의 수는 줄어드는 경향을 알 수 있다.

Question: 택시들이 도시1, 도시2, 도시3 을 돌아다니며 운행하고 있다. 각 도시에서 손님을 태운다고 가정했을 때, 택시어 탄 손님이 각 도시를 목적지로 할 확률은 그림과 같다(그림 6.1 참조). 각 도시에서 다른 도시에 이르는 확률을 전이행렬로 표시하라.

Answer: 그림으로부터 전이확률을 행렬로 표시하면

$$P = \begin{pmatrix} 0.0 & 0.7 & 0.2 \\ 0.2 & 0.2 & 0.3 \\ 0.8 & 0.1 & 0.5 \end{pmatrix} \tag{6.9}$$

가 된다.

Question: 택시를 기다리는 사람의 수가 (도시1, 도시2, 도시3)=(10, 20, 30) 이라고 할 때, 모든 사람이 택시를 타고 난 후 다음 도시에서 다시 택시를 기다린다고 가정할 때, 두 번째 택시를 기다리는 사람은 각 도시에서 몇 명으로 예상하는가?

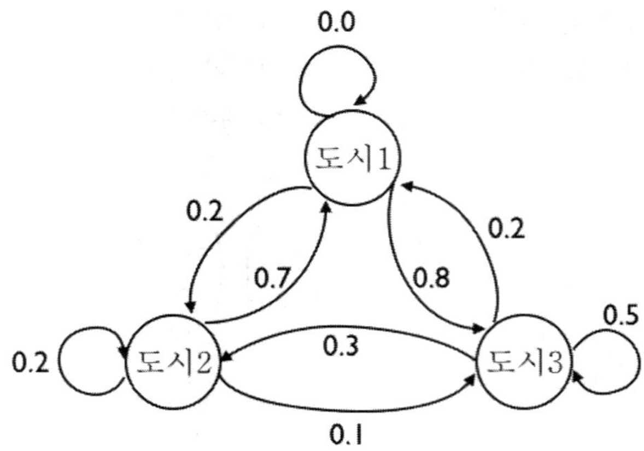

그림 6.1: 택시 운전사가 도시 사이를 운행하면서 각 도시방향의 손님을 태울 확률

Answer: 열벡터 $\boldsymbol{x}^T = (10\ 20\ 30)^T$를 전이행렬과 곱하면,

$$P\boldsymbol{x} = \begin{pmatrix} 0.0 & 0.7 & 0.2 \\ 0.2 & 0.2 & 0.3 \\ 0.8 & 0.1 & 0.5 \end{pmatrix} \begin{pmatrix} 10 \\ 20 \\ 30 \end{pmatrix} = \begin{pmatrix} 20 \\ 15 \\ 25 \end{pmatrix}$$

가 되어, 각 도시에서 20명, 15명, 25명의 사람이 기다릴 것으로 예상된다.

또한, 전이행렬에 곱해지는 벡터 $\boldsymbol{x}$는 확률로 구성될 수도 있다.

Question: 택시운전수가 도시를 돌아다니다가 첫 번째 손님을 태울 확률이 도시별로 각각 (도시1, 도시2, 도시3)=(0.3 0.3 0.4) 라고 할 때, 각 도시에서 두 번째 손님을 태울 확률은 얼마인가?

Answer: 열벡터 $(0.3\ 0.3\ 0.4)^T$를 전이행렬과 곱하면,

$$P\boldsymbol{x} = \begin{pmatrix} 0.0 & 0.7 & 0.2 \\ 0.2 & 0.2 & 0.3 \\ 0.8 & 0.1 & 0.5 \end{pmatrix} \begin{pmatrix} 0.3 \\ 0.3 \\ 0.4 \end{pmatrix} = \begin{pmatrix} 0.29 \\ 0.24 \\ 0.47 \end{pmatrix}$$

각 도시에서 두 번째 손님을 태울 확률은 0.29, 0.24, 그리고 0.47 이 된다.

Question: 위 질문에서, 각 도시별로 10번째 손님을 태울 확률은 얼마인가?

Answer: 첫 번째 손님을 태울 확률이 $\boldsymbol{x}^T = (\ 0.3 \quad 0.3 \quad 0.4\ )^T$이므로, 10번째 손님을 태울 확률은 $P^9\boldsymbol{x}$ 가 된다.

6.2 선형함수와 선형변환

우리는 제1과에서 X에서 Y에 이르는 '사상', 그리고 '함수'에 대해 살펴보았다. 함수 중에서 가법성(additivity)과 동질성(homogeneity)을 가지고 있는 함수를 우리는 '선형함수'이라고 한다.

Definition 함수 $f(x)$가 아래 조건을 만족할 때

(i) 가법성(additivity): $f(x_1 + x_2) = f(x_1) + f(x_2)$

(ii) 동질성(homogeneity): $f(ax) = af(x)$, a는 상수

이러한 $f(x)$를 선형함수(linear function)라고 한다.

Remark 위 정의와 동등한 조건으로, a_1, a_2가 상수일 때

$$f(a_1x_1 + a_2x_2) = a_1f(x_1) + a_2f(x_2) \tag{6.10}$$

가 성립하면 함수 $f(x)$는 선형함수라고 한다.

Question: 함수 $f(x)$가 선형함수인지 아닌지 판단하라.

1. $f(x) = 2x$
2. $f(x) = x^2$
3. $f(x) = \ln x$
4. $f(x) = 1 + x$

Answer: 함수 $f(x) = 2x$ 는 선형함수이다. 왜냐하면

$$f(a_1x_1 + a_2x_2) = 2(a_1x_1 + a_2x_2) = 2a_1x_1 + 2a_2x_2$$

이고

$$a_1f(x_1) + a_2f(x_2) = a_1(2x_1) + a_2(2x_2) = 2a_1x_1 + 2a_2x_2$$

가 됨으로써 $f(x) = 2x$ 는 선형함수이다. 반면에 나머지 함수는 위 성질을 모두 만족시키지 못하므로 선형함수라고 볼 수 없다. 그러나, 선형함수를 그래프로 그려보면 일직선이 되는데 $f(x) = 1 + x$ 는 일직선 함수임에도 불구하고 정의 6.2에서 언급한 선형함수의 조건을 만족하지 못한다 이런 함수를 아핀함수(affine function)라고 한다(다음 절에서 다룬다).

선형함수의 성질이 다변량에서도 정의되는데, 이를 선형변환(linear transformation)이라고 한다.

Definition 두 벡터 $\boldsymbol{x} \in \Re^n$, $\boldsymbol{y} \in \Re^m$ 와 행렬 $A = \{a_{ij}\}_{m\times n}$에 대하여, 함수 $f : \boldsymbol{x} \to \boldsymbol{y}$ 가

$$\boldsymbol{y} = f(\boldsymbol{x}) = A\boldsymbol{x} \tag{6.11}$$

라고 할 때, 이를 $\boldsymbol{y} = A\boldsymbol{x}$ 인 선형변환이라고 한다.

Proposition 6.1 *선형변환 $\boldsymbol{y} = A\boldsymbol{x}$ 는 선형함수임을 보여라.*

Proof 함수 $f(\boldsymbol{x})$가 $A\boldsymbol{x}$라고 정의되었으므로,

$$f(a_1\boldsymbol{x}_1 + a_2\boldsymbol{x}_2) = A(a_1\boldsymbol{x}_1 + a_2\boldsymbol{x}_2) \tag{6.12}$$

$$= a_1A\boldsymbol{x}_1 + a_2A\boldsymbol{x}_2 \tag{6.13}$$

$$= a_1f(\boldsymbol{x}_1) + a_2f(\boldsymbol{x}_2) \tag{6.14}$$

가 된다. 따라서, $\boldsymbol{y} = A\boldsymbol{x}$ 는 선형함수이다. ∎

6.3 선형변환의 종류

선형변환은 수학, 통계학 뿐 아니라, 공업, 사회과학과 컴퓨터그래픽에 이르기 까지 그 활용범위가 광대하다. 이 단원에서는 선형변환이 컴퓨터그래픽에서 어떻게 활용되는지 살펴보도록 한다.

컴퓨터는 화면에 등장하는 물체/인물 위에 각각 좌표를 배정함으로써 그 모습을 표현한다. 예를 들어 3차원 공간에서 사람의 얼굴을 표현한다면, 사람의 코, 입의 위치, 그리고 눈썹의 모든 점들은 (x, y, z)라는 좌표로 구성한다. 여기에서, 만일 사람의 얼굴을 회전시킨다든지, 길이를 늘인다든지 하는 기법에 선형변환이 활용될 수 있다.

6.3.1 회전변환

가장 많이 사용되는 선형변환으로 회전변환(rotation)이 있다. 회전변환은 공간상의 점들을 반시계방향(counter-clockwise)으로 θ만큼 회전시킨 변환을 의미한다. 그림 6.2에서 보는 바와 같이 기본벡터 $\boldsymbol{e}_1 = (1\ 0)^T$을 반시계방향으로 θ만큼

회전시켜 얻은 벡터는 왼쪽 그림에서 보는 것처럼(길이가 1이기 때문에) 좌표가 $(\cos\theta,\ \sin\theta)$인 벡터가 된다. 따라서 $\boldsymbol{x}$를 $\boldsymbol{y}$로 선형변환시키는 $\boldsymbol{y} = A\boldsymbol{x}$ 를 이용하면,

$$\begin{pmatrix} \cos\theta \\ \sin\theta \end{pmatrix} = \begin{pmatrix} a & b \\ c & d \end{pmatrix} \begin{pmatrix} 1 \\ 0 \end{pmatrix} \tag{6.15}$$

가 되고, 이로부터 $a = \cos\theta$, $c = \sin\theta$를 얻을 수 있다. 반면에 기본벡터 $\boldsymbol{e}_2 = (0\ 1)^T$을 반시계방향으로 θ만큼 회전시켜 얻은 벡터는 오른쪽 그림에서 보는 것처럼 좌표가 $(-\sin\theta,\ \cos\theta)$인 벡터가 된다

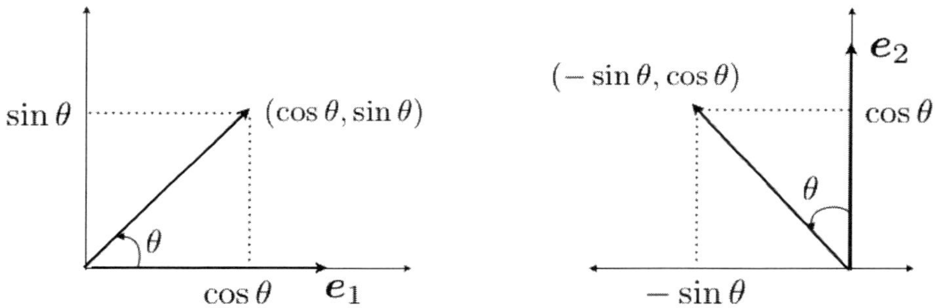

그림 6.2: 회전변환에 의해 변환된 벡터

그러므로,

$$\begin{pmatrix} -\sin\theta \\ \cos\theta \end{pmatrix} = \begin{pmatrix} a & b \\ c & d \end{pmatrix} \begin{pmatrix} 0 \\ 1 \end{pmatrix} \tag{6.16}$$

으로부터 $b = -\sin\theta$, $d = \cos\theta$가 된다. 이를 정리하면, $\boldsymbol{x},\ \boldsymbol{y} \in \Re^2$에서, $\boldsymbol{x} = (x_1, x_2)$를 반시계방향으로 θ만큼 회전시켜 얻은 $\boldsymbol{y} = (y_1, y_2)$는 아래와 같이 얻어진다.

$$\begin{aligned} \boldsymbol{y} = \begin{pmatrix} y_1 \\ y_2 \end{pmatrix} &= \begin{pmatrix} \cos\theta & -\sin\theta \\ \sin\theta & \cos\theta \end{pmatrix} \begin{pmatrix} x_1 \\ x_2 \end{pmatrix} \\ &= A\boldsymbol{x} \end{aligned} \tag{6.17}$$

이러한 회전변환을 통해 그림 6.3과 같은 이미지의 변환을 시도할 수 있다.

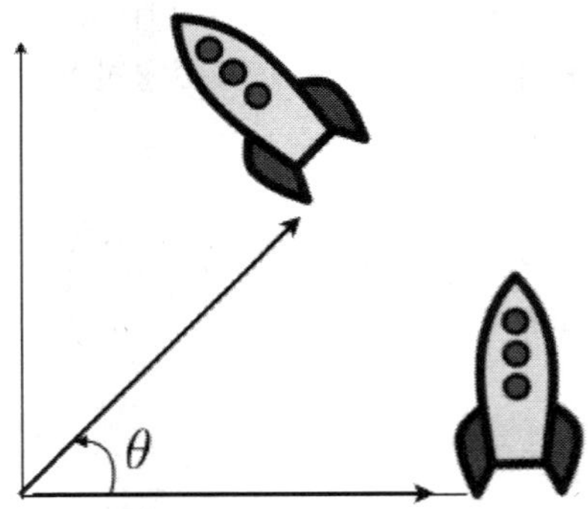

그림 6.3: 회전변환에 의해 변환된 이미지

Q 반시계방향으로 90도 회전시키는 선형변환을 이루는 행렬이 아래와 같음을 보여라.

$$A = \begin{pmatrix} 0 & -1 \\ 1 & 0 \end{pmatrix} \tag{6.18}$$

Q 벡터 $(x\ y\ z)^T \in \Re^3$ 로 구성되는 공간에서 x축을 중심으로 회전시키는 행렬을 $R_x(\theta)$, y축을 중심으로 회전시키는 행렬을 $R_y(\theta)$, 그리고 z축을 중심으로 회전시키는 행렬을 $R_z(\theta)$라고 하면, $R_x(\theta)$, $R_y(\theta)$, $R_z(\theta)$는 다음과 같이 구성됨을 증명하라.

$$R_x(\theta) = \begin{pmatrix} 1 & 0 & 0 \\ 0 & \cos\theta & -\sin\theta \\ 0 & \sin\theta & \cos\theta \end{pmatrix} \tag{6.19}$$

$$R_y(\theta) = \begin{pmatrix} \cos\theta & 0 & \sin\theta \\ 0 & 1 & 0 \\ -\sin\theta & 0 & \cos\theta \end{pmatrix} \tag{6.20}$$

$$R_z(\theta) = \begin{pmatrix} \cos\theta & -\sin\theta & 0 \\ \sin\theta & \cos\theta & 0 \\ 0 & 0 & 1 \end{pmatrix} \tag{6.21}$$

6.3.2 길이변환

회전변환이 사물을 바라보는 각도를 변화시키는 반면, 사물의 형체를 수평축, 혹은 수직축 방향으로 길이를 변환시키기 위해선 길이변환이라는 선형변환을 사용해야 한다.

다음 행렬은 수평방향과 수직 방향으로 k배 시켜주는 변환이다.

$$\boldsymbol{y} = A\boldsymbol{x}$$

$$\begin{pmatrix} y_1 \\ y_2 \end{pmatrix} = \begin{pmatrix} k & 0 \\ 0 & k \end{pmatrix} \begin{pmatrix} x_1 \\ x_2 \end{pmatrix} \tag{6.22}$$

이와 같은 변환을 사용하면 컴퓨터에서 사람의 얼굴 크기를 크게($k > 1$) 할 수도 있고, 작게($k < 1$) 할 수도 있다. 아니면, 수평축과 수직축의 변환비율을 k_1, k_2로 다르게 하여 서로 다른 비율로 변환시킬 수 있게 된다. 그림 6.4는 이미지를 전체적으로 2배 확대하는 선형변환을 의미하여 이때는 $k_1 = k_2 = 2$가 된다.

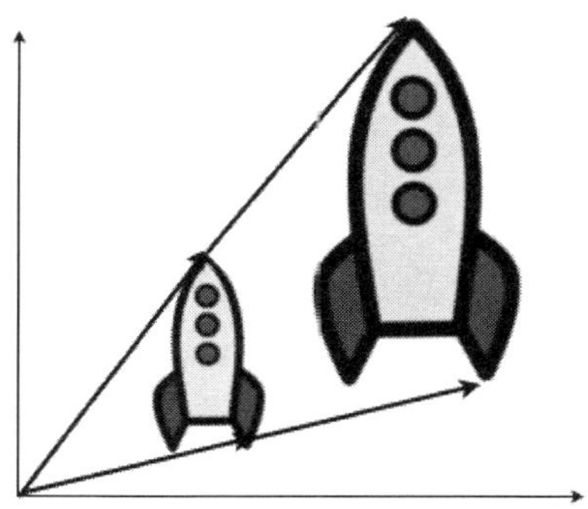

그림 6.4: 길이변환에 의해 2배로 확대된 이미지

6.3.3 내분점의 선형변환

서로 다른 두 개의 벡터가 있을 때, 두 벡터를 $m : n$ 으로 내분(internally divide)하는 벡터는 아래와 같이 구해 진다.

Definition 두 벡터 $\boldsymbol{a}$, $\boldsymbol{b}$를 $m : n$ 으로 내분하는 벡터 $\boldsymbol{c}$는

$$\boldsymbol{c} = \frac{n\boldsymbol{a} + m\boldsymbol{b}}{m + n} \tag{6.23}$$

로 구해지며, 그 모습은 그림 6.5와 같다.

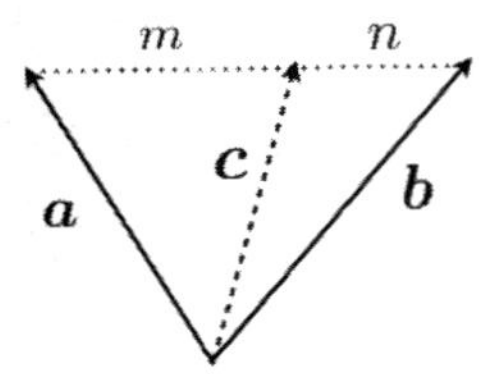

그림 6.5: 벡터 $\boldsymbol{a}$, $\boldsymbol{b}$를 $m:n$으로 내분하는 벡터 $\boldsymbol{c}$

흥미로운 점은 선형변환에서 두 벡터가 선형변환에 의해 변환되었을 경우, 그 내분점의 선형변환은 변환된 이미지의 내분점과 일치한다는 사실이다.

Theorem 6.2 *두 벡터 $\boldsymbol{a}$, $\boldsymbol{b}$가 선형변환 $\boldsymbol{y} = A\boldsymbol{x}$에 의해*

$$\begin{aligned} \boldsymbol{a}' &= A\boldsymbol{a} \\ \boldsymbol{b}' &= A\boldsymbol{b} \end{aligned}$$

라고 변환되었으면, $\boldsymbol{a}$, $\boldsymbol{b}$를 $m:n$ 으로 내분하는 $\boldsymbol{c}$에 대해서도

$$A\boldsymbol{c} = \frac{n\boldsymbol{a}' + m\boldsymbol{b}'}{m+n} \tag{6.24}$$

이 성립한다.

Proof 두 벡터 $\boldsymbol{a}$, $\boldsymbol{b}$를 $m:n$ 으로 내분하는 벡터 $\boldsymbol{c}$는

$$\boldsymbol{c} = \frac{n\boldsymbol{a} + m\boldsymbol{b}}{m+n}$$

이므로,

$$\begin{aligned} A\boldsymbol{c} &= A\left(\frac{n\boldsymbol{a} + m\boldsymbol{b}}{m+n}\right) \\ &= \left(\frac{n}{m+n}\right)A\boldsymbol{a} + \left(\frac{m}{m+n}\right)A\boldsymbol{b} \\ &= \frac{n\boldsymbol{a}' + m\boldsymbol{b}'}{m+n} \end{aligned}$$

이 된다. ∎

Q 아래 변환은 어떤 변환을 의미하는지 기하학적으로 설명하라. 여기서 $\boldsymbol{x}$, $\boldsymbol{y} \in \Re^2$ 이다(Hint: 네 점 $(0,0)$, $(0,1)$, $(1,0)$, $(1,1)$ 을 선형변환을 사용하여 변환하면,

그 점과 점 사이에 존재하는 점들은 식 6.24에 의해 변환된 점들 사이에 존재하게 된다).

$$\begin{aligned} \boldsymbol{y} &= A\boldsymbol{x} \\ &= \begin{pmatrix} 1 & 2 \\ 0 & 1 \end{pmatrix} \begin{pmatrix} x_1 \\ x_2 \end{pmatrix} \end{aligned}$$

6.3.4 직교행렬과 직교변환

이제 직교행렬을 사용한 직교변환(orthogonal transformation)에 대해 살펴보자.

Definition 정방행렬 $A_{n\times n}$이

$$A^T A = AA^T = I_n \tag{6.25}$$

을 만족하면 A는 직교행렬(orthogonal matrix)이라고 한다.

Proposition 6.3 *A가 직교행렬이면 $A^{-1} = A^T$이다.*

Proof 역행렬의 정의 5.4를 이용하면 된다. ∎

Example 다음은 직교행렬의 예이다.

$$A = \begin{pmatrix} 0 & -1 \\ 1 & 0 \end{pmatrix}, \quad B = \frac{1}{\sqrt{2}} \begin{pmatrix} 1 & -1 \\ 1 & 1 \end{pmatrix}$$

Theorem 6.4 *정방행렬 $A_{n\times n}$이 직교행렬이 되기위한 필요충분 조건은*

(1) $\boldsymbol{a}_{iR}^T \boldsymbol{a}_{jR} = \delta_{ij}, \quad 1 \le i,j \le n$

(2) $\boldsymbol{a}_{iC}^T \boldsymbol{a}_{jC} = \delta_{ij}, \quad 1 \le i,j \le n$

이다. 여기서 δ_{ij}의 값은 $i=j$이면 1을, $i \ne j$이면 0을 의미한다.

Proof 행렬 A는 $\begin{pmatrix} \boldsymbol{a}_{1C} & \boldsymbol{a}_{2C} & \cdots & \boldsymbol{a}_{nC} \end{pmatrix}$라고 표현가능하므로

$$A^T A = \begin{pmatrix} \boldsymbol{a}_{1C}^T \\ \boldsymbol{a}_{2C}^T \\ \vdots \\ \boldsymbol{a}_{nC}^T \end{pmatrix} \begin{pmatrix} \boldsymbol{a}_{1C} & \boldsymbol{a}_{2C} & \cdots & \boldsymbol{a}_{nC} \end{pmatrix}$$

$$= \begin{pmatrix} \boldsymbol{a}_{1C}^T\boldsymbol{a}_{1C} & \boldsymbol{a}_{1C}^T\boldsymbol{a}_{2C} & \cdots & \boldsymbol{a}_{1C}^T\boldsymbol{a}_{nC} \\ \boldsymbol{a}_{2C}^T\boldsymbol{a}_{1C} & \boldsymbol{a}_{2C}^T\boldsymbol{a}_{2C} & \cdots & \boldsymbol{a}_{2C}^T\boldsymbol{a}_{nC} \\ \vdots & \vdots & \ddots & \vdots \\ \boldsymbol{a}_{nC}^T\boldsymbol{a}_{1C} & \boldsymbol{a}_{nC}^T\boldsymbol{a}_{2C} & \cdots & \boldsymbol{a}_{nC}^T\boldsymbol{a}_{nC} \end{pmatrix} \tag{6.26}$$

가 된다. 만일 A가 직교행렬이면 $A^TA = I_n$이 되므로

$$\begin{pmatrix} \boldsymbol{a}_{1C}^T\boldsymbol{a}_{1C} & \boldsymbol{a}_{1C}^T\boldsymbol{a}_{2C} & \cdots & \boldsymbol{a}_{1C}^T\boldsymbol{a}_{nC} \\ \boldsymbol{a}_{2C}^T\boldsymbol{a}_{1C} & \boldsymbol{a}_{2C}^T\boldsymbol{a}_{2C} & \cdots & \boldsymbol{a}_{2C}^T\boldsymbol{a}_{nC} \\ \vdots & \vdots & \ddots & \vdots \\ \boldsymbol{a}_{nC}^T\boldsymbol{a}_{1C} & \boldsymbol{a}_{nC}^T\boldsymbol{a}_{2C} & \cdots & \boldsymbol{a}_{nC}^T\boldsymbol{a}_{nC} \end{pmatrix} = \begin{pmatrix} 1 & 0 & \cdots & 0 \\ 0 & 1 & \cdots & 0 \\ \vdots & \vdots & \ddots & \vdots \\ 0 & 0 & \vdots & 1 \end{pmatrix} \tag{6.27}$$

로부터 $\boldsymbol{a}_{iC}^T\boldsymbol{a}_{jC} = \delta_{ij}$, $(1 \le i, j \le n)$를 만족한다. 또한,

$$A = \begin{pmatrix} \boldsymbol{a}_{1R}^T \\ \boldsymbol{a}_{2R}^T \\ \vdots \\ \boldsymbol{a}_{nR}^T \end{pmatrix}$$

임을 생각하면

$$\begin{aligned} AA^T &= \begin{pmatrix} \boldsymbol{a}_{1R}^T \\ \boldsymbol{a}_{2R}^T \\ \vdots \\ \boldsymbol{a}_{nR}^T \end{pmatrix} \begin{pmatrix} \boldsymbol{a}_{1R} & \boldsymbol{a}_{2R} & \cdots & \boldsymbol{a}_{nR} \end{pmatrix} \\ &= \begin{pmatrix} \boldsymbol{a}_{1R}^T\boldsymbol{a}_{1R} & \boldsymbol{a}_{1R}^T\boldsymbol{a}_{2R} & \cdots & \boldsymbol{a}_{1R}^T\boldsymbol{a}_{nR} \\ \boldsymbol{a}_{2R}^T\boldsymbol{a}_{1R} & \boldsymbol{a}_{2R}^T\boldsymbol{a}_{2R} & \cdots & \boldsymbol{a}_{2R}^T\boldsymbol{a}_{nR} \\ \vdots & \vdots & \ddots & \vdots \\ \boldsymbol{a}_{nR}^T\boldsymbol{a}_{1R} & \boldsymbol{a}_{nR}^T\boldsymbol{a}_{2R} & \cdots & \boldsymbol{a}_{nR}^T\boldsymbol{a}_{nR} \end{pmatrix} \end{aligned} \tag{6.28}$$

가 되어 $AA^T = I_n$이기 위해선 $\boldsymbol{a}_{iR}^T\boldsymbol{a}_{jR} = \delta_{ij}$, $(1 \le i, j \le n)$ 이어야 한다. 필요조건의 경우도 같은 방법으로 증명된다. ∎

Remark 행렬 A가 직교행렬이면 열벡터 $\boldsymbol{a}_{iC}$ 들은 직교정규벡터(orthonormal vector)이다.

Remark 행렬 A가 직교행렬이면 행벡터 $\boldsymbol{a}_{iR}^T$ 들은 직교정규벡터(orthonormal vector)이다.

직교행렬의 대표적 성질은 행렬을 이루는 열벡터가 서로 직교(orthogonal)한다는 점이다. 이와 같은 성질은 통계학에서는 실험계획(experimental design)이나 회귀분석분야에서, 그리고 컴퓨터 관련분야에서는 수치오차(rounding-off error)를 줄이는데 사용되고 있다. 직교행렬을 사용한 선형변환을 '직교변환'이라고 한다.

Definition 선형변환 $\boldsymbol{y} = A\boldsymbol{x}$에서 변환행렬 $A_{n\times n}$이 직교행렬이면, 선형변환 $\boldsymbol{y} = A\boldsymbol{x}$ 는 직교변환(orthogonal transfcrmation)이라고 한다.

Theorem 6.5 *정방행렬 $A_{n\times n}$가 직교행렬이고, $\boldsymbol{y} = A\boldsymbol{x}$를 만족할 때,*

$$\|\boldsymbol{x}\| = \|\boldsymbol{y}\| \tag{6.29}$$

을 만족한다.

Proof 이를 증명하면,

$$\begin{aligned}\|\boldsymbol{y}\| &= \|A\boldsymbol{x}\| = \sqrt{(A\boldsymbol{x})^T (A\boldsymbol{x})} \\ &= \sqrt{\boldsymbol{x}^T A^T A\boldsymbol{x}} = \sqrt{\boldsymbol{x}^T\boldsymbol{x}} = \|\boldsymbol{x}\|\end{aligned}$$

이 된다. ∎

Theorem 6.6 *직교변환에 의해 $\boldsymbol{y}_1 = A\boldsymbol{x}_1$, $\boldsymbol{y}_2 = A\boldsymbol{x}_2$가 성립할 때,*

$$\boldsymbol{y}_1^T\boldsymbol{y}_2 = \boldsymbol{x}_1^T\boldsymbol{x}_2 \tag{6.30}$$

가 되어 벡터의 내적값이 변환전후로 보존된다.

Proof 좌변으로부터

$$\boldsymbol{y}_1^T\boldsymbol{y}_2 = (A\boldsymbol{x}_1)^T (A\boldsymbol{x}_2) = \boldsymbol{x}_1^T A^T A\boldsymbol{x}_2 = \boldsymbol{x}_1^T\boldsymbol{x}_2 \tag{6.31}$$

가 된다. ∎

Example 회전변환 $\boldsymbol{y} = A\boldsymbol{x}$가 아래와 같으면 회전변환은 직교변환의 일부분이다.

$$\begin{aligned}\boldsymbol{y} = \begin{pmatrix} y_1 \\ y_2 \end{pmatrix} &= \begin{pmatrix} \cos\theta & -\sin\theta \\ \sin\theta & \cos\theta \end{pmatrix} \begin{pmatrix} x_1 \\ x_2 \end{pmatrix} \\ &= A\boldsymbol{x}\end{aligned}$$

6.4 아핀변환(Affine Transformation)

함수 $f(x) = 2x$가 선형함수임을 배웠지만 절편이 있는

$$f(x) = 1 + 2x \tag{6.32}$$

는 일직선을 이룰지언정 정의 6.2에서 소개된 선형함수의 정의를 만족하지 못한다. 이와 같은 함수를 아핀함수(affine function)라고 한다.

Definition 함수가 $f(x) = a + bx$의 모습(a, b는 상수)일 때, $f(x)$를 아핀함수(affine function)[2]이라고 한다.

단변량 함수에서 정의된 아핀함수는 벡터에 대해서도 아래와 같은 아핀변환으로 정의될 수 있다.

Definition 벡터 $\boldsymbol{x}$에 대해 변환

$$\boldsymbol{y} = A\boldsymbol{x} + \boldsymbol{b} \tag{6.33}$$

을 아핀변환(affine transformation)이라고 한다.

Remark 아핀변환은 선형변환 $A\boldsymbol{x}$ 시킨 이미지를 다시 $\boldsymbol{b}$ 만큼 평행이동시킨 것을 의미한다(그림 6.6 참조).

Remark 선형변환은 $\boldsymbol{b} = \boldsymbol{0}$ 인 아핀변환이다.

6.5 연습문제

[1] 영국의 두 라이벌 대학인 옥스포드(Oxford)대학과 캠브리지(Cambridge)대학은 1839년 이후 지금까지 매년 보트경주를 하고 있다. 1839년부터 1982년까지의 전적을 조사하니 옥스포드 대학이 57승, 캠브리지 대학이 67승하였다. 이를 좀더 자세히 살펴보니, 기준 해의 승패결과와 이듬해의 승패결과 간의 관계가 아래와 같은 빈도 수로 관찰되었다.

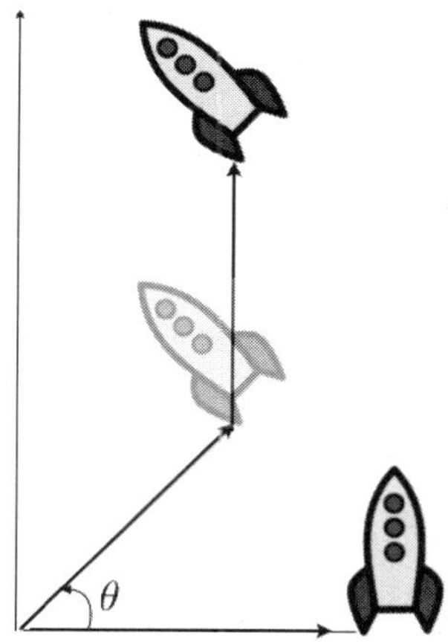

그림 6.6: 아핀변환 $\boldsymbol{y} = A\boldsymbol{x} + \boldsymbol{b}$ 의 모습($A\boldsymbol{x}$가 회전변환이고 $\boldsymbol{b} = (0\ 1)^T$인 경우)

	Win at Year t-1	
Win at Year t	Oxford	Cambridge
Oxford	35	23
Cambridge	22	44

(http://www.theboatrace.org/article/introduction/pastresults)

다시 말하면, 어떤 해에 옥스포드 대학이 이겼다고 했을 경우 그 다음 해도 이겼던 횟수는 35회, 다음 해에 캠브리지 대학이 이긴 횟수는 22회였다. 반대로 캠브리지 대학이 이겼을 경우 그 다음 해에 옥스포드 대학이 이긴 횟수는 23회, 캠브리지 대학이 연속 이긴 횟수는 44회였다.

1. 위 정보를 이용하여 전이행렬 $P = \{p_{ij}\}_{2\times 2}$ 을 구하라. 여기서 p_{12}는 '캠브리지 대학(2)이 이겼다고 가정했을 때, 그 다음 해에 옥스포드 대학(1)이 이길 확률'을 의미한다.

2. 금년에 옥스포드 대학이 이겼다고 가정했을 때, 2년 후 각 대학의 이길 확률을 예측하라.

3. 금년에 옥스포드 대학이 이길 확률이 0.6이라고 가정했을 때, 2년 후 각 대학이 이길 확률을 예측하라.

[2]라틴어 affinis(related 라는 의미)에서 나온 단어로 수학적으로는 서로 평행성을 보존하는 관계를 의미한다.

[2] 선형변환 $T : \Re^2 \rightarrow \Re^3$는 아래와 같이 정의된다.

$$T(\boldsymbol{x}) = \begin{pmatrix} 2x_1 + 3x_2 \\ x_1 - x_2 \\ x_1 \end{pmatrix}, \quad \boldsymbol{x} = \begin{pmatrix} x_1 \\ x_2 \end{pmatrix} \tag{6.34}$$

이때, 선형변환 T를 위한 행렬을 구하라.

[3] 두 벡터 $\boldsymbol{x}$, $\boldsymbol{y} \in \Re^2$에 대하여, 선형변환 $\boldsymbol{y} = A\boldsymbol{x}$ 가 존재한다고 가정하자. 이때 행렬 A는 아래와 같다고 할 때,

$$A = \begin{pmatrix} 2 & 0 \\ 0 & 3 \end{pmatrix}, \quad \boldsymbol{x} = \begin{pmatrix} x_1 \\ x_2 \end{pmatrix}, \quad \boldsymbol{y} = \begin{pmatrix} y_1 \\ y_2 \end{pmatrix} \tag{6.35}$$

원 $x_1^2 + x_2^2 = 1$ 의 이미지는 이 선형변환에 의해 어떤 모습으로 변환되는지 도시하라.

[4] 두 벡터 $\boldsymbol{x}$, $\boldsymbol{y} \in \Re^2$에 대하여, $x_1^2 + x_2^2 = 1$ 이라는 원의 이미지를 x_1방향으로 2배 늘린 다음에 반시계방향으로 45도 회전시킨 변환을 $\boldsymbol{y} = A\boldsymbol{x}$ 라고 할 때, 이를 만족시키는 A를 구하라.

[5] 두 벡터 $\boldsymbol{x}$, $\boldsymbol{y} \in \Re^n$에 대하여, 두 벡터 사이의 임의의 점에 해당되는 벡터는 $\boldsymbol{z} = t\boldsymbol{x} + (1-t)\boldsymbol{y}$, $(0 \le t \le 1)$라고 표현된다. 이때, 행렬 $A_{n\times n}$에 의한 선형변환은

$$A\boldsymbol{z} = t(A\boldsymbol{x}) + (1-t)(A\boldsymbol{y}) \tag{6.36}$$

임을 보여라. 이것이 의미하는 바를 적어라.

[6] $\Re^2$ 상에 있는 네 점 $(0,0)$, $(0,1)$, $(1,0)$, $(1,1)$으로 형성되는 정사각형이 아래 행렬A에 의해 어떤 모습으로 변환되는지 그림으로 도시하되, 식 6.36을 활용하라.

$$A = \begin{pmatrix} 1 & 0 \\ 1 & 1 \end{pmatrix} \tag{6.37}$$

[7] 다음 행렬이 직교행렬이 되기위한 a, b, c, d값을 계산하라.

$$A = \begin{pmatrix} 1/2 & 1/2 & 1/\sqrt{2} & a \\ 1/2 & -1/2 & 0 & b \\ 1/2 & 1/2 & -1/\sqrt{2} & c \\ 1/2 & -1/2 & 0 & d \end{pmatrix} \tag{6.38}$$

[8] 세 개의 서로 다른 백화점에 대하여 관광객이 백화점 j에서 쇼핑을 하다가 1 시간 후에 백화점 i로 이동할 확률을 나타낸 전이행렬 $\{p_{ij}\}_{3\times3}$이 아래와 같다고 조사되었다.

$$P = \begin{pmatrix} a & 0 & 0 \\ 0.3 & 0.3 & 0 \\ 0.5 & b & 1 \end{pmatrix} \tag{6.39}$$

1. 위 행렬 P가 전이행렬이 되기 위한 a, b 값을 구하라.
2. 어느 백화점이 인기가 있다고 생각하는가? 그 이유는?
3. 10명의 관광객이 백화점1에 5명, 백화점2에 2명, 백화점3에 3명 있다고 가정할 때, 2시간 후에는 각 백화점에 몇명씩 있을 것으로 예상되는가?

[9] 그림 6.7은 $\boldsymbol{x} \in \Re^2$에 대해 $\boldsymbol{y} = A\boldsymbol{x} + \boldsymbol{b}$ 을 사용해서 정사각형(흰색)의 모형을 아핀변환(색칠된 모습)시킨 모습이다. 왼쪽 그림과 오른쪽 그림에 대한 적당한 A와 $\boldsymbol{b}$를 각각 적어라. 참고로, 정사각형의 한변의 길이는 1이다.

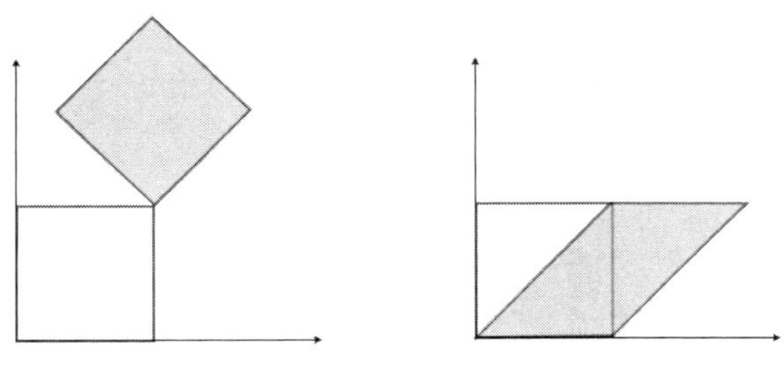

그림 6.7: 아핀변환에 의해 변환된 이미지

[10] 다음은 3차원 아핀변환에 대한 모습이다. 구체적으로 어떤식으로 변환시키는 것인지 말로 설명하라.

$$\boldsymbol{y} = A\boldsymbol{x} + \boldsymbol{b} \tag{6.40}$$

$$= \begin{pmatrix} \cos\theta & -\sin\theta & 0 \\ \sin\theta & \cos\theta & 0 \\ 0 & 0 & 1 \end{pmatrix} \begin{pmatrix} x_1 \\ x_2 \\ x_3 \end{pmatrix} + \begin{pmatrix} 0 \\ 0 \\ 1 \end{pmatrix} \tag{6.41}$$

Chapter 7

벡터공간

7.1 벡터공간의 정의

벡터공간이란 벡터의 덧셈과 뺄셈, 그리고 스칼라와 벡터의 곱셈 등으로 만들어져 가는 공간이며, 벡터나 스칼라가 정의되었던 유클리드 공간($\Re^n$)이나 행렬이 정의되는 공간도 벡터공간의 정의에 포함된다. 이를 흔히 선형공간(Linear Space)라고 일컫기도 한다[1]. 그렇다면 구체적으로 벡터공간이 어떻게 정의되는지 살펴보자. 아래는 벡터공간에 대한 정의이다.

Definition 덧셈과 스칼라 곱에 대하여 닫혀있는 공간 V 에 대하여 $X,\ Y,\ Z \in V$ 일 때,

(1) $X + Y = Y + X$, (덧셈의 교환법칙)

(2) $(X + Y) + Z = X + (Y + Z)$, (덧셈의 결합법칙)

(3) 임의의 원소 $X \in V$ 에 대하여, $X + O = X$ 되는 O가 항상 존재한다. 이때 O을 덧셈의 항등원이라고 한다.

(4) 임의의 원소 $X \in V$ 에 대하여, $X + (-X) = O$ 되는 $-X$가 항상 존재한다. 이때 $-X$를 덧셈의 역원이라고 한다.

(5) $k,\ l$이 상수일 때, $k(lX) = l(kX)$ 가 성립한다.

[1]선형공간을 이루는 대표적인 원소가 벡터이기에 선형공간을 벡터공간이라고 한다. 그러나 혹자는 벡터외에 함수, 행렬도 선형공간에 포함될 수 있기 때문에 벡터공간보다는 선형공간이라는 표현을 선호한다.

(6) k, l이 상수일 때, $(k+l)X = kX + lX$ 가 성립한다.

(7) k가 상수일 때, $k(X+Y) = kX + kY$ 가 성립한다.

(8) 스칼라 1에 대해, $1X = X$.

를 모두 만족하는 공간 V는 벡터공간(Vector Space)이라고 정의한다.

벡터공간의 예를 간단히 들자면, n차원 공간의 벡터들의 집합을 생각할 수 있다.

Question: $\boldsymbol{x} = (x_1\ x_2\ x_3)^T$, $x_i \in \Re$ 라고 정의되는 벡터 $\boldsymbol{x}$ 로 구성된 집합 V 는 벡터공간임을 보여라.

Proof 만일

$$\boldsymbol{x} = \begin{pmatrix} x_1 \\ x_2 \\ x_3 \end{pmatrix},\ \boldsymbol{y} = \begin{pmatrix} y_1 \\ y_2 \\ y_3 \end{pmatrix},\ \boldsymbol{z} = \begin{pmatrix} z_1 \\ z_2 \\ z3 \end{pmatrix} \in V \tag{7.1}$$

라면,

(1) $\boldsymbol{x} + \boldsymbol{y} = \boldsymbol{y} + \boldsymbol{x}$ (덧셈의 교환법칙)

(2) $(\boldsymbol{x} + \boldsymbol{y}) + \boldsymbol{z} = \boldsymbol{x} + (\boldsymbol{y} + \boldsymbol{z})$ (덧셈의 결합법칙)

(3) $\mathbf{0} = (0\ 0\ 0)^T$일 때, $\mathbf{0} \in V$ 이며, 임의의 벡터 $\boldsymbol{x}$에 대하여 $\boldsymbol{x} + \mathbf{0} = \boldsymbol{x}$ 가 성립한다.

(4) 임의의 벡터 $\boldsymbol{x}$에 대하여, $\boldsymbol{x} + (-\boldsymbol{x}) = \mathbf{0}$ 이고, $-\boldsymbol{x} \in V$ 라고 할 수 있다.

(5) $k(l\boldsymbol{x}) = k(lx_1\ lx_2\ lx_3)^T = (klx_1\ klx_2\ klx_3)^T = l(kx_1\ kx_2\ kx_3)^T = l(k\boldsymbol{x})$

(6) $(k+l)\boldsymbol{x} = ((k+l)x_1\ (k+l)x_2\ (k+l)x_3)^T = (kx_1+lx_1\ kx_2+lx_2\ kx_3+lx_3)^T = (kx_1\ kx_2\ kx_3)^T + (lx_1\ lx_2\ lx_3)^T = k\boldsymbol{x} + l\boldsymbol{x}$

(7) $k(\boldsymbol{x}+\boldsymbol{y}) = k(x_1+y_1\ x_2+y_2\ x_3+y_3)^T = (kx_1+ky_1\ kx_2+ky_2\ kx_3+ky_3)^T = (kx_1\ kx_2\ kx_3)^T + (ky_1\ ky_2\ ky_3)^T = k\boldsymbol{x} + k\boldsymbol{y}$

(8) 스칼라 1에 대하여, $1\boldsymbol{x} = \boldsymbol{x}$

가 성립하므로 V는 벡터공간이다. ∎

Remark 행렬, $A_{m\times n}$이 정의되는 공간도 벡터공간임을 위와 같은 과정을 통해 확인할 수 있다.

Q 임의의 실수 $a_{ij} \in \Re$ 를 원소로 하는 행렬 $A_{2\times 2}$의 집합 V도 벡터공간임을 보여라(Hint:행렬 A, B, C에 대하여 (1)-(8)이 만족함을 보인다).

$$A = \begin{pmatrix} a_{11} & a_{12} \\ a_{21} & a_{22} \end{pmatrix}, \; B = \begin{pmatrix} b_{11} & b_{12} \\ b_{21} & b_{22} \end{pmatrix}, \; C = \begin{pmatrix} c_{11} & c_{12} \\ c_{21} & c_{22} \end{pmatrix}$$

7.2 부분공간(Subspace)

벡터공간의 부분집합으로 많이 언급되는 개념이 부분공간(subspace)이다. 용어에서 알 수 있듯이, 이는 벡터공간 V의 부분집합이며 원소 간의 덧셈과 스칼라의 곱셈에 대하여 닫혀(closed)있는 성질을 갖고 있다.

Definition 벡터공간 V의 공집합이 아닌 부분집합 $W \subset V$ 에 대하여,

(i) 임의의 v, $w \in W$ 일 때, $v + w \in W$ 이고

(ii) 임의의 스칼라 λ에 대해, $v \in W$ 이면 곧 $\lambda v \in W$

을 만족하면 W는 V의 부분공간이다.

Remark W가 부분공간임을 증명하기 위해

(i) $W \subset V$

(ii) 임의의 스칼라 λ_1, $\lambda_2 \in \Re$ 와 v, $w \in W$ 에 대하여 $\lambda_1 v + \lambda_2 w \in W$

을 보여줄 수도 있다.

아래는 부분공간의 예이다.

Example 크기가 2×2 인 행렬의 집합을 V라고 할 때,

$$W = \left\{ A \;\middle|\; A = \begin{pmatrix} a_{11} & a_{12} \\ 0 & 0 \end{pmatrix}, \; a_{11}, \; a_{12} \in \Re \right\} \tag{7.2}$$

라고 정의되는 W가 부분공간임을 다음과 같은 절차로 확인가능하다.

먼저, 우리는 $W \subset V$ 임을 알 수 있다. 그리고,

(i) $A,\ B \in W$ 라면,

$$A+B = \begin{pmatrix} a_{11} & a_{12} \\ 0 & 0 \end{pmatrix} + \begin{pmatrix} b_{11} & b_{12} \\ 0 & 0 \end{pmatrix} \tag{7.3}$$

$$= \begin{pmatrix} a_{11}+b_{11} & a_{12}+b_{12} \\ 0 & 0 \end{pmatrix} \in W \tag{7.4}$$

이고,

(ii) 임의의 스칼라 λ에 대하여,

$$\lambda A = \lambda \begin{pmatrix} a_{11} & a_{12} \\ 0 & 0 \end{pmatrix} = \begin{pmatrix} \lambda a_{11} & \lambda a_{12} \\ 0 & 0 \end{pmatrix} \in W \tag{7.5}$$

임을 알 수 있기에 W는 벡터부분공간(혹은 부분공간)이다.

7.3 선형독립(Linear Independence)

벡터공간 V에 속한 원소 $v_1,\ v_2,\ \cdots,\ v_n \in V$ 의 선형결합(linear combination)은

$$\lambda_1 v_1 + \lambda_2 v_2 + \cdots + \lambda_n v_n = \boldsymbol{\lambda}^T \boldsymbol{v} \tag{7.6}$$

라고 표현가능하다. 영벡터가 아닌 $\boldsymbol{\lambda}$에 대해 선형결합이 0이 될 때, $v_1,\ v_2,\ \cdots,\ v_n$는 선형종속이라고 하며, 오직 $\boldsymbol{\lambda} = \mathbf{0}$일 때만 선형결합이 0이 된다면, 이를 선형독립이라고 한다.

Definition $v_1,\ v_2,\ \cdots,\ v_n \in V$ 에 대하여,

$$\lambda_1 v_1 + \lambda_2 v_2 + \cdots + \lambda_n v_n = \boldsymbol{\lambda}^T \boldsymbol{v} = 0 \tag{7.7}$$

을 만족하는 $\boldsymbol{\lambda}$가 오직 $\boldsymbol{\lambda} = (\lambda_1\ \lambda_2\ \cdots\ \lambda_n)^T = (0\ 0\ \cdots\ 0)^T$ 일 때, $v_1,\ v_2,\ \cdots,\ v_n$는 선형독립(linearly independent)이라고 하고, $\boldsymbol{\lambda} \neq \mathbf{0}$ 일 때 이를 선형종속(linearly dependent)이라고 한다.

선형종속의 개념을 자세히 살펴보자. 만일 식 7.7에서 λ_1, λ_2, $\cdots$, λ_n 중 적어도 한 개가 0 이 아니라고 가정하자(i번째 계수인 λ_i가 0이 아님). 그때

$$v_i = -\frac{\lambda_1}{\lambda_i}v_1 - \frac{\lambda_2}{\lambda_i}v_2 - \cdots - \frac{\lambda_{i-1}}{\lambda_i}v_{i-1} - \frac{\lambda_{i+1}}{\lambda_i}v_{i+1} - \cdots - \frac{\lambda_n}{\lambda_i}v_n \tag{7.8}$$

라고 표현가능하게 되어서 결국 v_i가 나머지 원소들의 선형결합으로 표현되는 '종속관계'를 의미하게 된다.

Example 아래 벡터는 서로 선형독립이다.

$$\boldsymbol{v}_1 = \begin{pmatrix} 0 \\ 0 \\ 1 \end{pmatrix}, \ \boldsymbol{v}_2 = \begin{pmatrix} 0 \\ 1 \\ -1 \end{pmatrix}, \ \boldsymbol{v}_3 = \begin{pmatrix} 1 \\ -2 \\ 1 \end{pmatrix}$$

왜냐하면,

$$\lambda_1\boldsymbol{v}_1 + \lambda_2\boldsymbol{v}_2 + \lambda_3\boldsymbol{v}_3 = \begin{pmatrix} \lambda_3 \\ \lambda_2 - 2\lambda_3 \\ \lambda_1 - \lambda_2 + \lambda_3 \end{pmatrix} = \begin{pmatrix} 0 \\ 0 \\ 0 \end{pmatrix} \tag{7.9}$$

에서 $\boldsymbol{\lambda} = (\lambda_1\ \lambda_2\ \lambda_3)^T = (0\ 0\ 0)^T$일 수 밖에 없기 때문이다.

Q 아래의 벡터가 서로 선형종속임을 증명하라.

$$\boldsymbol{v}_1 = \begin{pmatrix} 0 \\ 0 \\ 1 \end{pmatrix}, \ \boldsymbol{v}_2 = \begin{pmatrix} 0 \\ 1 \\ -1 \end{pmatrix}, \ \boldsymbol{v}_3 = \begin{pmatrix} 1 \\ -2 \\ 1 \end{pmatrix}, \ \boldsymbol{v}_4 = \begin{pmatrix} 4 \\ 2 \\ 3 \end{pmatrix}$$

Q 아래 세 행렬이 서로 선형독립인지, 선형종속인지 구분하라.

$$A_1 = \begin{pmatrix} 0 & -1 \\ 1 & 1 \end{pmatrix}, \ A_2 = \begin{pmatrix} 3 & 5 \\ 0 & 1 \end{pmatrix}, \ A_3 = \begin{pmatrix} 1 & \frac{5}{3} \\ 0 & \frac{1}{3} \end{pmatrix}$$

7.4 생성(Span)

선형결합이란 여러 개의 원소들을 스칼라를 곱해 더한 것을 의미한다. 이와 같이 원소들의 선형결합으로 표현되는 집합을 생성(Span)이라고 한다.

Definition 벡터공간의 원소 $v_1,\ v_2,\ \cdots,\ v_n \in V$ 에 대하여,

$$W = \{w\ |w = \lambda_1 v_1 + \lambda_2 v_2 + \cdots + \lambda_n v_n\}$$

을 정의되는 집합 W을 '$v_1,\ v_2,\ \cdots,\ v_n$ 의 생성(Span)'이라고 하며,

$$W = Span\{v_1,\ v_2,\ \cdots,\ v_n\} \tag{7.10}$$

라고 표기한다.

Question: 생성으로 정의된 집합 W가 부분공간임을 증명하라.

Answer: 벡터공간 V는 정의상, 덧셈과 스칼라의 곱셈에 대하여 닫혀있기 때문에 생성으로 정의된 집합 W는 V의 부분집합이다. 또한 임의의 원소 $x,\ y \in W$는

$$x = a_1 v_1 + a_2 v_2 + \cdots + a_n v_n$$

$$y = b_1 v_1 + b_2 v_2 + \cdots + b_n v_n$$

라고 표현되므로

$$x + y = (a_1 + b_1)v_1 + (a_2 + b_2)v_2 + \cdots + (a_n + b_n)v_n \in W$$

이고

$$\lambda \cdot x = (\lambda a_1)v_1 + (\lambda a_2)v_2 + \cdots + (\lambda a_n)v_n \in W$$

가 된다. 따라서 W는 부분공간이다. ∎

Q 집합 W가 아래 같이 정의될 때,

$$W = Span\left\{\begin{pmatrix} 1 \\ 0 \end{pmatrix},\ \begin{pmatrix} 0 \\ 1 \end{pmatrix}\right\}$$

일 때, $\boldsymbol{x} = (7\ 3)^T$ 가 W의 원소임을 보여라.

7.5 기저(Basis)

어느 벡터공간이든지 그 벡터공간을 구성하는 기본 원소가 있기 마련이며, 이 기본 원소(들)를 그 공간의 기저(basis)라고 한다. 이때, 기저의 수는 그 벡터공간의 '차원(dimension)'이 된다. 예를 들어, 어떤 공간의 기저의 수가 3개 이면, 그 벡터공간은 3차원 공간이다. 아래는 기저에 대한 정의이다.

Definition 벡터공간 W가 아래의 조건을 만족한다고 하자.

(i) $W = Span\{v_1,\ v_2,\ \cdots,\ v_n\}$ 이다.

(ii) $v_1,\ v_2,\ \cdots,\ v_n$ 은 선형독립이다.

이때, $\{v_1,\ v_2,\ \cdots,\ v_n\}$을 벡터공간 W의 기저(basis)라고 하며, W의 차원(dimension)은 n이며, $\dim(W) = n$이라고 표시한다.

Example 아래 두 벡터가 $\Re^2$ 공간의 기저이다.

$$\boldsymbol{e}_1 = \begin{pmatrix} 1 \\ 0 \end{pmatrix},\quad \boldsymbol{e}_2 = \begin{pmatrix} 0 \\ 1 \end{pmatrix}$$

두 벡터가 $\Re^2$ 공간의 기저임을 입증하기 위하여,

(i) 두 벡터, $\boldsymbol{e}_1,\ \boldsymbol{e}_2$ 가 서로 선형독립이며,

(ii) $\Re^2$ 공간이 이 $\boldsymbol{e}_1,\ \boldsymbol{e}_2$의 생성으로 이루어진다

는 사실을 보이면 된다. 여기서, $\lambda_1\boldsymbol{e}_1 + \lambda_2\boldsymbol{e}_2 = \boldsymbol{0}$ 이라면,

$$\lambda_1 \begin{pmatrix} 1 \\ 0 \end{pmatrix} + \lambda_2 \begin{pmatrix} 0 \\ 1 \end{pmatrix} = \begin{pmatrix} 0 \\ 0 \end{pmatrix} \tag{7.11}$$

가 되므로

$$\begin{pmatrix} \lambda_1 \\ \lambda_2 \end{pmatrix} = \begin{pmatrix} 0 \\ 0 \end{pmatrix}$$

가 되어 $\lambda_1 = 0,\ \lambda_2 = 0$ 만이 식 7.11의 유일한 해가 된다. 따라서, 두 벡터, $\boldsymbol{e}_1,\ \boldsymbol{e}_2$ 는 선형독립이 된다.

그리고, $\Re^2$ 공간안에 임의의 원소 $\boldsymbol{x} \in \Re^2$ 를 고려하면,

$$\boldsymbol{x} = \begin{pmatrix} x_1 \\ x_2 \end{pmatrix} = x_1 \begin{pmatrix} 1 \\ 0 \end{pmatrix} + x_2 \begin{pmatrix} 0 \\ 1 \end{pmatrix} = x_1\boldsymbol{e}_1 + x_2\boldsymbol{e}_2$$

되어 $\boldsymbol{x} \in Span\{\boldsymbol{e}_1,\ \boldsymbol{e}_2\}$ 가 된다. 이는 $\Re^2 \subset Span\{\boldsymbol{e}_1, \boldsymbol{e}_2\}$ 를 의미한다. 같은 방법으로 $Span\{\boldsymbol{e}_1, \boldsymbol{e}_2\} \subset \Re^2$ 임을 증명할 수 있으므로 $\Re^2 = Span\{\boldsymbol{e}_1, \boldsymbol{e}_2\}$ 라고 할 수 있다. 이를 종합하면, $\boldsymbol{e}_1,\ \boldsymbol{e}_2$는 $\Re^2$를 생성하는 선형독립인 원소이므로 $\Re^2$ 의 기저라고 할 수 있다. ∎

Q 아래의 두 벡터도 $\Re^2$의 기저가 됨을 보여라

$$\boldsymbol{d}_1 = \begin{pmatrix} 1 \\ 1 \end{pmatrix}, \quad \boldsymbol{d}_2 = \begin{pmatrix} 1 \\ -1 \end{pmatrix}$$

Q $y = \beta_1 x + \beta_2 x^2 + \beta_3 x^3$ 은 $x,\ x^2,\ x^3$의 선형결합이라고 할 수 있다. 이러한 집합을 $W = Span\{x,\ x^2, x^3\}$ 이라고 할 때, W가 $\Re$의 부분공간(subspace)임을 증명하라.

7.6 생성의 기하학적 해석

앞 절에서 $W = Span\{v_1,\ v_2,\ \cdots,\ v_n\}$이란 $v_1,\ v_2,\ \cdots,\ v_n$ 에 의해 이루어 지는 선형결합들의 집합임을 배웠다. 이제 그 기하학적 해석(geometric interpretation)을 살펴보자.

먼저, 한 개의 벡터 $\boldsymbol{v}$에 의한 생성은

$$W = Span\{\boldsymbol{v}\}$$

라고 정의되며, 이는 그림 7.1과 같이 벡터 $\boldsymbol{v}$를 통과하는 직선 상에 있는 모든 점의 집합에 해당된다.

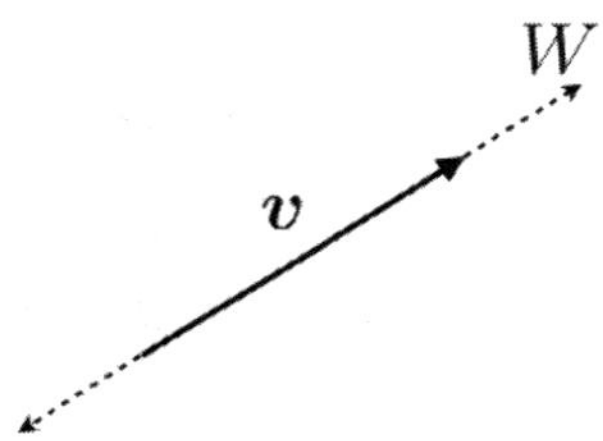

그림 7.1: 벡터 $\boldsymbol{v}$에 의한 생성, $W = Span\{\boldsymbol{v}\}$

그리고, 두 개의 벡터 $\boldsymbol{v}_1,\ \boldsymbol{v}_2$에 의해 정의된 생성

$$W = Span\{\boldsymbol{v}_1,\ \boldsymbol{v}_2\}$$

의 원소는 $\boldsymbol{w} = a_1\boldsymbol{v}_1 + a_2\boldsymbol{v}_2$라고 표현되는 벡터이며, 이는 그림 7.2와 같이 벡터 $\boldsymbol{v}_1,\ \boldsymbol{v}_2$를 포함하는 평면 위의 모든 점에 해당된다.

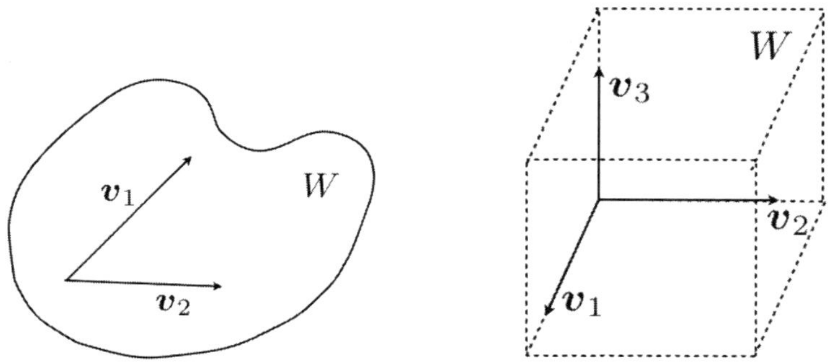

그림 7.2: $\boldsymbol{v}$, $\boldsymbol{v}_2$에 의한 생성, $W = Span\{\boldsymbol{v}_1,\ \boldsymbol{v}_2\}$ 와 $\boldsymbol{v}_1$, $\boldsymbol{v}_2$, $\boldsymbol{v}_3$에 의한 생성, $W = Span\{\boldsymbol{v},\ \boldsymbol{v}_2,\ \boldsymbol{v}_3\}$

같은 방법으로 세 개의 벡터 $\boldsymbol{v}_1$, $\boldsymbol{v}_2$, $\boldsymbol{v}_3$ 에 의한 생성

$$W = Span\{\boldsymbol{v}_1,\ \boldsymbol{v}_2,\ \boldsymbol{v}_3\}$$

은 그림 7.2의 오른쪽 그림과 같이 세 개의 벡터 $\boldsymbol{v}_1$, $\boldsymbol{v}_2$, $\boldsymbol{v}_3$을 포함하는 3차원 공간 상의 모든 점을 말한다.

Q 다음이 성립함을 증명하라.

$$Span\{\cos^2 t, \sin^2 t\} = Span\{\cos^2 t, 1\}$$

Q 다음이 성립함을 증명하라.

$$Span\{\boldsymbol{x}, 2\boldsymbol{x}\} = Span\{\boldsymbol{x}\}, \quad \boldsymbol{x} \in \Re^n$$

7.7 열공간(Column Space)

행렬은 여러 개의 열벡터(column vectors)를 묶어 놓은 모양을 하고 있다. 이미 우리는 다수의 벡터들의 선형결합으로 구성되는 $W = Span\{v_1,\ v_2,\ \cdots,\ v_n\}$이 부분공간임을 배웠다. 그렇다면, 어떤 행렬의 열을 이루는 열벡터들로 생성되는 공간을 무슨 공간이라고 할 것인가?

Definition 행렬 $A_{m\times n}$ 가 $A = (\boldsymbol{a}_{1C}\ \boldsymbol{a}_{2C}\ \cdots\ \boldsymbol{a}_{nC})$ 라고 정의될 때, $W = Span\{\boldsymbol{a}_{1C}\ \boldsymbol{a}_{2C}\ \cdots\ \boldsymbol{a}_{nC}\}$ 라고 하면, W는 행렬 A의 열공간(column space)이며, $W = C(A)$ 라고 표기한다.

Example 벡터 $\boldsymbol{x} = (1\ 4\ -3)^T$는 아래 행렬의 열공간에 속한 원소이다.

$$A = \begin{pmatrix} 1 & 2 \\ 4 & 8 \\ 3 & 0 \end{pmatrix}$$

이를 보이기 위해 벡터 $\boldsymbol{x}$가 A의 열벡터들의 선형결합으로 표현가능한지를 알아보면 된다. 확인한 결과

$$\begin{pmatrix} 1 \\ 4 \\ -3 \end{pmatrix} = (-1)\begin{pmatrix} 1 \\ 4 \\ 3 \end{pmatrix} + (1)\begin{pmatrix} 2 \\ 8 \\ 0 \end{pmatrix}$$

가 되어, $\boldsymbol{x}$는 행렬 A의 열공간에 속한다고 할 수 있다. ∎

Question: 행렬 A가 아래와 같을 때, 어떤 임의의 벡터 $\boldsymbol{x} \in \Re^3$ 에 대하여, 벡터 $\boldsymbol{x}$는 A의 열공간 원소임을 보여라.

$$A = \begin{pmatrix} 1 & 0 & 0 \\ 0 & 1 & 0 \\ 0 & 0 & 1 \end{pmatrix}$$

Answer: $\Re^3$에 속한 임의의 벡터를 $\boldsymbol{x} = (x_1\ x_2\ x_3)^T$ 라고 하면

$$\begin{pmatrix} x_1 \\ x_2 \\ x_3 \end{pmatrix} = x_1\begin{pmatrix} 1 \\ 0 \\ 0 \end{pmatrix} + x_2\begin{pmatrix} 0 \\ 1 \\ 0 \end{pmatrix} + x_3\begin{pmatrix} 0 \\ 0 \\ 1 \end{pmatrix}$$

이므로, $\boldsymbol{x} \in C(A)$ 이다. ∎

7.8 선형방정식과 열공간

x, y, z에 대한 선형연립방정식이 아래와 같을 때,

$$\begin{cases} a_{11}\ x + a_{12}\ y + a_{13}\ z = b_1 \\ a_{21}\ x + a_{22}\ y + a_{23}\ z = b_2 \\ a_{31}\ x + a_{32}\ y + a_{33}\ z = b_3 \end{cases}$$

이를 행렬로 표기하면, 아래와 같은 $A\boldsymbol{x} = \boldsymbol{b}$ 라는 선형방정식 된다.

$$\underbrace{\begin{pmatrix} a_{11} & a_{12} & a_{13} \\ a_{21} & a_{22} & a_{23} \\ a_{31} & a_{32} & a_{33} \end{pmatrix}}_{A} \underbrace{\begin{pmatrix} x \\ y \\ z \end{pmatrix}}_{\boldsymbol{x}} = \underbrace{\begin{pmatrix} b_1 \\ b_2 \\ b_3 \end{pmatrix}}_{\boldsymbol{b}} \tag{7.12}$$

Theorem 7.1 *선형방정식 $A\boldsymbol{x} = \boldsymbol{b}$ 가 해를 갖기 위한 조건은 $\boldsymbol{b} \in C(A)$ 이다.*

Proof 선형방정식 $A\boldsymbol{x} = \boldsymbol{b}$ 를 만족하는 $\boldsymbol{x}$가 존재한다는 것은

$$A\boldsymbol{x} = x\begin{pmatrix} a_{11} \\ a_{21} \\ a_{31} \end{pmatrix} + y\begin{pmatrix} a_{12} \\ a_{22} \\ a_{32} \end{pmatrix} + z\begin{pmatrix} a_{13} \\ a_{23} \\ a_{33} \end{pmatrix} = \boldsymbol{b}$$

를 만족하는 $\boldsymbol{x} = (x,\ y,\ z)^T$가 존재한다는 의미하기 때문에 $\boldsymbol{b} \in C(A)$ 를 의미한다.
∎

Question: 아래 선형연립방정식이 해를 가지기 위한 a, b의 조건을 구하고, 그 조건을 (a, b) 좌표평면에 도시하라.

$$\begin{cases} x + 2y + 3z = a \\ 4x + 8y + 12z = b \end{cases} \tag{7.13}$$

Answer: 위 연립방정식을 행렬식으로 표시하면,

$$A\boldsymbol{x} = \begin{pmatrix} 1 & 2 & 3 \\ 4 & 8 & 12 \end{pmatrix}\begin{pmatrix} x \\ y \\ z \end{pmatrix} = \begin{pmatrix} a \\ b \end{pmatrix} = \boldsymbol{b}$$

가 되어

$$C(A) = Span\left\{\begin{pmatrix} 1 \\ 4 \end{pmatrix}, \begin{pmatrix} 2 \\ 8 \end{pmatrix}, \begin{pmatrix} 3 \\ 12 \end{pmatrix}\right\} = Span\left\{\begin{pmatrix} 1 \\ 4 \end{pmatrix}\right\}$$

임을 알 수 있다. 따라서, 필요한 조건은

$$\begin{pmatrix} a \\ b \end{pmatrix} \in Span\left\{\begin{pmatrix} 1 \\ 4 \end{pmatrix}\right\}$$

가 된다. 이는, 그림 7.3과 같이 원점과 점$(1,4)$를 지나는 직선을 의미한다. 따라서, (a,b)의 값이 $(0,0)$과 $(1,4)$를 지나는 직선 위에 존재하면 선형방정식은 해가 존재하게 된다.

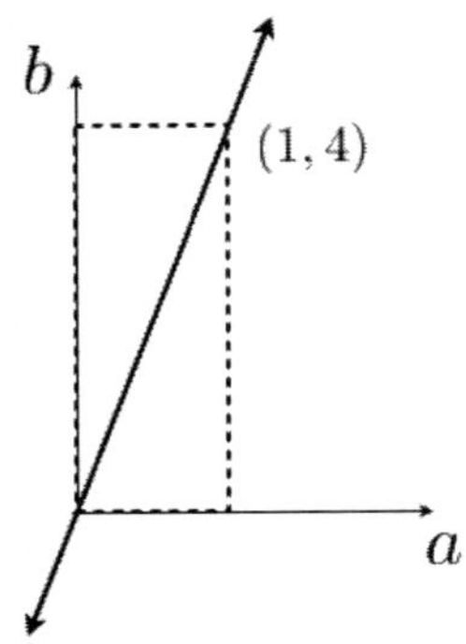

그림 7.3: 선형연립방정식 7.13이 해를 가지기 위한 조건 $(a\ b)^T \in Span\{(1\ 4)^T\}$

Q 아래 선형연립방정식이 해를 가지는지 여부를 열공간을 사용하여 답하라.

$$\begin{cases} x + 2z = -1 \\ x + y + 3z = 0 \\ y + z = 0 \end{cases}$$

7.9 행공간과 영공간

행렬을 '열벡터의 묶음'으로 간주함으로써 열공간을 정의한 것처럼, 행렬을 '행벡터의 묶음'으로 본다면 '행공간(row space)'을 정의할 수 있을 것이다.

Definition 행렬 $A_{m\times n}$ 가

$$A = \begin{pmatrix} \boldsymbol{a}_{1R}^T \\ \boldsymbol{a}_{2R}^T \\ \vdots \\ \boldsymbol{a}_{mR}^T \end{pmatrix}$$

라고 한다면, $W = Span\{\boldsymbol{a}_{1R}^T,\ \boldsymbol{a}_{2R}^T,\ \cdots,\ \boldsymbol{a}_{mR}^T\}$일 때, W는 행렬 A의 행공간(row space)이며, $W = R(A)$ 라고 표기한다.

Example 행렬 A에 대하여 행벡터 $(2\ 3\ \ -1\ 0)$은 행공간의 원소이다.

$$A = \begin{pmatrix} 1 & 1 & 0 & 1 \\ 1 & 0 & 1 & 1 \\ 1 & 1 & 0 & 0 \end{pmatrix} \tag{7.14}$$

이를 확인하기 위해 행벡터 $(2\ 3\ \ -1\ 0)$가 A의 행벡터들의 선형결합으로 표현가능한지 알아보자.

$$\begin{pmatrix} 2 \\ 3 \\ -1 \\ 0 \end{pmatrix} = (1)\begin{pmatrix} 1 \\ 1 \\ 0 \\ 1 \end{pmatrix} + (-1)\begin{pmatrix} 1 \\ 0 \\ 1 \\ 1 \end{pmatrix} + (2)\begin{pmatrix} 1 \\ 1 \\ 0 \\ 0 \end{pmatrix} \tag{7.15}$$

가 되므로, $(2\ 3\ \ -1\ 0) \in R(A)$ 라고 할 수 있다. ∎

한편, 행렬의 영공간(null space)은 아래와 같이 정의된다.

Definition 행렬 $A_{m\times n}$ 에 대하여, $A\boldsymbol{x} = \boldsymbol{0}$ 을 만족하는 $\boldsymbol{x}$의 집합을 'A의 영공간(null space)'이라고 하며 $N(A)$로 표기한다.

Remark 영공간을 $N(A) = \{\boldsymbol{x}\ |A\boldsymbol{x} = \boldsymbol{0}\}$ 라고 표현할 수 있다.

Proposition 7.2 *행렬 $A_{m\times n}$에 대하여, $N(A)$는 $\Re^n$의 부분공간이다.*

Proof 벡터 $\boldsymbol{x}$ 가 $A\boldsymbol{x} = \boldsymbol{0}$ 을 만족하면 $\boldsymbol{x}$가 $n \times 1$ 벡터이기에 $\boldsymbol{x} \in \Re^n$ 이므로 $N(A) \subset \Re^n$ 가 된다. 또한, $\boldsymbol{x}_1,\ \boldsymbol{x}_2 \in N(A)$ 라면,

$$A\{c_1\boldsymbol{x}_1 + c_2\boldsymbol{x}_2\} = c_1A\boldsymbol{x}_1 + c_2A\boldsymbol{x}_2 = \boldsymbol{0}$$

가 성립하여 $c_1\boldsymbol{x}_1 + c_2\boldsymbol{x}_2 \in N(A)$ 임이 증명된다. 따라서, $N(A)$는 $\Re^n$의 부분공간이다. ∎

Question: 다음 행렬 A의 영공간은 $N(A) = \{\boldsymbol{x}\ \mid\ \boldsymbol{x} = c(1\ \ -1\ \ 1)^T,\ c\text{는 실수}\}$ 임을 보여라.

$$A = \begin{pmatrix} 1 & 1 & 0 \\ 1 & 0 & -1 \end{pmatrix}$$

Proof 행렬 A의 영공간은 $A\boldsymbol{x} = \boldsymbol{0}$ 의 해를 구함으로써 얻어진다.

$$A\boldsymbol{x} = \begin{pmatrix} 1 & 1 & 0 \\ 1 & 0 & -1 \end{pmatrix} \begin{pmatrix} x_1 \\ x_2 \\ x_3 \end{pmatrix} = \begin{pmatrix} 0 \\ 0 \\ 0 \end{pmatrix}$$

그 결과,

$$x_1 + x_2 = 0$$
$$x_1 - x_3 = 0$$

이므로,

$$N(A) = \left\{ \boldsymbol{x} \;\middle|\; \boldsymbol{x} = c \begin{pmatrix} 1 \\ -1 \\ 1 \end{pmatrix}, \ c \text{ 는 실수} \right\}$$

가 된다. ∎

7.10 연습문제

[1] n차 다항식의 집합 S가 벡터공간(선형공간)임을 증명하라.

$$S = \{p(x) \mid p(x) = a_0 + a_1x + a_2x^2 + \cdots + a_nx^n, \ (x, a_i \in \Re, i = 0, 1, 2, \cdots, n)\}$$

[2] 아래 V가 벡터공간에 해당되는지 여부를 결정하라.

1.

$$V = \left\{ A \;\middle|\; A = \begin{pmatrix} a & 1 \\ 1 & b \end{pmatrix}, \ a, \ b\text{는 스칼라} \right\} \tag{7.16}$$

2.

$$V = \left\{ A \;\middle|\; A = \begin{pmatrix} a & 0 \\ 0 & b \end{pmatrix}, \ a, \ b\text{는 스칼라} \right\} \tag{7.17}$$

[3] 다음 V가 벡터공간임을 가정하고

$$V = \left\{ A \;\middle|\; A = \begin{pmatrix} a & b \\ c & d \end{pmatrix},\ a,\ b,\ c,\ d\text{는 스칼라} \right\} \tag{7.18}$$

아래 S가 V의 부분공간임을 보여라.

$$S = \left\{ A \;\middle|\; A = \begin{pmatrix} a & b \\ 0 & d \end{pmatrix},\ a,\ b,\ d\text{는 스칼라} \right\} \tag{7.19}$$

[4] 다음 집합이 항상 선형종속임을 보여라.

$$\{\mathbf{0},\ \boldsymbol{x}_1, \boldsymbol{x}_2,\ \cdots,\ \boldsymbol{x}_n\} \tag{7.20}$$

[5]아래 행렬의 행들은 서로 선형종속이다. 이를 확인하기 위해 한 행을 다른 행의 선형결합으로 표현하라.

$$\begin{pmatrix} 6 & 6 & 4 \\ 1 & 2 & 1 \\ 2 & 1 & 1 \end{pmatrix} \tag{7.21}$$

[6] 다음 행렬 A에 대하여 행벡터 $\boldsymbol{x}^T$, $\boldsymbol{y}^T$가 행공간에 속하는지 여부를 판단하라

$$A = \begin{pmatrix} 2 & 1 & 3 & 1 \\ 1 & 1 & 3 & 0 \\ 0 & 1 & 2 & 1 \\ 3 & 3 & 8 & 2 \end{pmatrix}, \quad \boldsymbol{x}^T = (1\ 0\ 0\ 0),\ \boldsymbol{y}^T = (1\ 0\ 1\ 0) \tag{7.22}$$

[7] 다음 선형연립방정식이 해가 존재하는지 여부를 열공간의 개념을 사용해서 답하라.

$$\begin{cases} x + 2z = -1 \\ x + y + 3z = -2 \\ y + z = 0 \end{cases}$$

[8] 아래에서 $N(A)$, $N(B)$, $N(C)$, $N(D)$를 각각 구하라.

$$A = \begin{pmatrix} 1 & 0 \\ 0 & 1 \end{pmatrix}, \quad B = \begin{pmatrix} 1 & 0 \\ 1 & 0 \end{pmatrix}$$

$$C = \begin{pmatrix} 1 & 1 \\ 1 & 1 \end{pmatrix}, \quad D = \begin{pmatrix} 1 & 0 \\ 1 & 1 \end{pmatrix}$$

Chapter 8

직교와 투영

실수공간 $\Re^2$을 정의하는 기저(basis)는

$$\left\{ \begin{pmatrix} 1 \\ 0 \end{pmatrix}, \begin{pmatrix} 1 \\ 1 \end{pmatrix} \right\}$$

이기도 하지만, 대표적인 기저로

$$\left\{ \begin{pmatrix} 1 \\ 0 \end{pmatrix}, \begin{pmatrix} 0 \\ 1 \end{pmatrix} \right\}$$

을 많이 사용한다. 이는 두 벡터가 서로 직교하기 때문에 다루기가 훨씬 편할 뿐 아니라 컴퓨터로 계산할 때 수치오차가 작은 이점이 있기 때문이다. 본 단원에서는, 어떤 벡터를 임의의 공간에 투영(project)시키는 방법과, 임의의 공간을 구성하는 직교하는 기저(orthogonal basis)를 구하는 방법을 소개한다. 그리고 이러한 투영 방법을 사용하여 최소제곱법(Least Squares Method)의 개념을 살펴볼 것이다.

8.1 투영(Projection)

n차원 실수공간 $\Re^n$을 생각했을 때, 임의의 벡터 $\boldsymbol{a}$와 $\boldsymbol{b}$를 생각해 보자(그림 8.1 참조). 두 벡터 간의 사잇각을 θ라고 했을 때, 만약에 벡터 $\boldsymbol{b}$를 벡터 $\boldsymbol{a}$에 수직으로 투영(projection)시킨 그림자벡터 $\boldsymbol{p}$는 $\boldsymbol{a}$, $\boldsymbol{b}$로 어떻게 표현될 것인가?

Theorem 8.1 (벡터위의 투영) $\boldsymbol{a}$, $\boldsymbol{b} \in \Re^n$ *인 두 벡터 사이의 각이* θ*일 때, 벡터* $\boldsymbol{b}$*를* $\boldsymbol{a}$*방향으로 투영한 그림자벡터는*

$$\boldsymbol{p} = \frac{\boldsymbol{b}^T\boldsymbol{a}}{\boldsymbol{a}^T\boldsymbol{a}}\ \boldsymbol{a} \tag{8.1}$$

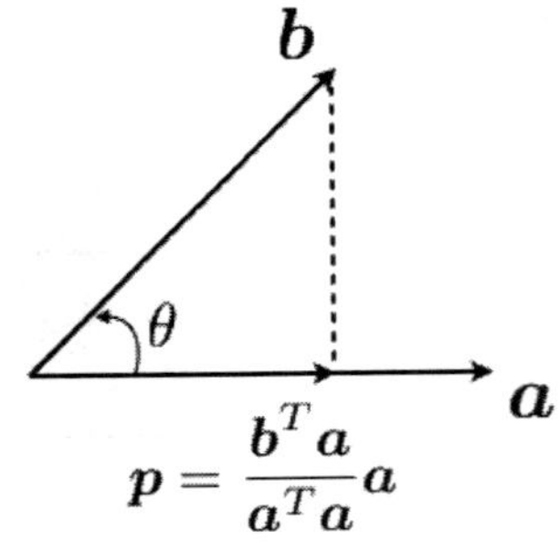

그림 8.1: 벡터 $\boldsymbol{b}$를 벡터 $\boldsymbol{a}$에 투영시켜 얻은 그림자벡터 $\boldsymbol{p}$

라고 하며, 이 그림자벡터 $\boldsymbol{p}$*를 'Span*$\{\boldsymbol{a}\}$*에 대한* $\boldsymbol{b}$*의 투영(projection)'이라고 한다.*

Proof 투영된 그림자벡터 $\boldsymbol{p}$는 크기와 방향면에서 다음과 같이 정리된다.

$$\begin{aligned} &\text{크기:} && ||\boldsymbol{b}|| \cdot \cos\theta = ||\boldsymbol{b}|| \frac{\boldsymbol{b}^T\boldsymbol{a}}{||\boldsymbol{b}||||\boldsymbol{a}||} = \frac{\boldsymbol{b}^T\boldsymbol{a}}{||\boldsymbol{a}||} \\ &\text{방향:} && \frac{\boldsymbol{a}}{||\boldsymbol{a}||} \end{aligned}$$

그러므로, 투영 $\boldsymbol{p}$는

$$\boldsymbol{p} = \frac{\boldsymbol{b}^T\boldsymbol{a}}{||\boldsymbol{a}||^2}\ \boldsymbol{a} = \frac{\boldsymbol{b}^T\boldsymbol{a}}{\boldsymbol{a}^T\boldsymbol{a}}\ \boldsymbol{a} \tag{8.2}$$

가 된다.

Example 아래 벡터 $\boldsymbol{b}$를 $Span\{\boldsymbol{a}\}$에 투영한 벡터 $\boldsymbol{p}$를 구하고, 좌표평면에 세 개의 벡터를 모두 표시하라.

$$\boldsymbol{a} = \begin{pmatrix} 2 \\ 1 \end{pmatrix}, \quad \boldsymbol{b} = \begin{pmatrix} -5 \\ 0 \end{pmatrix} \tag{8.3}$$

Solution: 그림 8.2은 벡터 $\boldsymbol{b}$를 $Span\{\boldsymbol{a}\}$에 투영해서 생긴 $\boldsymbol{p}$를 좌표평면 위에 도시한 그림이다.

따라서, 그림자벡터를 구해보면,

$$\boldsymbol{p} = \frac{\boldsymbol{b}^T\boldsymbol{a}}{\boldsymbol{a}^T\boldsymbol{a}}\ \boldsymbol{a} = \frac{2(-5)+1(0)}{2^2+1^2} \begin{pmatrix} 2 \\ 1 \end{pmatrix} = \begin{pmatrix} -4 \\ -2 \end{pmatrix} \tag{8.4}$$

가 된다.

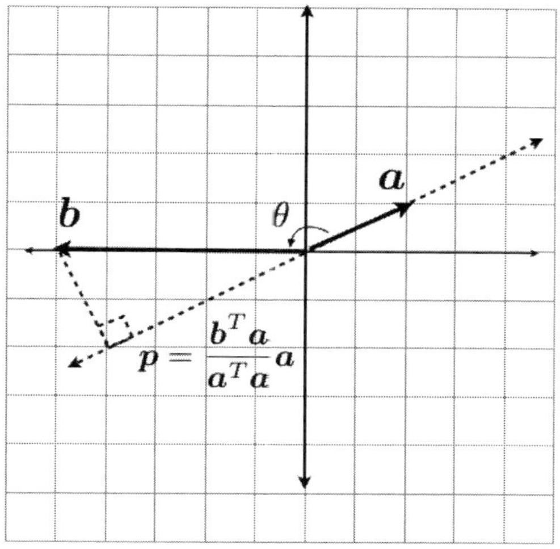

그림 8.2: 벡터 b를 $Span\{a\}$에 투영시켜 얻은 그림자벡터 p

Q 위의 벡터 a를 $Span\{b\}$에 투영해서 생긴 그림자벡터 p'을 구하고 그림 8.2 위에 도시하라.

8.2 그램-슈미트 과정(Gram-Schmidt Process)

벡터공간을 구성하는 기본 요소인 기저(basis)가 직교정규벡터일때, 이를 직교정규기저(orthonormal basis)라고 한다.

Definition 벡터 공간 V에 대하여, $\{v_1, v_2, \cdots, v_n\}$이 V의 기저(basis)라고 할 때, 만일

(i) $v_i^T v_j = 0, \quad \text{if } i \neq j$

(ii) $v_i^T v_j = 1, \quad \text{if } i = j$

이면 $\{v_1, v_2, \cdots, v_n\}$은 V의 직교정규기저(orthonormal basis)이다.

이제, 투영의 원리를 사용하여 임의의 공간의 기저가 주어진 상황에서, 직교정규기저를 구하는 방법인 그램-슈미트(Gram-Schmidt[1]) 직교화 과정을 소개하고자 한다.

[1]덴마크 수학자 Jorgen P. Gram(1850-1916)이 발표한 내용을 독일 수학자 Erhard Schmidt (1876-1959)가 증명으로 완성한 이론으로서 직교기저가 필요한 과학과 공학 등 여러 분야에 활용되고 있다.

Theorem 8.2 (그램-슈미트 직교화 과정) *실수공간 $\Re^n$의 부분공간 V에 대하여 다음과 같은 방법으로 직교정규기저를 구한다.*

(i) 부분공간 V을 이루는 기저 $\{\boldsymbol{a}_1, \boldsymbol{a}_2, \cdots, \boldsymbol{a}_n\}$을 찾는다.

(ii) $\boldsymbol{w}_1 = \boldsymbol{a}_1$ 라고 한다.

(iii) $j = 2, 3, \cdots, n$에 대하여

$$\boldsymbol{w}_j = \boldsymbol{a}_j - \left(\frac{\boldsymbol{a}_j^T \boldsymbol{w}_1}{\boldsymbol{w}_1^T \boldsymbol{w}_1} \boldsymbol{w}_1 + \frac{\boldsymbol{a}_j^T \boldsymbol{w}_2}{\boldsymbol{w}_2^T \boldsymbol{w}_2} \boldsymbol{w}_2 + \cdots + \frac{\boldsymbol{a}_j^T \boldsymbol{w}_{j-1}}{\boldsymbol{w}_{j-1}^T \boldsymbol{w}_{j-1}} \boldsymbol{w}_{j-1} \right) \tag{8.5}$$

을 사용해 직교기저 $\boldsymbol{w}_2, \boldsymbol{w}_3, \cdots, \boldsymbol{w}_n$를 구한다.

(iv) 직교정규기저 $\boldsymbol{v}_i = \boldsymbol{w}_i / ||\boldsymbol{w}_i||$를 구한다($i = 1, 2, \cdots, n$).

Insight 이 정리에 대한 수학적 증명은 이 책에서는 생략하기로 하고, 전체적인 개념을 설명해 보도록 한다.

먼저 $\boldsymbol{w}_1 = \boldsymbol{a}_1$이라고 두고, 이와 직교하는 기저 $\boldsymbol{w}_2$를 새로운 $\boldsymbol{a}_2$를 이용해 찾는 방법을 생각해 보자.

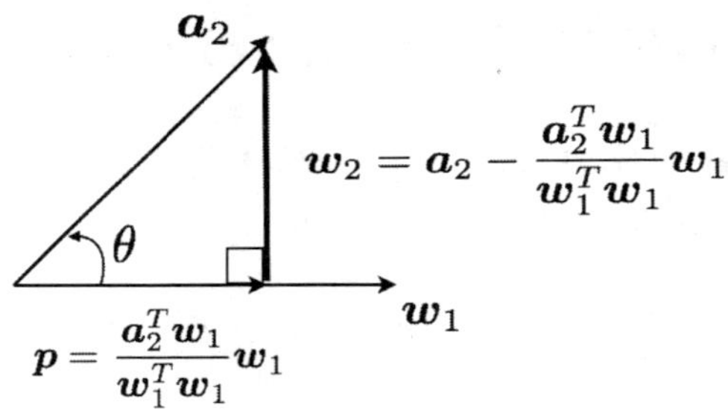

그림 8.3: 기저 $\boldsymbol{w}_1$과 직교하는 기저 $\boldsymbol{w}_2$를 얻는 그램-쉬미트 과정

우선 그림 8.3과 같이 $\boldsymbol{a}_2$를 $\boldsymbol{w}_1$에 투영했을 때 발생하는 투영벡터 $\boldsymbol{p}$와 $\boldsymbol{a}_2$의 차이인 벡터 $(\boldsymbol{a}_2 - \boldsymbol{p})$가 $\boldsymbol{w}_1$에 직교함을 이용한다.

$$\boldsymbol{w}_2 = \boldsymbol{a}_2 - \left(\frac{\boldsymbol{a}_2^T \boldsymbol{w}_1}{\boldsymbol{w}_1^T \boldsymbol{w}_1} \boldsymbol{w}_1 \right) \tag{8.6}$$

이렇게 구한 $\boldsymbol{w}_2$는 투영의 성질상 $\boldsymbol{w}_1$과 직교할 수 밖에 없게 된다. 마찬가지로, 새로운 벡터 $\boldsymbol{a}_3$가 등장하면, 세 번째 기저도 $\boldsymbol{w}_1$과 $\boldsymbol{w}_2$로 이루는 평면과 직교해야 하므로 $\boldsymbol{a}_3$를 $\boldsymbol{w}_1$과 $\boldsymbol{w}_2$에 각각 투영시킨 그림자 벡터의 합과도 직교된다. 그러므로,

$$\boldsymbol{w}_3 = \boldsymbol{a}_3 - \left(\frac{\boldsymbol{a}_3^T \boldsymbol{w}_1}{\boldsymbol{w}_1^T \boldsymbol{w}_1} \boldsymbol{w}_1 + \frac{\boldsymbol{a}_3^T \boldsymbol{w}_2}{\boldsymbol{w}_2^T \boldsymbol{w}_2} \boldsymbol{w}_2 \right) \tag{8.7}$$

라는 공식을 적용시킬 수 있다. 같은 방법으로

$$\boldsymbol{w}_j = \boldsymbol{a}_j - \left(\frac{\boldsymbol{a}_j^T \boldsymbol{w}_1}{\boldsymbol{w}_1^T \boldsymbol{w}_1} \boldsymbol{w}_1 + \frac{\boldsymbol{a}_j^T \boldsymbol{w}_2}{\boldsymbol{w}_2^T \boldsymbol{w}_2} \boldsymbol{w}_2 + \cdots + \frac{\boldsymbol{a}_j^T \boldsymbol{w}_{j-1}}{\boldsymbol{w}_{j-1}^T \boldsymbol{w}_{j-1}} \boldsymbol{w}_{j-1} \right) \tag{8.8}$$

을 구하면 직교기저 $\boldsymbol{w}_1, \boldsymbol{w}_2, \cdots, \boldsymbol{w}_n$를 얻게 되고, 이를 정규화시키면 $\boldsymbol{v}_i = \boldsymbol{w}_i/||\boldsymbol{w}_i||$, $(i = 1, 2, \cdots, n)$를 얻게 된다.

Question: 세 개의 벡터로 생성되는 공간 $S = Span\{\boldsymbol{a}_1, \boldsymbol{a}_2, \boldsymbol{a}_3\}$에 대하여 직교정규기저 $\boldsymbol{v}_1, \boldsymbol{v}_2, \boldsymbol{v}_3$를 구하라.

$$\boldsymbol{a}_1 = \begin{pmatrix} 1 \\ 1 \\ 1 \end{pmatrix}, \quad \boldsymbol{a}_2 = \begin{pmatrix} 1 \\ -2 \\ 1 \end{pmatrix}, \quad \boldsymbol{a}_3 = \begin{pmatrix} 1 \\ 2 \\ 3 \end{pmatrix} \tag{8.9}$$

Answer: 그램-슈미트 과정을 따라가면

$$\boldsymbol{w}_1 = \begin{pmatrix} 1 \\ 1 \\ 1 \end{pmatrix} \tag{8.10}$$

그리고,

$$\boldsymbol{w}_2 = \begin{pmatrix} 1 \\ -2 \\ 1 \end{pmatrix} - \frac{(1-2+1)}{3} \begin{pmatrix} 1 \\ 1 \\ 1 \end{pmatrix} = \begin{pmatrix} 1 \\ -2 \\ 1 \end{pmatrix} \tag{8.11}$$

이므로

$$\begin{aligned} \boldsymbol{w}_3 &= \begin{pmatrix} 1 \\ 2 \\ 3 \end{pmatrix} - \frac{(1+2+3)}{3} \begin{pmatrix} 1 \\ 1 \\ 1 \end{pmatrix} - \frac{(1-4+3)}{6} \begin{pmatrix} 1 \\ -2 \\ 1 \end{pmatrix} \\ &= \begin{pmatrix} -1 \\ 0 \\ 1 \end{pmatrix} \end{aligned}$$

가 되며 이를 정규화시키면

$$\boldsymbol{v}_1 = \frac{1}{\sqrt{3}} \begin{pmatrix} 1 \\ 1 \\ 1 \end{pmatrix} = \begin{pmatrix} \frac{1}{\sqrt{3}} \\ \frac{1}{\sqrt{3}} \\ \frac{1}{\sqrt{3}} \end{pmatrix},$$

$$\boldsymbol{v}_2 = \frac{1}{\sqrt{6}}\begin{pmatrix} 1 \\ -2 \\ 1 \end{pmatrix} = \begin{pmatrix} \frac{1}{\sqrt{6}} \\ -\frac{2}{\sqrt{6}} \\ \frac{1}{\sqrt{6}} \end{pmatrix},$$

$$\boldsymbol{v}_3 = \frac{1}{\sqrt{2}}\begin{pmatrix} -1 \\ 0 \\ 1 \end{pmatrix} = \begin{pmatrix} -\frac{1}{\sqrt{2}} \\ 0 \\ \frac{1}{\sqrt{2}} \end{pmatrix}$$

가 된다. 이들은 단위벡터로서 서로 직교하며 공간 S를 생성(span)한다.

Q 다음 아래 벡터들과 같은 공간을 생성시키는 직교정규기저를 구하되, 다음 순서를 따라 구하라.

$$\boldsymbol{a}_1 = \begin{pmatrix} 1 \\ 0 \end{pmatrix}, \quad \boldsymbol{a}_2 = \begin{pmatrix} 1 \\ 1 \end{pmatrix}, \quad \boldsymbol{a}_3 = \begin{pmatrix} 1 \\ 2 \end{pmatrix} \tag{8.12}$$

1. $\boldsymbol{a}_1$, $\boldsymbol{a}_2$, $\boldsymbol{a}_3$이 선형독립이 아님을 보이고
2. $Span\{\boldsymbol{a}_1, \boldsymbol{a}_2, \boldsymbol{a}_3\} = Span\{\boldsymbol{a}_1, \boldsymbol{a}_2\}$임을 보인 후,
3. $Span\{\boldsymbol{a}_1, \boldsymbol{a}_2\}$의 직교정규기저를 그램-슈미트 과정으로 구하라.

8.3 투영행렬(Projection Matrix)

지난 단원에서는 임의의 벡터를 다른 벡터에 투영시키는 방법에 대해 살펴 보았다. 그렇다면 임의의 벡터를 어떤 공간에 투영하는 방법은 무엇일까? 이 단원에서 우리는 투영행렬(projection matrix)을 사용해서 어떤 벡터를 임의의 공간에 투영하는 방법을 살펴볼 것이다. 이런 투영행렬은 통계학에서 흔히 사용되는 '최소제곱법(Least Squares Method)'의 이론적 근간이 되고 있다.

Definition 실공간 $\Re^n$의 부분공간 V가 $V = Span\{\boldsymbol{a}_1, \boldsymbol{a}_2, \cdots, \boldsymbol{a}_k\}$ 라고 정의하고, 행렬 A가

$$A = (\boldsymbol{a}_1\ \boldsymbol{a}_2\ \cdots\ \boldsymbol{a}_k) \tag{8.13}$$

라면 $V = C(A)$ 가 되고

$$P = A(A^TA)^{-1}A^T \tag{8.14}$$

는 $C(A)$에 대한 투영행렬(projection matrix)이라 한다.

Remark 행렬 P가 부분공간 V에 대한 투영행렬이면 임의의 벡터 $\boldsymbol{x}$에 대해 $P\boldsymbol{x}$는 $\boldsymbol{x}$의 V에 대한 투영(그림자; projection), 혹은 그림자벡터이라고 한다.

Remark 행렬 P가 부분공간 V의 투영행렬이면, $\boldsymbol{x} \in V$인 $\boldsymbol{x}$에 대하여, $P\boldsymbol{x} = \boldsymbol{x}$가 항상 성립한다.

Remark 행렬 A가 2×2 행렬일 때, A의 역행렬 A^{-1}은 다음과 같이 계산된다.

$$A = \begin{pmatrix} a & b \\ c & d \end{pmatrix} \longrightarrow A^{-1} = \frac{1}{ad-bc}\begin{pmatrix} d & -b \\ -c & a \end{pmatrix} \tag{8.15}$$

Example 두 개의 벡터 $\boldsymbol{a}$, $\boldsymbol{b}$로 생성되는 평면에 대한 투영행렬을 구하라.

$$\boldsymbol{a} = \begin{pmatrix} 2 \\ 0 \end{pmatrix}, \quad \boldsymbol{b} = \begin{pmatrix} 0 \\ 1 \end{pmatrix} \tag{8.16}$$

Solution: 두 벡터 $\boldsymbol{a}$, $\boldsymbol{b}$로 이루어진 행렬 A를

$$A = \begin{pmatrix} 2 & 0 \\ 0 & 1 \end{pmatrix} \tag{8.17}$$

라고 정의하면, $Span\{\boldsymbol{a},\ \boldsymbol{b}\} = C(A)$가 된다. 따라서, 투영행렬의 정의에 의해 $C(A)$에 대한 투영행렬을 구해 보자. 먼저,

$$A^TA = \begin{pmatrix} 2 & 0 \\ 0 & 1 \end{pmatrix}\begin{pmatrix} 2 & 0 \\ 0 & 1 \end{pmatrix} = \begin{pmatrix} 4 & 0 \\ 0 & 1 \end{pmatrix} \tag{8.18}$$

가 되어 $C(A)$에 대한 투영행렬은

$$P = A(A^TA)^{-1}A^T \tag{8.19}$$

$$= \begin{pmatrix} 2 & 0 \\ 0 & 1 \end{pmatrix}\begin{pmatrix} \frac{1}{4} & 0 \\ 0 & 1 \end{pmatrix}\begin{pmatrix} 2 & 0 \\ 0 & 1 \end{pmatrix}$$

$$= \begin{pmatrix} 1 & 0 \\ 0 & 1 \end{pmatrix} \tag{8.20}$$

가 된다. 이 경우, 임의의 어떤 벡터 $\boldsymbol{x} \in \Re^2$도 $C(A) = Span\{\boldsymbol{a}, \boldsymbol{b}\}$에 속하기 때문에 $P\boldsymbol{x} = \boldsymbol{x}$가 성립한다(그림 8.4 참조).

Example 다음 두 개의 벡터 $\boldsymbol{a}$, $\boldsymbol{b}$로 생성되는 평면위에 벡터 $\boldsymbol{c}$의 투영을 구하라.

$$\boldsymbol{a} = \begin{pmatrix} 1 \\ 0 \\ 1 \end{pmatrix}, \quad \boldsymbol{b} = \begin{pmatrix} 1 \\ 2 \\ 1 \end{pmatrix}, \quad \boldsymbol{c} = \begin{pmatrix} 1 \\ 1 \\ 3 \end{pmatrix} \tag{8.21}$$

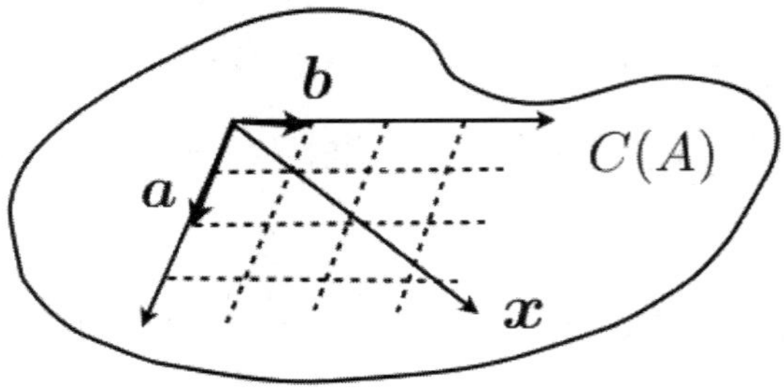

그림 8.4: 행렬 A에 대한 $C(A)$와 투영행렬 P에 의한 $\boldsymbol{x}$의 투영 $P\boldsymbol{x} = \boldsymbol{x}$

Solution: 투영행렬을 위해 두 벡터를 열벡터로 갖는 행렬

$$A = \begin{pmatrix} 1 & 1 \\ 0 & 2 \\ 1 & 1 \end{pmatrix} \tag{8.22}$$

를 만들어서 A^TA의 역행렬을 구하면

$$(A^TA)^{-1} = \begin{pmatrix} 2 & 2 \\ 2 & 6 \end{pmatrix}^{-1} = \frac{1}{4}\begin{pmatrix} 3 & -1 \\ -1 & 1 \end{pmatrix} \tag{8.23}$$

이므로, 투영행렬은

$$P = A(A^TA)^{-1}A^T \tag{8.24}$$

$$= \frac{1}{4}\begin{pmatrix} 1 & 1 \\ 0 & 2 \\ 1 & 1 \end{pmatrix}\begin{pmatrix} 3 & -1 \\ -1 & 1 \end{pmatrix}\begin{pmatrix} 1 & 0 & 1 \\ 1 & 2 & 1 \end{pmatrix}$$

$$= \begin{pmatrix} \frac{1}{2} & 0 & \frac{1}{2} \\ 0 & 1 & 0 \\ \frac{1}{2} & 0 & \frac{1}{2} \end{pmatrix} \tag{8.25}$$

가 된다. 따라서, 벡터 $\boldsymbol{c}$의 투영은

$$P\boldsymbol{c} = \begin{pmatrix} \frac{1}{2} & 0 & \frac{1}{2} \\ 0 & 1 & 0 \\ \frac{1}{2} & 0 & \frac{1}{2} \end{pmatrix}\begin{pmatrix} 1 \\ 1 \\ 3 \end{pmatrix} = \begin{pmatrix} 2 \\ 1 \\ 2 \end{pmatrix} \tag{8.26}$$

가 된다. 이를 그림으로 표시하면 그림 8.5가 된다.

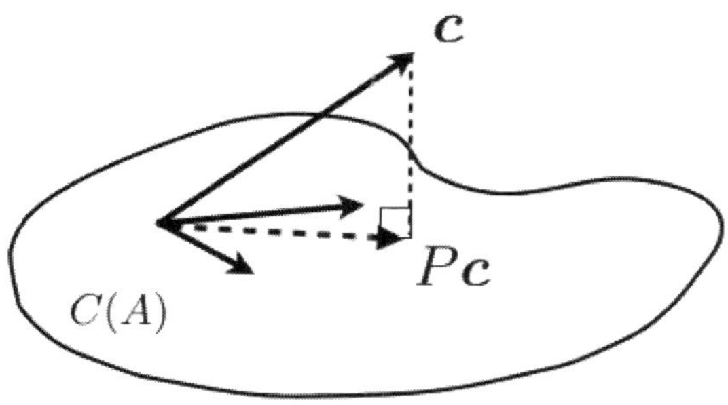

그림 8.5: 행렬 A에 대한 $C(A)$와 투영행렬 P에 의한 $\boldsymbol{c}$의 투영 $P\boldsymbol{c}$

Q 다음 행렬 A의 열공간 $C(A)$에 대하여, $C(A)$를 생성하는 직교정규기저를 그램-슈미트 과정으로 구하고, 그 기저를 사용하여 투영행렬을 구한 후, $C(A)$에 대한 벡터 $\boldsymbol{c}$의 투영을 구하라.

$$A = \begin{pmatrix} 1 & 1 \\ 0 & 2 \\ 1 & 1 \end{pmatrix}, \quad \boldsymbol{c} = \begin{pmatrix} 1 \\ 1 \\ 3 \end{pmatrix} \tag{8.27}$$

8.4 투영행렬의 성질

행렬 A에 대하여, 열공간 $C(A)$에 투영시키는 투영행렬 P는

$$P = A(A^TA)^{-1}A^T$$

로 정의되었는데, 이 투영행렬에는 다음과 같은 성질이 있다.

Theorem 8.3 (대칭-멱등행렬) *투영행렬* $P = A(A^TA)^{-1}A^T$*는*

(i) 대칭행렬이다(symmetric). (*i.e.* $P^T = P$)

(ii) 멱등행렬이다(idempotent). (*i.e.* $PP = P$).

Proof 먼저 대칭행렬임을 증명하기 위해 나중에 11장에서 다룰 Proposition 11.8를 미리 이용하면

$$P^T = \{A(A^TA)^{-1}A^T\}^T = A\{(A^TA)^{-1}\}^TA^T = A\{(A^TA)^T\}^{-1}A^T$$

$$= \quad A(A^TA)^{-1}A^T = P$$

임을 알 수 있다. 그리고

$$\begin{aligned} PP &= A(A^TA)^{-1}A^TA(A^TA)^{-1}A^T = A\{(A^TA)^{-1}A^TA\}(A^TA)^{-1}A^T \\ &= A(A^TA)^{-1}A^T = P \end{aligned}$$

이므로 멱등행렬임이 증명된다. ∎

Q 아래는 투영행렬의 예이다. 이들이 대칭-멱등행렬임을 확인하라.

$$P_1 = \begin{pmatrix} 1 & 0 \\ 0 & 1 \end{pmatrix}, \quad P_2 = \begin{pmatrix} \frac{1}{2} & 0 & \frac{1}{2} \\ 0 & 1 & 0 \\ \frac{1}{2} & 0 & \frac{1}{2} \end{pmatrix} \tag{8.28}$$

8.5 최소제곱법(Least Squares Method)

이 단원에서는 투영행렬이 자료분석(data analysis)에서 어떻게 활용되는지를 살펴보고자 한다. 예를 들어, 대학교 입학성적이 대학교 재학 중 학업성적에 미치는 영향을 조사하기 원한다고 가정하자. 이 분석을 위해 6명의 재학생의 입학성적 (x_1=수능성적, x_2=학생부 성적)과 학생들의 대학 재학시 총 평균학점(y=GPA)의 자료를 아래와 같이 얻었다.

x_1(수능)	x_2 (학생부)	y(GPA)
455	94	3.5
424	87	3.0
502	92	3.7
458	89	2.9
512	90	3.2
412	88	3.4

이 자료를 근거로 재학생의 학업성취도가 대학 입학성적과 어떤 연관이 있는지 살펴보려면

$$\begin{aligned} y &= a_1(\text{수능성적}) + a_2(\text{학생부 성적}) \\ &= a_1x_1 + a_2x_2 \end{aligned} \tag{8.29}$$

을 만족하는 a_1, a_2값을 정하면 된다. 여기서, a_1은 수능성적 1점이 상승할 때 대학에서의 학업성취도(GPA)가 얼마나 오르는지에 대한 증가량을 나타내며 $a_1 > 0$ 이면 수능성적이 높을 수록 대학에서의 학업성취도가 높아짐을 의미한다. 그러나, 여러 가지 다른 요인들로 인해 모든 자료가 식 8.29의 관계를 완벽하게 만족시키기는 불가능 하기 때문에, 오차(error)항 ϵ_i을 사용하면, i-번째 학생의 경우

$$y_i = a_1 x_{1i} + a_2 x_{2i} + \epsilon_i \tag{8.30}$$

라는 모형식을 가정할 수 있다. 이를 행렬로 표시하면

$$\underbrace{\begin{pmatrix} 3.5 \\ 3.0 \\ 3.7 \\ 2.9 \\ 3.2 \\ 3.4 \end{pmatrix}}_{\boldsymbol{y}} = \underbrace{\begin{pmatrix} 455 & 94 \\ 424 & 87 \\ 502 & 92 \\ 458 & 89 \\ 512 & 90 \\ 412 & 88 \end{pmatrix}}_{X} \underbrace{\begin{pmatrix} a_1 \\ a_2 \end{pmatrix}}_{\boldsymbol{a}} + \underbrace{\begin{pmatrix} \epsilon_1 \\ \epsilon_2 \\ \epsilon_3 \\ \epsilon_4 \\ \epsilon_5 \\ \epsilon_6 \end{pmatrix}}_{\boldsymbol{\epsilon}} \tag{8.31}$$

가 되어 $\boldsymbol{y} = X\boldsymbol{a} + \boldsymbol{\epsilon}$라고 할 수 있다. 이를 기하학적으로 표시하면 그림 8.6의 왼쪽 그림과 같이 벡터 $\boldsymbol{y}$는 행렬 X의 열공간 $C(X)$에 속한 벡터 $X\boldsymbol{a}$와 오차벡터 $\boldsymbol{\epsilon}$의 합으로 구성된다.

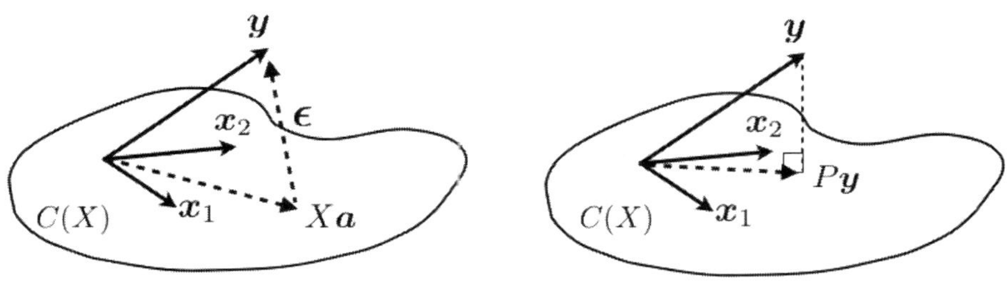

그림 8.6: $\boldsymbol{y} = X\boldsymbol{a} + \boldsymbol{\epsilon}$에서 최소제곱추정법에 의한 투영벡터 $P\boldsymbol{y}$

여기서 $\boldsymbol{a}$의 값을 결정하기 위해 흔히 사용하는 방법은 오차항의 길이 제곱($||\boldsymbol{\epsilon}||^2$)을 최소로 하는 방법인데, 이를 '최소제곱법(Least Squares Method)'라고 일컫는다.

기하학적으로 오차항의 길이를 최소로 하는 방법은 결국 벡터 $\boldsymbol{y}$를 $C(X)$에 투영시켰을 때의 $\boldsymbol{a}$값을 얻는 것이며, 이때 투영된 그림자를 $\hat{\boldsymbol{y}}$라하고 그때의 $\boldsymbol{a}$값을 $\hat{\boldsymbol{a}}$

이라고 한다면

$$\hat{\boldsymbol{y}} = P\boldsymbol{y} = X(X^TX)^{-1}X^T\boldsymbol{y} = X\hat{\boldsymbol{a}} \tag{8.32}$$

로부터

$$\hat{\boldsymbol{a}} = (X^TX)^{-1}X^T\boldsymbol{y} \tag{8.33}$$

라는 값이 얻어진다. 이를 '최소제곱추정량(Least Squares Estimator)'라고 한다.

Example 4명의 학생들의 입학성적과 학점평균을 조사했더니 아래와 같았다. 최소제곱법을 사용하여 학점평균을 수능성적과 학생부 성적의 선형결합으로 표현하라.

x_1(수능)	x_2 (학생부)	y(GPA)
1	1	3.5
1	-1	3.0
2	2	3.0
2	-2	2.5

Solution: 먼저 X^TX의 역행렬을 구하면

$$(X^TX)^{-1} = \begin{pmatrix} 10 & 0 \\ 0 & 10 \end{pmatrix}^{-1} = \begin{pmatrix} 0.1 & 0 \\ 0 & 0.1 \end{pmatrix} \tag{8.34}$$

이므로, 최소제곱 추정량은

$$\begin{aligned} \hat{\boldsymbol{a}} = (X^TX)^{-1}X^T\boldsymbol{y} &= \begin{pmatrix} 0.1 & 0 \\ 0 & 0.1 \end{pmatrix} \begin{pmatrix} 1 & 1 & 2 & 2 \\ 1 & -1 & 2 & -2 \end{pmatrix} \begin{pmatrix} 3.5 \\ 3.0 \\ 3.0 \\ 2.5 \end{pmatrix} \\ &= \begin{pmatrix} 1.75 \\ 0.15 \end{pmatrix} \end{aligned} \tag{8.35}$$

가 되어 학점평균과 입학성적과의 관계는

$$\hat{y} = 1.75x_1 + 0.15x_2 \tag{8.36}$$

라고 할 수 있다. 여기서 y 대신 $\hat{y}$를 사용한 이유는 $\hat{\boldsymbol{a}}$가 $X\boldsymbol{a} = \boldsymbol{y}$의 해가 아닌 추정값(estimate)이기 때문이다.

8.6 연습문제

[1] 실수공간 $\Re^2$에서 $Span\{(3\ 1)^T\}$ 위에 벡터 $(1\ 1)^T$의 투영을 구하라.

[2] 실수공간 $\Re^3$에서 벡터 $(2\ 1\ 1)^T$을 각 축의 단위벡터에 투영시킨 투영들을 각각 구하라.

[3] 다음 벡터가 서로 선형독립인지를 확인하고 이들로 생성(span)되는 공간의 직교정규기저(orthonormal basis)를 찾아라.

$$\boldsymbol{a}_1 = \begin{pmatrix} 1 \\ 0 \\ 1 \end{pmatrix}, \quad \boldsymbol{a}_2 = \begin{pmatrix} 1 \\ 1 \\ 0 \end{pmatrix}, \quad \boldsymbol{a}_3 = \begin{pmatrix} 1 \\ 2 \\ 0 \end{pmatrix} \tag{8.37}$$

[4] 다음 벡터가 서로 선형독립인지, 아니면 선형종속인지를 확인하라.

$$\boldsymbol{a}_1 = \begin{pmatrix} 1 \\ 2 \\ 1 \end{pmatrix}, \quad \boldsymbol{a}_2 = \begin{pmatrix} 2 \\ -1 \\ 2 \end{pmatrix}, \quad \boldsymbol{a}_3 = \begin{pmatrix} 1 \\ 2 \\ 2 \end{pmatrix} \tag{8.38}$$

[5] 다음의 평면을 생성하는 직교정규기저를 구하되, 다음 순서를 따라 구하라.

$$x - 2y + 2z = 0 \tag{8.39}$$

1. 벡터 $\boldsymbol{a}_1 = (2\ -1\ -2)^T$와 벡터 $\boldsymbol{a}_2 = (0\ 1\ 1)^T$가 평면 $x - 2y + 2z = 0$ 위에 존재함을 보인다.
2. 평면 $x - 2y + 2z = 0$을 이루는 공간의 기저가 $\{\boldsymbol{a}_1, \boldsymbol{a}_2\}$임을 보인다.
3. 그램-슈미트 과정을 사용하여 직교정규기저를 구한다.

[6] 그림 8.7의 공간 안에 벡터 $\boldsymbol{t}$가 아래와 같다고 가정할 때, 직교하는 두 벡터, $\boldsymbol{e}_1$, $\boldsymbol{e}_2$로 형성된 xy평면에 벡터 $\boldsymbol{t}$를 투영시켰을 때 투영행렬 P를 구하고, 그림자벡터 $P\boldsymbol{t}$를 구하라.

$$\boldsymbol{t} = \begin{pmatrix} x \\ y \\ z \end{pmatrix}, \quad \boldsymbol{e}_1 = \begin{pmatrix} 1 \\ 0 \\ 0 \end{pmatrix}, \quad \boldsymbol{e}_2 = \begin{pmatrix} 0 \\ 1 \\ 0 \end{pmatrix} \tag{8.40}$$

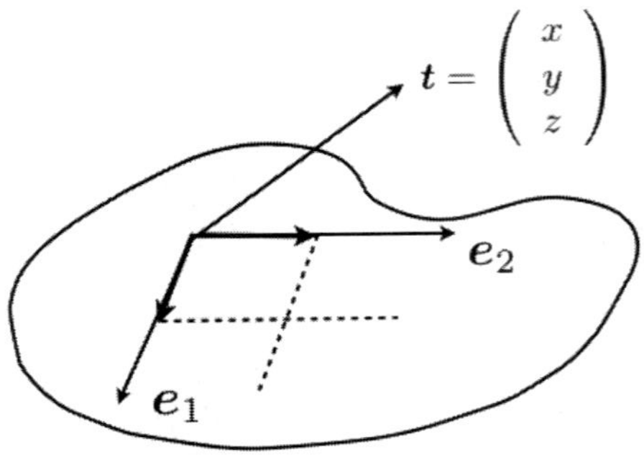

그림 8.7: 벡터 $\boldsymbol{e}_1$, $\boldsymbol{e}_2$로 생성된 평면과 벡터 $\boldsymbol{t} = (x\ y\ z)^T$

[7] 벡터 $\boldsymbol{a}$, $\boldsymbol{b}$의 공간 V에 대한 투영을 각각 구하라.

$$\boldsymbol{a} = \begin{pmatrix} 1 \\ -1 \\ 4 \end{pmatrix}, \quad \boldsymbol{b} = \begin{pmatrix} 3 \\ 3 \\ -1 \end{pmatrix}, \quad V = \text{Span}\left\{ \begin{pmatrix} 1 \\ -1 \\ 0 \end{pmatrix}, \begin{pmatrix} 1 \\ 0 \\ 1 \end{pmatrix} \right\}$$

[8] 어느 전자회사의 신기술 개발이후 시간이 경과함에 따라 매출을 기록해 보았더니 다음과 같았다.

시간(경과)	1년	2년	3년	4년
매출(단위:억원)	1.5	2.1	3.0	3.5

1. 수평축을 '시간(년)'으로 하고 수직축을 '매출(억원)'으로 하여 위 자료를 점으로 표시하라.

2. 시간에 따른 매출의 변화를 $\hat{y} = a + bt$ 와 같은 수식으로 표현하고자 한다. a, b 값을 최소제곱법으로 추정하라(Hint: $a + bt = 1 \cdot a + t \cdot b$).

Chapter 9

가우스 소거법과 선형연립방정식

선형연립방정식의 해를 구하는 알고리즘(algorithm) 가운데 가장 대표적인 것은 가우스 소거법(Gaussian elimination)이다. 독일의 천재 수학자 가우스의 이름을 딴 알고리즘이지만, 본래 그 기원은 1세기경 중국에서 이미 사용되었다는 기록이 있다. 본 단원에서는 가우스 소거법을 사용해 선형연립방정식의 해를 구하는 방법을 소개하고 있다. 먼저, 가우스 소거법을 이해하기 위해 먼저 알아두어야 할 두 가지 개념인 행사다리꼴과 기본행연산을 소개한다.

9.1 행사다리꼴(Row Echelon Form)

다음은 가우스 소거법에서 사용하는 행사다리꼴에 대한 정의이다.

Definition 행렬 $A_{m\times n}$에 대하여, 아래 두 조건이 모두 만족하면 이 행렬은 '행사다리꼴(row echelon form)'이라고 한다.

(1) 모든 원소가 0인 행이 있다면 그 행렬의 맨 아래 행에 위치한다.

(2) 각 행에서 행방향으로 처음 등장하는 0이 아닌 원소를 '선행원소(leading entry)'라고 하는데, $i+1$번째 행의 선행원소는 i번째 행의 선행원소 보다 오른쪽에 위치한다.

Example 아래 행렬은 행사다리꼴의 예이다. @는 선행원소를 의미하며 *는 임의

그림 9.1: 가우스(Karl Friedrich Gauss, 1777-1855): 독일의 수학자이자 과학자. 정수론, 기하학, 통계학에 공헌하였고 천문학에서는 최소제곱법을 이용해 행성의 궤도를 계산하였다.

의 숫자를 의미한다.

$$\begin{pmatrix} @ & * \\ 0 & @ \end{pmatrix}, \quad \begin{pmatrix} @ & * & * & * & * \\ 0 & @ & * & * & * \\ 0 & 0 & @ & * & * \\ 0 & 0 & 0 & 0 & @ \end{pmatrix}, \quad \begin{pmatrix} 0 & @ & * & * & * \\ 0 & 0 & 0 & @ & * \\ 0 & 0 & 0 & 0 & @ \\ 0 & 0 & 0 & 0 & 0 \end{pmatrix} \tag{9.1}$$

Theorem 9.1 *행사다리꼴의 0이 아닌 모든 행은 서로 선형독립(linearly independent)이다.*

Proof 행사다리꼴의 모습이 아래와 같다고 가정하자.

$$\begin{pmatrix} 0 & @ & * & * & * & * \\ 0 & 0 & 0 & @ & * & * \\ 0 & 0 & 0 & 0 & @ & * \\ 0 & 0 & 0 & 0 & 0 & 0 \end{pmatrix} \tag{9.2}$$

0아닌 행벡터의 선형결합이 0을 이룰 때

$$\lambda_1 \begin{pmatrix} 0 \\ @ \\ * \\ * \\ * \\ * \end{pmatrix}^T + \lambda_2 \begin{pmatrix} 0 \\ 0 \\ 0 \\ @ \\ * \\ * \end{pmatrix}^T + \lambda_3 \begin{pmatrix} 0 \\ 0 \\ 0 \\ 0 \\ @ \\ * \end{pmatrix}^T = \begin{pmatrix} 0 \\ 0 \\ 0 \\ 0 \\ 0 \\ 0 \end{pmatrix}^T \tag{9.3}$$

행사다리꼴의 구조상 식 9.3을 만족하는 해는 오직 $\lambda_1 = \lambda_2 = \lambda_3 = 0$ 밖에 없다. 이와 같은 논리는 모든 행사다리꼴에 적용되므로, 행사다리꼴 행렬의 0아닌 모든 행은 서로 선형독립이라고 할 수 있다. ∎

Definition 어떤 행렬이 행사다리꼴일 때, 아래 조건을 만족하면 그 행렬을 '기약 행사다리꼴(reduced row echelon form)'이라고 한다.

(3) 선행원소는 모두 1이며, 선행원소가 있는 열의 선행원소를 제외한 다른 원소는 모두 0 이다.

Example 위의 예제에서 보여준 행사다리꼴을 기약행사다리꼴로 고쳐보면 아래와 같다.

$$\begin{pmatrix} 1 & 0 \\ 0 & 1 \end{pmatrix}, \begin{pmatrix} 1 & 0 & 0 & * & 0 \\ 0 & 1 & 0 & * & 0 \\ 0 & 0 & 1 & * & 0 \\ 0 & 0 & 0 & 0 & 1 \end{pmatrix}, \begin{pmatrix} 0 & 1 & * & 0 & 0 \\ 0 & 0 & 0 & 1 & 0 \\ 0 & 0 & 0 & 0 & 1 \\ 0 & 0 & 0 & 0 & 0 \end{pmatrix} \tag{9.4}$$

Q 아래 행렬 가운데 행사다리꼴은 어느 것인가? 그리고 행사다리꼴이 있다면 기약행사다리꼴로 고쳐라.

$$\begin{pmatrix} 1 & 1 & 1 & 1 \\ 0 & 1 & 0 & 2 \\ 0 & 0 & 0 & 1 \\ 0 & 0 & 0 & 0 \end{pmatrix}, \begin{pmatrix} 0 & 0 & 1 & 4 & 0 & 0 \\ 0 & 0 & 0 & 0 & 1 & 0 \\ 0 & 0 & 0 & 0 & 0 & 1 \\ 0 & 0 & 0 & 0 & 0 & 0 \end{pmatrix}, \begin{pmatrix} 1 & 0 & 4 & 0 & 2 \\ 0 & 1 & -3 & 0 & 0 \\ 0 & 0 & 0 & 0 & 2 \\ 0 & 0 & 0 & 0 & 1 \end{pmatrix}$$

9.2 기본행연산(Elementary Row Operation)

모든 행렬은 3가지 행연산(row operation)을 통해 행사다리꼴로 변할 수 있다. 이를 기본행연산(Elementary Row Operation: E.R.O.)이라고 한다.

Definition 아래와 같은 연산을 기본행연산이라고 한다.

(i) $R_{i,j}$: 행렬의 i번째 행과 j번째 행의 위치를 바꾸는 연산

(ii) $R_{i(c)}$: 행렬의 i번째 행에 0아닌 상수(c)를 곱하는 연산

(iii) $R_{i,j(c)}$: 행렬의 j번째 행에 0아닌 상수(c)를 곱한 후, 그 값을 i번째 행에 더하는 연산

Question: 아래 행렬을 기본행연산을 사용하여 기약행사다리꼴로 표현하라.

$$A = \begin{pmatrix} 3 & -1 & 0 \\ 2 & 0 & 1 \end{pmatrix}$$

Answer: 먼저 두번째 행에 -1을 곱한 후 첫번째 행에 더함으로써 첫번째 행의 선행원소를 1로 만들어 보자.

$$\begin{pmatrix} 3 & -1 & 0 \\ 2 & 0 & 1 \end{pmatrix} \xrightarrow{R_{1,2(-1)}} \begin{pmatrix} 1 & -1 & -1 \\ 2 & 0 & 1 \end{pmatrix} \tag{9.5}$$

이제 $(2,1)$번째 원소를 0로 만들기 위해 첫번째 행에 -2을 곱해서 두번째 행에 더한다. 그 다음엔 두번째 행의 선행원소를 1로 만들기 위해 두번째 행에 $1/2$를 곱한다.

$$\xrightarrow{R_{2,1(-2)}} \begin{pmatrix} 1 & -1 & -1 \\ 0 & 2 & 3 \end{pmatrix} \xrightarrow{R_{2(1/2)}} \begin{pmatrix} 1 & -1 & -1 \\ 0 & 1 & 3/2 \end{pmatrix} \tag{9.6}$$

이제, $(1,2)$번째 원소를 0으로 만들려면 두번째 행에 1을 곱해서 첫번째 행에 더하면 기약행사다리꼴이 완성된다.

$$\xrightarrow{R_{1,2(1)}} \begin{pmatrix} 1 & 0 & 1/2 \\ 0 & 1 & 3/2 \end{pmatrix} \tag{9.7}$$

Remark 정방행렬 $A_{n\times n}$을 행사다리꼴로 만들면 항상 상삼각행렬이 된다.

Definition 두 행렬 $A_{m\times n}$, $B_{m\times n}$이 기본행연산을 통해 같아지면, 두 행렬은 서로 행동치(row equivalent)라고 한다.

Question: 아래 두 행렬이 행동치(row equivalent)임을 증명하라.

$$A = \begin{pmatrix} 1 & -1 & 0 \\ 2 & 1 & 1 \end{pmatrix}, \quad B = \begin{pmatrix} 3 & 0 & 1 \\ 0 & 3 & 1 \end{pmatrix}$$

Proof 행렬 A의 기약행사다리꼴이 행렬 B의 기약사다리꼴과 일치함을 보이면 된다. 먼저 행렬 B의 두 행에 모두 1/3을 곱하면

$$B \xrightarrow[R_{2(1/3)}]{R_{1(1/3)}} \begin{pmatrix} 1 & 0 & 1/3 \\ 0 & 1 & 1/3 \end{pmatrix} \tag{9.8}$$

가 되며, 행렬 A에서

$$A \xrightarrow{R_{2,1(-2)}} \begin{pmatrix} 1 & -1 & 0 \\ 0 & 3 & 1 \end{pmatrix} \xrightarrow{R_{2(1/3)}} \begin{pmatrix} 1 & -1 & 0 \\ 0 & 1 & 1/3 \end{pmatrix} \tag{9.9}$$

이제 마지막으로 두번째 행을 첫번째 행에 더하면,

$$\xrightarrow{R_{1,2(1)}} \begin{pmatrix} 1 & 0 & 1/3 \\ 0 & 1 & 1/3 \end{pmatrix} \tag{9.10}$$

가 되어 식 9.8과 일치하므로 행동치라고 할 수 있다. ∎

만일 행렬 A가 기본행연산을 통해 행렬 B가 된다면, 아래와 같은 정리가 성립한다.

Theorem 9.2 *행렬 A가 기본행연산을 통해 행사다리꼴(혹은 기약행사다리꼴)인 B가 될 때, 즉*

$$A \xrightarrow{E.R.O.} B \tag{9.11}$$

이면, 아래 성질을 만족한다.

(1) $R(A) = R(B)$ 이다.

(2) B의 0아닌 행들은 $R(A)$의 기저(basis)이다.

(3) Rank(A)는 B의 0아닌 행의 수와 일치한다 (여기서 Rank(A)란 행렬 A의 선형독립인 행의 수 혹은 열의 수를 의미한다).

Proof (1) 어떤 행렬의 한 행과 다른 행을 바꾸어도 바꾸기 전과 후의 행렬에 대한 행공간은 변하지 않는다. 또한 한 행에 0아닌 상수를 곱하여도 곱하기 전과 후의 행렬에 대한 행공간은 변하지 않는다. 마찬가지로 A에서 $R_{i,j(c)}$라는 연산작용에 의해 B가 되었다면 B의 행들은 A의 행들의 선형결합에 의해 표현가능하므로 $R(B) \subset R(A)$ 가 된다. 반대로 B에서 $R_{i,j(-c)}$에 의해 A가 되므로 $R(A) \subset R(B)$ 가 되어 $R(A) = R(B)$ 라고 할 수 있다.

(2) B가 행사다리꼴이라고 하면 Theorem 9.1에 의해 0아닌 모든 행은 서로 선형독립이다. 그리고 (1)에서 $R(A) = R(B)$ 이므로 B의 0아닌 행들은 서로 독립이면서 $R(B)$를 생성하게 된다. 그러므로 $R(B)$의 기저(basis)라고 할 수 있는데, $R(B) = R(A)$ 이므로 $R(A)$의 기저라고 할 수 있다.

(3) $\text{Rank}(A) = \dim(R(A)) = \dim(R(B))$ 이므로 B의 0아닌 행의 수와 일치한다(추후 '행렬의 계수(Rank)'에서 자세히 다룰 것임). ∎

> **행공간 $R(A)$의 기저(basis) 구하는 법:**
>
> 기본행연산을 통해 $A \xrightarrow{E.R.O.} B$인 경우에
>
> (i) (기약)행사다리꼴인 행렬 B을 얻은 후,
>
> (ii) 행렬 B를 이루는 0이 아닌 행(nonzero rows)을 선택하면 된다.
>
> (iii) 이때, 0이 아닌 행의 수가 행렬 A의 계수, 즉 $\text{Rank}(A)$가 된다.

9.3 가우스 소거법과 선형연립방정식

선형연립방정식의 경우, 방정식의 양변에 임의의 상수(c)를 곱하거나, 두 식의 순서를 변경하거나, 혹은 두 식을 서로 더하여도 방정식의 해는 일정하게 된다. 예를 들어 아래와 같은 연립방정식을 생각할 때,

$$x + y = 3 \tag{9.12}$$
$$x - y = 1 \tag{9.13}$$

식 9.13 대신에 식 9.13에 2를 곱한

$$x + y = 3 \tag{9.14}$$
$$2x - 2y = 2 \tag{9.15}$$

을 사용하여도 해는 일정하게 된다. 또한, 식 9.12대신에 (식 9.12+ 2 × 식 9.13)을 사용한 아래 연립방정식을 사용하더라도 해는 동일할 것이다.

$$3x - y = 5 \tag{9.16}$$
$$x - y = 1 \tag{9.17}$$

이와 같은 논리를 통해, 우리는 선형연립방정식

$$A\boldsymbol{x} = \boldsymbol{b}$$

을 만족하는 $\boldsymbol{x}$는, 확대행렬 $D = (A : \boldsymbol{b})$에 기본행연산을

$$(A : \boldsymbol{b}) \xrightarrow{E.R.O.} (M : \boldsymbol{l})$$

행함으로써 얻어진 선형연립방정식

$$M\boldsymbol{x} = \boldsymbol{l}$$

도 만족시킨다는 것을 알 수 있다. 선형연립방정식의 해를 구하는 이와 같은 알고리즘을 가우스 소거법(Gaussian elimination)이라고 한다. 이를 자세히 설명하면, 아래와 같은 선형연립방정식에 대하여

$$\begin{aligned} x + y - z &= 0 \\ x - 2y + 2z &= 4 \\ x - 2y + z &= 2 \end{aligned}$$

다음과 같은 $A\boldsymbol{x} = \boldsymbol{b}$라는 방정식이 성립하는데,

$$\begin{pmatrix} 1 & 1 & 1 \\ 1 & -2 & 2 \\ 1 & -2 & 1 \end{pmatrix} \begin{pmatrix} x \\ y \\ z \end{pmatrix} = \begin{pmatrix} 0 \\ 4 \\ 2 \end{pmatrix}$$

여기서, 행렬A와 벡터$\boldsymbol{b}$를 합친 확대행렬(augmented matrix)을 D라고 한다면,

$$D = \begin{pmatrix} A : \boldsymbol{b} \end{pmatrix} = \left(\begin{array}{ccc|c} 1 & 1 & 1 & 0 \\ 1 & -2 & 2 & 4 \\ 1 & -2 & 1 & 2 \end{array}\right)$$

가 되며, 이 행렬 D에 기본행연산을 사용하여 행사다리꼴을 만들면

$$\left(\begin{array}{ccc|c} 1 & 1 & 1 & 0 \\ 1 & -2 & 2 & 4 \\ 1 & -2 & 1 & 2 \end{array}\right) \xrightarrow[R_{3,1(-1)}]{R_{2,1(-1)}} \left(\begin{array}{ccc|c} 1 & 1 & 1 & 0 \\ 0 & -3 & 1 & 4 \\ 0 & -3 & 0 & 2 \end{array}\right) \rightarrow \left(\begin{array}{ccc|c} 1 & 1 & 1 & 0 \\ 0 & -3 & 1 & 4 \\ 0 & 0 & -1 & -2 \end{array}\right)$$

$$\rightarrow \left(\begin{array}{ccc|c} 1 & 1 & 0 & -2 \\ 0 & -3 & 0 & 2 \\ 0 & 0 & -1 & -2 \end{array}\right) \rightarrow \left(\begin{array}{ccc|c} 1 & 1 & 0 & -2 \\ 0 & 1 & 0 & -2/3 \\ 0 & 0 & 1 & 2 \end{array}\right)$$

되어 선형연립방정식에 대한 해는

$$\begin{pmatrix} 1 & 1 & 0 \\ 0 & 1 & 0 \\ 0 & 0 & 1 \end{pmatrix}\begin{pmatrix} x \\ y \\ z \end{pmatrix} = \begin{pmatrix} -2 \\ -2/3 \\ 2 \end{pmatrix} \tag{9.18}$$

도 만족한다. 이제 간편해진 마지막 방정식으로부터 $z = 2$가 되고 이를 나머지 두 방정식에 대입시키면 $y = -2/3,\ x = -4/3$이 된다. 이와 같은 대입법을 '후진 대입법(backward substitution)'이라고 하며, 이런 전체 알고리즘을 가우스 소거법(Gaussian elimination)이라 한다.

Remark 확대행렬의 왼쪽이 '행사다리꼴'이 아닌 '기약행사다리꼴'이 나올 때까지 기본행연산을 계속할 경우, 계산은 더욱 쉬워지고 이와 같은 방법을 '가우스-조던 알고리즘(Gauss-Jordan Algorithm)이라 한다.

위 문제를 다시 '가우스-조던 알고리즘'으로 해 보자.

$$\left(\begin{array}{ccc|c} 1 & 1 & 1 & 0 \\ 1 & -2 & 2 & 4 \\ 1 & -2 & 1 & 2 \end{array}\right) \xrightarrow[R_{3,1(-1)}]{R_{2,1(-1)}} \left(\begin{array}{ccc|c} 1 & 1 & 1 & 0 \\ 0 & -3 & 1 & 4 \\ 0 & -3 & 0 & 2 \end{array}\right) \to \left(\begin{array}{ccc|c} 1 & 1 & 1 & 0 \\ 0 & -3 & 1 & 4 \\ 0 & 0 & -1 & -2 \end{array}\right)$$

$$\to \left(\begin{array}{ccc|c} 1 & 1 & 0 & -2 \\ 0 & -3 & 0 & 2 \\ 0 & 0 & -1 & -2 \end{array}\right) \to \left(\begin{array}{ccc|c} 1 & 1 & 0 & -2 \\ 0 & 1 & 0 & -2/3 \\ 0 & 0 & 1 & 2 \end{array}\right)$$

$$\to \left(\begin{array}{ccc|c} 1 & 0 & 0 & -4/3 \\ 0 & 1 & 0 & -2/3 \\ 0 & 0 & 1 & 2 \end{array}\right) = (I_3 : \boldsymbol{x})$$

되어 선형연립방정식에 대한 해는

$$\begin{pmatrix} 1 & 0 & 0 \\ 0 & 1 & 0 \\ 0 & 0 & 1 \end{pmatrix}\begin{pmatrix} x \\ y \\ z \end{pmatrix} = \begin{pmatrix} -4/3 \\ -2/3 \\ 2 \end{pmatrix} \tag{9.19}$$

를 만족한다. 따라서 해는 $x = -4/3,\ y = -2/3,\ z = 2$가 된다.

Definition 선형연립방정식 $A\boldsymbol{x} = \boldsymbol{b}$ 의 해를 구하기 위한

(i) 확대행렬(augmented matrix) $D = (A : \boldsymbol{b})$ 를 만든다.

(ii) 행렬 D에 대하여 기본행연산을 통해 기약행사다리꼴 $(M : \boldsymbol{l})$을 만든다.

(iii) 방정식 $M\boldsymbol{x} = \boldsymbol{l}$ 의 해를 구한다.

와 같은 알고리즘을 가우스-조던(Gauss-Jordan) 알고리즘이라고 한다.

참고로, 구해진 기약행사다리꼴 $(M : \boldsymbol{l})$의 모습이 $(I : \boldsymbol{l})$이라면 $\boldsymbol{l}$이 선형연립방정식의 유일한 해가 될 것이고, 기약행사다리꼴의 마지막 행이 $(0\ 0\ \cdots\ 0\ 1)$이면, 선형연립방정식의 해는 존재하지 않게 된다. 그러나, 만일 기약행사다리꼴의 마지막행이 $(0\ 0\ \cdots\ 0)$라면 그 선형연립방정식의 해는 무수히 많게 된다.

Question: 아래 연립방정식의 해를 구하라.

$$\begin{cases} x + y + z = 0 \\ x - 2y + 2z = 4 \\ 3x - 6y + 6z = 12 \end{cases}$$

Answer: 확대행렬을 구해서 가우스-조던 알고리즘을 이용하면,

$$\left(\begin{array}{ccc|c} 1 & 1 & 1 & 0 \\ 1 & -2 & 2 & 4 \\ 3 & -6 & 6 & 12 \end{array}\right) \xrightarrow[R_{3,1(-3)}]{R_{2,1(-1)}} \left(\begin{array}{ccc|c} 1 & 1 & 1 & 0 \\ 0 & -3 & 1 & 4 \\ 0 & -9 & 3 & 12 \end{array}\right)$$

$$\xrightarrow{R_{3,2(-3)}} \left(\begin{array}{ccc|c} 1 & 1 & 1 & 0 \\ 0 & -3 & 1 & 4 \\ 0 & 0 & 0 & 0 \end{array}\right)$$

$$\xrightarrow{R_{2(-1/3)}} \left(\begin{array}{ccc|c} 1 & 1 & 1 & 0 \\ 0 & 1 & -\frac{1}{3} & -\frac{4}{3} \\ 0 & 0 & 0 & 0 \end{array}\right)$$

$$\xrightarrow{R_{1,2(-1)}} \left(\begin{array}{ccc|c} 1 & 0 & \frac{4}{3} & \frac{4}{3} \\ 0 & 1 & -\frac{1}{3} & -\frac{4}{3} \\ 0 & 0 & 0 & 0 \end{array}\right)$$

따라서, 문제의 연립방정식의 해는 무수히 많게 되며 해의 모습은

$$\begin{cases} x + \frac{4}{3}z = \frac{4}{3} \\ y - \frac{1}{3}z = -\frac{4}{3} \end{cases}$$

가 되어

$$\begin{pmatrix} x \\ y \\ z \end{pmatrix} = \begin{pmatrix} -\frac{4}{3}t + \frac{4}{3} \\ \frac{1}{3}t - \frac{4}{3} \\ t \end{pmatrix}, \quad (t\text{는 실수})$$

라는 해를 갖게 된다.

Q 다음 연립방정식을 가우스 소거법(혹은 가우스-조던)을 이용해 해가 없음을 보여라.

$$\begin{cases} x + y = 2 \\ x + y = 1 \end{cases}$$

Q 다음 연립방정식을 가우스-조던을 이용해 해가 무수히 많음을 보여라.

$$\begin{cases} x + y + z = 2 \\ x - y + z = 1 \end{cases}$$

9.4 행렬을 이용한 기본행연산

앞서 배운 3가지 기본행연산을 A의 왼쪽에 연산행렬을 곱함으로써도 같은 연산작업을 수행할 수 있다. 아래에 소개하는 세 종류의 연산행렬은 우리가 배운 기본행연산을 수행하는 연산행렬이다($A_{5\times5}$의 경우).

$R_{2,4}$: A의 2번째 행과 4번째 행의 위치를 바꾸는 연산은 I_5행렬의 2번째 행과 4번째 행을 바꾼 행렬을 A의 왼쪽에 곱함으로써 이루어 진다.

$$R_{2,4}\, A = \underbrace{\begin{pmatrix} 1 & 0 & 0 & 0 & 0 \\ 0 & 0 & 0 & 1 & 0 \\ \hline 0 & 0 & 1 & 0 & 0 \\ 0 & 1 & 0 & 0 & 0 \\ \hline 0 & 0 & 0 & 0 & 1 \end{pmatrix}}_{R_{2,4}} \underbrace{\begin{pmatrix} a_{11} & a_{12} & a_{13} & a_{14} & a_{15} \\ a_{21} & a_{22} & a_{23} & a_{24} & a_{25} \\ a_{31} & a_{32} & a_{33} & a_{34} & a_{35} \\ a_{41} & a_{42} & a_{43} & a_{44} & a_{45} \\ a_{51} & a_{52} & a_{53} & a_{54} & a_{55} \end{pmatrix}}_{A}$$

$$= \begin{pmatrix} a_{11} & a_{12} & a_{13} & a_{14} & a_{15} \\ a_{41} & a_{42} & a_{43} & a_{44} & a_{45} \\ \hline a_{31} & a_{32} & a_{33} & a_{34} & a_{35} \\ a_{21} & a_{22} & a_{23} & a_{24} & a_{25} \\ \hline a_{51} & a_{52} & a_{53} & a_{54} & a_{55} \end{pmatrix}$$

$R_{2(c)}$: A의 2번째 행에 0아닌 상수(c)를 곱하는 연산행렬은 I_5 행렬의 2번째 행에 c를 곱한 행렬을 사용한다.

$$R_{2(c)}\,A \;=\; \underbrace{\begin{pmatrix} 1 & 0 & 0 & 0 & 0 \\ 0 & c & 0 & 0 & 0 \\ \hline 0 & 0 & 1 & 0 & 0 \\ 0 & 0 & 0 & 1 & 0 \\ 0 & 0 & 0 & 0 & 1 \end{pmatrix}}_{R_{2(c)}} \underbrace{\begin{pmatrix} a_{11} & a_{12} & a_{13} & a_{14} & a_{15} \\ a_{21} & a_{22} & a_{23} & a_{24} & a_{25} \\ \hline a_{31} & a_{32} & a_{33} & a_{34} & a_{35} \\ a_{41} & a_{42} & a_{43} & a_{44} & a_{45} \\ a_{51} & a_{52} & a_{53} & a_{54} & a_{55} \end{pmatrix}}_{A}$$

$$= \begin{pmatrix} a_{11} & a_{12} & a_{13} & a_{14} & a_{15} \\ ca_{21} & ca_{22} & ca_{23} & ca_{24} & ca_{25} \\ \hline a_{31} & a_{32} & a_{33} & a_{34} & a_{35} \\ a_{41} & a_{42} & a_{43} & a_{44} & a_{45} \\ a_{51} & a_{52} & a_{53} & a_{54} & a_{55} \end{pmatrix}$$

$R_{2,3(c)}$: A의 3번째 행에 0아닌 상수(c)를 곱한 후, 2번째 행에 그 값을 더하는 연산은 I_5행렬의 $(2,3)$번째 원소인 0을 c로 바꿔서 곱함으로써 이루어 진다.

$$R_{2,3(c)}\,A \;=\; \underbrace{\begin{pmatrix} 1 & 0 & 0 & 0 & 0 \\ 0 & 1 & c & 0 & 0 \\ \hline 0 & 0 & 1 & 0 & 0 \\ 0 & 0 & 0 & 1 & 0 \\ 0 & 0 & 0 & 0 & 1 \end{pmatrix}}_{R_{2,3(c)}} \underbrace{\begin{pmatrix} a_{11} & a_{12} & a_{13} & a_{14} & a_{15} \\ a_{21} & a_{22} & a_{23} & a_{24} & a_{25} \\ a_{31} & a_{32} & a_{33} & a_{34} & a_{35} \\ a_{41} & a_{42} & a_{43} & a_{44} & a_{45} \\ a_{51} & a_{52} & a_{53} & a_{54} & a_{55} \end{pmatrix}}_{A}$$

$$= \begin{pmatrix} a_{11} & a_{12} & a_{13} & a_{14} & a_{15} \\ a_{21}+ca_{31} & a_{22}+ca_{32} & a_{23}+ca_{33} & a_{24}+ca_{34} & a_{25}+ca_{35} \\ \hline a_{31} & a_{32} & a_{33} & a_{34} & a_{35} \\ a_{41} & a_{42} & a_{43} & a_{44} & a_{45} \\ a_{51} & a_{52} & a_{53} & a_{54} & a_{55} \end{pmatrix}$$

Question: 아래 행렬을 기약행사다리꼴로 만드는 과정에 필요한 행렬을 순서대로 나열하라.

$$A = \begin{pmatrix} 1 & 2 & 4 \\ 1 & 3 & 2 \\ 0 & 1 & 2 \end{pmatrix}$$

Answer: 기약행사다리꼴로 만들기 위한 과정은 여러 종류가 가능하지만, 그 중 하나를 살펴보면

$$A \xrightarrow{R_{1,2(-1)}} \begin{pmatrix} 0 & -1 & 2 \\ 1 & 3 & 2 \\ 0 & 1 & 2 \end{pmatrix} \xrightarrow{R_{1,2}} \begin{pmatrix} 1 & 3 & 2 \\ 0 & -1 & 2 \\ 0 & 1 & 2 \end{pmatrix} \xrightarrow{R_{2,3(1)}} \begin{pmatrix} 1 & 3 & 2 \\ 0 & 0 & 4 \\ 0 & 1 & 2 \end{pmatrix}$$

$$\xrightarrow{R_{2,3}} \begin{pmatrix} 1 & 3 & 2 \\ 0 & 1 & 2 \\ 0 & 0 & 4 \end{pmatrix} \xrightarrow[R_{3(1/4)}]{R_{1,2(-3)}} \begin{pmatrix} 1 & 0 & -4 \\ 0 & 1 & 2 \\ 0 & 0 & 1 \end{pmatrix} \xrightarrow[R_{2,3(-2)}]{R_{1,3(4)}} \begin{pmatrix} 1 & 0 & 0 \\ 0 & 1 & 0 \\ 0 & 0 & 1 \end{pmatrix}$$

가 된다고 할 수 있다. 그러므로, 여기에 사용된 행렬을 순서대로 종합하면

$$R_{1,2(-1)} = \begin{pmatrix} 1 & -1 & 0 \\ 0 & 1 & 0 \\ 0 & 0 & 1 \end{pmatrix}, \ R_{1,2} = \begin{pmatrix} 0 & 1 & 0 \\ 1 & 0 & 0 \\ 0 & 0 & 1 \end{pmatrix}, \ R_{2,3(1)} = \begin{pmatrix} 1 & 0 & 0 \\ 0 & 1 & 1 \\ 0 & 0 & 1 \end{pmatrix},$$

$$R_{2,3} = \begin{pmatrix} 1 & 0 & 0 \\ 0 & 0 & 1 \\ 0 & 1 & 0 \end{pmatrix}, \ R_{1,2(-3)} = \begin{pmatrix} 1 & -3 & 0 \\ 0 & 1 & 0 \\ 0 & 0 & 1 \end{pmatrix}, \ R_{3(1/4)} = \begin{pmatrix} 1 & & 0 \\ 0 & 1 & 0 \\ 0 & 0 & \frac{1}{4} \end{pmatrix},$$

$$R_{1,3(4)} = \begin{pmatrix} 1 & 0 & 4 \\ 0 & 1 & 0 \\ 0 & 0 & 1 \end{pmatrix}, \ R_{2,3(-2)} = \begin{pmatrix} 1 & 0 & 0 \\ 0 & 1 & -2 \\ 0 & 0 & 1 \end{pmatrix}$$

가 된다. 이와 같이 행렬을 기약행사다리꼴로 만드는 과정이 일련의 행렬곱셈(왼쪽 방향)으로 이루어 지고 있는데, 이를 정리하면

$$R_{2,3(-2)}R_{1,3(4)}R_{3(1/4)}R_{1,2(-3)}R_{2,3}R_{2,3(1)}R_{1,2}R_{1,2(-1)}\,A = \begin{pmatrix} 1 & 0 & 0 \\ 0 & 1 & 0 \\ 0 & 0 & 1 \end{pmatrix}$$

라고 표현된다. ∎

Question: 아래 행렬 A의 영공간(null space)를 구하라.

$$A = \begin{pmatrix} 1 & 2 & 4 \\ 1 & 1 & 3 \\ 2 & 0 & 2 \end{pmatrix} \tag{9.20}$$

Answer: 행렬 A의 영공간이라 함은 $A\boldsymbol{x} = \mathbf{0}$ 되는 $\boldsymbol{x}$를 의미하며 곧 연립방정식의 해를 말한다. 따라서, 확대행렬은

$$(A|\mathbf{0}) = \left(\begin{array}{ccc|c} 1 & 2 & 4 & 0 \\ 1 & 1 & 3 & 0 \\ 2 & 0 & 2 & 0 \end{array}\right)$$

가 되고, 이 확대행렬에 기본행연산을 하면

$$(A|\mathbf{0}) \xrightarrow[R_{3(1/2)}]{R_{1,2(-1)}} \left(\begin{array}{ccc|c} 0 & 1 & 1 & 0 \\ 1 & 1 & 3 & 0 \\ 1 & 0 & 1 & 0 \end{array}\right) \xrightarrow{R_{2,3(-1)}} \left(\begin{array}{ccc|c} 0 & 1 & 1 & 0 \\ 0 & 1 & 2 & 0 \\ 1 & 0 & 1 & 0 \end{array}\right)$$

$$\xrightarrow{R_{1,3}} \left(\begin{array}{ccc|c} 1 & 0 & 1 & 0 \\ 0 & 1 & 2 & 0 \\ 0 & 1 & 1 & 0 \end{array}\right) \xrightarrow{R_{3,2(-1)}} \left(\begin{array}{cccc} 1 & 0 & 1 & 0 \\ 0 & 1 & 2 & 0 \\ 0 & 0 & -1 & 0 \end{array}\right) \tag{9.21}$$

$$\xrightarrow[R_{2,3(2)}]{R_{1,3(1)}} \left(\begin{array}{ccc|c} 1 & 0 & 0 & 0 \\ 0 & 1 & 0 & 0 \\ 0 & 0 & -1 & 0 \end{array}\right) \xrightarrow{R_{3(-1)}} \left(\begin{array}{ccc|c} 1 & 0 & 0 & 0 \\ 0 & 1 & 0 & 0 \\ 0 & 0 & 1 & 0 \end{array}\right) \tag{9.22}$$

따라서, 해는 $x = 0,\ y = 0,\ z = 0$ 이 되므로, 행렬 A의 영공간은 $\{\mathbf{0}_3\}$이다.

9.5 연습문제

[1] 다음 연립방정식의 해가 존재하기 위한 조건이 $c = a + b,\ d = b + 2a$ 임을 보여라.

$$\begin{cases} x + y + 2z + w = a \\ 3x - 4y + z + w = b \\ 4x - 3y + 3z + 2w = c \\ 5x - 2y + 5z + 3w = d \end{cases}$$

[2] 아래 벡터 $\boldsymbol{b}$가 행렬 A의 열공간 $C(A)$에 속하는지 가우스-조던 알고리즘을 이용해 답하라.

$$\boldsymbol{b} = \begin{pmatrix} 13 \\ -16 \\ 1 \end{pmatrix}, \quad A = \begin{pmatrix} 2 & -1 & -3 \\ -3 & 1 & 4 \\ 1 & 1 & 0 \end{pmatrix}$$

[3] 아래 행렬들을 기본행연산을 이용해 각각 기약행사다리꼴로 만들라.

$$\begin{pmatrix} 3 & 9 & 13 \\ 2 & 7 & 9 \end{pmatrix}, \quad \begin{pmatrix} 5 & 4 \\ 1 & 2 \end{pmatrix}, \quad \begin{pmatrix} 2 & 7 & -5 & -3 \\ 1 & 0 & 1 & 4 \\ 1 & 3 & -2 & -2 \end{pmatrix}$$

[4] 크기가 2×2 인 행렬에 기본행연산을 하는 연산행렬을 만들고자 한다. 아래에 해당되는 행렬을 각각 적어라.

1. $R_{1(c)}$
2. $R_{2(c)}$
3. $R_{1,2(c)}$
4. $R_{2,1(c)}$
5. $R_{1,2}$

[5] 행렬 $A_{2\times2}$의 원소는 1 혹은 0으로만 이루어 졌다. 이제 행렬 A가 기약행사다리꼴이 될 때, 가능한 5가지 형태를 적어라.

[6] 아래 연립방정식을 가우스-조던 알고리즘을 이용해 답을 구하라.

$$(a) \quad \begin{cases} 2x - y = 8 \\ 6x - 5y = 32 \end{cases} \qquad (b) \quad \begin{cases} y + z = 6 \\ 3x - y + z = -7 \\ x + y - 3z = -13 \end{cases}$$

$$(c) \quad \begin{cases} x_1 - 3x_2 + 2x_3 - x_4 = 8 \\ 3x_1 - 7x_2 + x_4 = 0 \end{cases} \qquad (d) \quad \begin{cases} x_1 - 2x_2 = 3 \\ 3x_1 - x_2 = 14 \\ x_1 - 7x_2 = -2 \end{cases}$$

[7] 아래 연산을 만족하는 기본행연산행렬 $R_{3\times 3}$을 적어라.

1.
$$R\begin{pmatrix} 1 & 3 & 1 & 4 \\ 0 & 1 & 2 & 1 \\ 3 & 4 & 5 & 1 \end{pmatrix} = \begin{pmatrix} 1 & 3 & 1 & 4 \\ 0 & 1 & 2 & 1 \\ 0 & -5 & 2 & -11 \end{pmatrix}$$

2.
$$R\begin{pmatrix} 1 & 3 & 1 & 4 \\ 0 & 1 & 2 & 1 \\ 3 & 4 & 5 & 1 \end{pmatrix} = \begin{pmatrix} 1 & 3 & 1 & 4 \\ 2 & 7 & 4 & 9 \\ 3 & 4 & 5 & 1 \end{pmatrix}$$

3.
$$R\begin{pmatrix} 1 & 3 & 1 & 4 \\ 0 & 1 & 2 & 1 \\ 3 & 4 & 5 & 1 \end{pmatrix} = \begin{pmatrix} 1 & 3 & 1 & 4 \\ 2 & 7 & 4 & 9 \\ 0 & -5 & 2 & -11 \end{pmatrix}$$

Chapter 10

계수와 행렬식

스칼라의 크기는 절대값 $|\cdot|$으로 나타내고, 벡터의 크기는 노옴 $||\cdot||$으로 나타내는데, 그렇다면 행렬을 대표하는 값은 무엇인가? 이 장에서는 행렬을 대표하는 행렬식(determinant)과 행렬의 열공간, 혹은 행공간의 차원을 의미하는 행렬의 계수(Rank)에 대해 살펴보겠다.

10.1 행렬의 계수(Rank)

선형변환에서 언급한 대로 행렬 $A_{m\times n}$을 $\boldsymbol{y} = A\boldsymbol{x}$ 라고 사용될 때, 이를

$$A : \Re^n \longrightarrow \Re^m$$

로 표기한다. 여기서 선형변환의 이미지 $A\boldsymbol{x}$가 속한 공간의 차원(dimension)을 행렬 A의 계수(Rank)라고 한다.

Definition 행렬 $A_{m\times n}$의 계수는 Rank(A)라고 표시되며, 아래 중 하나로 정의된다.

- A의 선형독립인 행(혹은 열)의 개수의 최대값
- A의 열공간 $C(A)$를 생성하는 기저(basis) 안에 벡터의 개수
- A의 행공간 $R(A)$를 생성하는 기저(basis) 안에 벡터의 개수

Remark '$C(A)$의 기저 안에 벡터의 개수'와 '$R(A)$의 기저 안에 벡터의 개수'는 항상 같다.

Remark 벡터공간의 기저 안에 벡터의 개수는 곧 차원(dimension)이므로,

$$\text{Rank}(A) = \dim(R(A)) = \dim(C(A)) \tag{10.1}$$

가 항상 성립한다.

Proposition 10.1 *행렬 $A_{m\times n}$의 계수에 관한 일반적인 성질은 아래와 같다(증명 생략).*

(1) $A = 0_{m\times n}$ *일 때,* $\text{Rank}(A) = 0$

(2) $\text{Rank}(A) \le min(m, n)$

(3) $\text{Rank}(AB) \le min(\text{Rank}(A), \text{Rank}(B))$

(4) $\text{Rank}(A + B) \le \text{Rank}(A) + \text{Rank}(B)$

(5) $\text{Rank}(A^T A) = \text{Rank}(AA^T) = \text{Rank}(A)$

(6) 만일 $B_{n\times k}$*에 대하여* $\text{Rank}(B) = n$*이면,* $\text{Rank}(AB) = \text{Rank}(A)$

(7) 만일 $B_{l\times m}$*에 대하여* $\text{Rank}(B) = m$*이면,* $\text{Rank}(BA) = \text{Rank}(A)$

그렇다면 행렬의 계수를 어떻게 구할 것인가? 행렬의 계수가 행공간 $R(A)$의 기저의 수라고 한다면 우리는 먼저 $R(A)$의 기저를 구해야 할 것이다. Theorem 9.2에서 기본행연산을 이용해

$$A \xrightarrow{E.R.O.} B$$

라는 (기약)행사다리꼴 B를 얻음으로써 B의 0아닌 행들이 $R(B)$의 기저가 됨을 보였다. 이는 $R(A) = R(B)$인 관계를 이용하면 곧 $R(A)$의 기저가 된다. 아래 알고리즘은 행렬 A의 행공간 기저를 구하는 방법을 요약한 것이다.

행공간 $R(A)$의 기저(basis) 구하는 법:

기본행연산을 통해 $A \xrightarrow{E.R.O.} B$인 경우에

(i) (기약)행사다리꼴인 행렬 B을 얻은 후,

(ii) 행렬 B를 이루는 0이 아닌 행(nonzero rows)을 선택하면 된다.

Question: 아래 행렬 A의 계수를 구하라.

$$A = \begin{pmatrix} 1 & 3 \\ 2 & 4 \end{pmatrix}$$

Answer: 먼저 행공간 $R(A)$의 기저의 수를 구하기 위해 기본행연산을 실시하여 행사다리꼴을 만들면

$$A = \begin{pmatrix} 1 & 3 \\ 2 & 4 \end{pmatrix} \xrightarrow{R_{2,1(-2)}} \begin{pmatrix} 1 & 3 \\ 0 & -2 \end{pmatrix}$$

가 되어 $R(A)$의 기저는

$$\{(1 \quad 3), (0 \quad -2)\}$$

가 되며, 만일 기약행사다리꼴로 만들 경우,

$$A = \begin{pmatrix} 1 & 3 \\ 0 & -2 \end{pmatrix} \xrightarrow{R_{2(-1/2)}} \begin{pmatrix} 1 & 3 \\ 0 & 1 \end{pmatrix} \xrightarrow{R_{1,2(-3)}} \begin{pmatrix} 1 & 0 \\ 0 & 1 \end{pmatrix}$$

가 되어 $R(A)$의 기저는

$$\{(1 \quad 0), (0 \quad 1)\}$$

라고 할 수 있다. 이와 같이 임의의 벡터공간을 구성하는 기저는 여러 종류가 있을 수 있으며, 이를 통일하기 위해 흔히 길이가 1인 정규기저(normal basis)를 선호하고 있다. 물론, 어떤 경우에도 기저 안에 벡터의 개수는 일정하게 되므로 $\text{Rank}(A) = 2$ 가 될 것이다.

Remark 벡터공간을 이루는 기저의 길이(norm)가 1인 기저를 정규기저(normal basis)라고 한다.

Q 다음 행렬의 $R(A)$에 대한 정규기저를 구하라.

$$A = \begin{pmatrix} 1 & 0 & 1 \\ -1 & 1 & 0 \end{pmatrix}$$

10.2 행렬의 가역성(Invertibility)

영이 아닌 실수 a의 역수(inverse)는 $1/a$이며 $a \times (1/a) = 1$ 이라는 관계가 성립한다. 행렬에서도 이와 같은 역수의 개념이 존재하는지 살펴보자.

Definition 정방행렬 $A_{n\times n}$에 대하여

$$AA^{-1} = A^{-1}A = I_n \tag{10.2}$$

을 만족하는 A^{-1}을 A의 역행렬(inverse matrix)이라고 한다. 여기서, I_n은 대각원소가 1이고 비대각 원소는 0인 항등행렬을 의미한다.

Remark 정방행렬 $A_{n\times n}$에 대하여

- $\text{Rank}(A) = n$ 일 때, '행렬 A는 완전계수(full rank)를 갖는다'고 한다.
- 행렬 A가 완전계수를 갖을 때, $A \xrightarrow{E.R.O.} I_n$ 이 됨을 의미한다.
- 만일 역행렬이 존재하지 못하면 A를 '비정칙행렬(singular matrix[1])'라고 하고, 역행렬이 존재하면 A를 '정칙행렬(nonsingular matrix)'라고 한다.
- 만일 행렬 A가 비정칙행렬이면, $A \xrightarrow{E.R.O.} B$ 일 때, 행렬 B는 영행(zero row)를 적어도 한 개 갖는다.

Proposition 10.2 *행렬 $A_{n\times n}$에서*

$$(A^{-1})^{-1} = A \tag{10.3}$$

즉 A^{-1}의 역행렬은 A이다.

Proof 어떤 행렬 B가 A^{-1}의 역행렬임을 보이려면 $BA^{-1} = A^{-1}B = I_n$ 이어야 하는데, A^{-1}이 A의 역행렬이라고 했으므로, 우리는 이미 $AA^{-1} = A^{-1}A = I_n$ 임을 알고 있다. 따라서, 자동으로 A는 A^{-1}의 역행렬이 된다. ∎

Proposition 10.3 *행렬 A^{-1}, B^{-1}가 존재할 때,*

$$(AB)^{-1} = B^{-1}A^{-1} \tag{10.4}$$

이다.

[1] singular의 뜻은 unique 혹은 rare 라는 의미로써 '역행렬이 존재하지 않은 흔하지 않은 행렬'의 의미일 수도 있고 '역행렬이 없는 짝없는 행렬'이라는 의미일 수도 있다.

Proof 역행렬의 정의를 이용하여

$$\begin{aligned} AB(B^{-1}A^{-1}) &= A(BB^{-1})A^{-1} = AI_nA^{-1} = AA^{-1} = I_n \\ (B^{-1}A^{-1})AB &= B^{-1}(A^{-1}A)B = B^{-1}I_nB = B^{-1}B = I_n \end{aligned}$$

이므로 AB의 역행렬은 $B^{-1}A^{-1}$ 이다. ∎

Theorem 10.4 (행렬의 가역성: Invertibility) *정방행렬 $A_{n\times n}$에서 다음 중 하나를 만족하면 A^{-1}가 존재한다.*

(i) $\text{Rank}(A) = n$

(ii) $R(A)$의 기저의 수 $= n$ (i.e. $\dim(R(A)) = n$)

(iii) $C(A)$의 기저의 수 $= n$ (i.e. $\dim(C(A)) = n$)

(iv) A의 서로 독립인 행의 수 $= n$

(v) A의 서로 독립인 열의 수 $= n$

Proof (i)의 $\text{Rank}(A) = n$ 이면 A^{-1}이 존재하는 증명은 다음 단원에서 하기로 한다. 나머지 조건들은 행렬의 계수에 대한 정의를 살펴보면 같은 의미임을 알게 된다.

Remark 정방행렬 $A_{n\times n}$에서 $\text{Rank}(A) < n$ 이면 A는 비정칙행렬(singular matrix)이다.

Question: 아래 행렬 A가 정칙행렬인지 비정칙행렬인지 $\text{Rank}(A)$를 계산하고 판단하라.

$$A = \begin{pmatrix} -1 & 5 & -1 \\ -2 & 11 & 7 \\ 1 & -5 & 2 \end{pmatrix}$$

Answer: 행렬 A를 기본행연산을 통해 행사다리꼴로 만들면

$$A \xrightarrow{E.R.O.} \begin{pmatrix} 1 & -5 & 1 \\ 0 & 1 & 9 \\ 0 & 0 & 1 \end{pmatrix}$$

이 되어, $\text{Rank}(A) = 3$ 으로 계산된다. 이는 A의 행(열)의 수와 일치하므로 완전 계수라고 할 수 있으며, 따라서 행렬 A는 역행렬이 존재하는 정칙행렬이다.

Q 아래 행렬에 대하여 가역성이 존재하는지 답하라.

$$\begin{pmatrix} 1 & 0 & 0 \\ 0 & 1 & 0 \\ 0 & 0 & 0 \end{pmatrix}$$

10.3 가우스-조던 알고리즘과 역행렬

지금까지, 기본행연산을 통해 기약행사다리꼴(reduced row echelon form)로 만드는 가우스-조던 알고리즘은

- 선형방정식 $A\boldsymbol{x} = \boldsymbol{b}$의 해를 구할 때
- 행렬 A의 계수(Rank)를 계산할 때
- 행렬 A에 대한 $R(A)$의 기저(basis)를 구할 때
- 행렬 A^{-1}가 존재하는지 알아볼 때에

유용하게 사용해 왔다. 이 단원에서는 역행렬 A^{-1}을 구하는데 가우스-조던 알고리즘이 어떻게 사용되는지 살펴보자.

먼저 우리는 선형연립방정식 $A\boldsymbol{x} = \boldsymbol{b}$ 을 만족하는 $\boldsymbol{x}$를

$$(A : \boldsymbol{b}) \xrightarrow{E.R.O.} (I_n : \boldsymbol{x})$$

를 행함으로써 구했다. 이제 $AA^{-1} = I_n$ 되는 A^{-1}를 구한다고 할 때, 만일

$$A^{-1} = (\boldsymbol{x}_1\, \boldsymbol{x}_2\, \cdots\, \boldsymbol{x}_n)$$

라고 한다면, $AA^{-1} = I_n$ 은

$$AA^{-1} = A\,(\boldsymbol{x}_1\, \boldsymbol{x}_2\, \cdots\, \boldsymbol{x}_n) = \begin{pmatrix} 1 & 0 & \cdots & 0 \\ 0 & 1 & \cdots & 0 \\ \vdots & \vdots & \ddots & \vdots \\ 0 & \cdots & 0 & 1 \end{pmatrix}$$

라고 할 수 있으므로,

$$A\boldsymbol{x}_1 = \begin{pmatrix} 1 \\ 0 \\ \vdots \\ 0 \end{pmatrix}, \quad A\boldsymbol{x}_2 = \begin{pmatrix} 0 \\ 1 \\ \vdots \\ 0 \end{pmatrix}, \quad \cdots \quad A\boldsymbol{x}_n = \begin{pmatrix} 0 \\ 0 \\ \vdots \\ 1 \end{pmatrix}$$

를 의미하므로,

$$(A : I_n) \xrightarrow{E.R.O.} (I_n : A^{-1})$$

가 될 것이다. 이를 정리하면 다음과 같다.

가우스-조던 알고리즘을 사용한 역행렬 구하기 :

기본행연산을 통해 $A \xrightarrow{E.R.O.} B$ 인 경우에

(1) $A_{n\times n}$의 오른쪽에 항등행렬 I_n을 첨가한 확대행렬 $(A|I_n)$을 만든다.

(2) $(A|I_n)$에 대해 가우스-조던 알고리즘으로 $(I_n|B)$를 구한다.

(3) 여기서 얻은 B가 곧 A^{-1}이 된다.

Question: 가우스-조던 알고리즘을 사용하여 행렬 A의 역행렬을 구하라.

$$A = \begin{pmatrix} 1 & 1 & 1 \\ 1 & 2 & 2 \\ 2 & 3 & 4 \end{pmatrix}$$

Answer: 확대행렬 $(A|I_3)$에 대한 기본행연산을 실시하면

$$\left(\begin{array}{ccc|ccc} 1 & 1 & 1 & 1 & 0 & 0 \\ 1 & 2 & 2 & 0 & 1 & 0 \\ 2 & 3 & 4 & 0 & 0 & 1 \end{array}\right) \xrightarrow[R_{3,1(-2)}]{R_{2,1}(-1)} \left(\begin{array}{ccc|ccc} 1 & 1 & 1 & 1 & 0 & 0 \\ 0 & 1 & 1 & -1 & 1 & 0 \\ 0 & 1 & 2 & -2 & 0 & 1 \end{array}\right)$$

$$\xrightarrow[R_{1,3(-1)}]{R_{2,3}(-1)} \left(\begin{array}{ccc|ccc} 1 & 0 & -1 & 3 & 0 & -1 \\ 0 & 0 & -1 & 1 & 1 & -1 \\ 0 & 1 & 2 & -2 & 0 & 1 \end{array}\right)$$

$$\xrightarrow{R_{2,3}} \left(\begin{array}{ccc|ccc} 1 & 0 & -1 & 3 & 0 & -1 \\ 0 & 1 & 2 & -2 & 0 & 1 \\ 0 & 0 & -1 & 1 & 1 & -1 \end{array}\right)$$

$$\xrightarrow[R_{3(-1)}]{\substack{R_{1,3}(-1)\\ R_{2,3}(2)}} \left(\begin{array}{ccc|ccc} 1 & 0 & 0 & 2 & -1 & 0 \\ 0 & 1 & 0 & 0 & 2 & -1 \\ 0 & 0 & 1 & -1 & -1 & 1 \end{array}\right)$$

이므로, A의 역행렬은 다음과 같다.

$$A^{-1} = \begin{pmatrix} 2 & -1 & 0 \\ 0 & 2 & -1 \\ -1 & -1 & 1 \end{pmatrix}$$

이제 지난 단원에서 미뤄두었던 행렬의 계수와 가역성에 대해 살펴보자.

Theorem 10.5 *행렬 $A_{n\times n}$에서, 만일* $\text{Rank}(A) = n$ *이면 A^{-1}이 존재한다. 또한 만일* $\text{Rank}(A) < n$ *이면 A^{-1}이 존재하지 않는다.*

Proof 행렬의 계수가 n이라는 것은 $R(A)$의 기저의 수가 n임을 의미하며, 이는 A의 기약행사다리꼴이 I_n임을 의미한다. 따라서 $\text{Rank}(A) = n$ 이면 $(A|I_n) \xrightarrow{E.R.O} (I_n|B)$ 가 되므로 역행렬이 존재한다.

또한, 만일 $\text{Rank}(A) < n$ 이면 $A \xrightarrow{E.R.O.} C$ 에서 C가 (기약)행사다리꼴이 되었을 때, C는 영행(zero row)을 가진 상삼각행렬이 되므로, 행렬 $(A|I_n)$의 기본행연산 결과가 $(I_n|B)$ 꼴이 될 수 없다. 따라서, A의 역행렬은 존재하지 않는다. ∎

Q 아래 행렬들의 역행렬을 가우스-조단 알고리즘으로 구하라($a,\ b,\ c \neq 0$).

$$A = \begin{pmatrix} 2 & 1 & 3 \\ 0 & 2 & 3 \\ 0 & 0 & 1 \end{pmatrix}, \quad B = \begin{pmatrix} a & 0 & 0 \\ 0 & b & 0 \\ 0 & 0 & c \end{pmatrix}$$

Q $A_{2\times 2}$와 $B_{3\times 3}$이 모두 역행렬이 존재 할 때, 아래 등식이 성립함을 보여라.

$$\begin{pmatrix} A_{2\times 2} & 0_{2\times 3} \\ 0_{3\times 2} & B_{3\times 3} \end{pmatrix}^{-1} = \begin{pmatrix} A_{2\times 2}^{-1} & 0_{2\times 3} \\ 0_{3\times 2} & B_{3\times 3}^{-1} \end{pmatrix}$$

Q 아래 행렬이 정칙행렬인지, 비정칙행렬인지 가우스-조단 알고리즘으로 확인하

고, 정칙행렬일 경우 그 역행렬을 구하라. $(a,\ c \neq 0)$

$$A = \begin{pmatrix} 2 & 1 \\ 3 & 2 \end{pmatrix},\ B = \begin{pmatrix} 1 & 2 & 0 \\ 3 & -1 & 2 \\ -2 & 3 & -2 \end{pmatrix},\ C = \begin{pmatrix} a & b \\ c & d \end{pmatrix},\ D = \begin{pmatrix} 1 & 2 & 0 \\ 1 & 0 & 1 \\ 0 & 0 & 0 \end{pmatrix}$$

10.4 행렬식(Determinant)

스칼라의 크기(magnitude)는 절대값, $|\cdot|$으로, 벡터의 크기는 노옴, $\|\cdot\|$으로 구할 수 있는데, 행렬의 크기는 어떻게 구할 것인가? 불행하게도 행렬의 크기에 대해서는 일정한 규칙은 정해지지 않고 있다. 하지만, 만일 행렬 A가

$$A = \begin{pmatrix} \boldsymbol{a}_{1C} & \boldsymbol{a}_{2C} & \cdots & \boldsymbol{a}_{nC} \end{pmatrix} \tag{10.5}$$

으로 표현될 수 있음을 고려할 때, n개의 열벡터로 형성되는 평형다면체의 부피(volume)는 행렬 A에 대한 행렬식의 절대값($|\det(A)|$)과 일치한다. 이런 면에서 열벡터들로 이루는 부피와 행렬이 연관되어 있다고 볼 수 있다. 그러나 본래 행렬식(determinant)은 선형연립방정식의 해가 존재하는지 유무를 판단(determine)하기 위한 방법으로 고안되었으며, 지금도 행렬식은 이러한 선형연립방정식의 해를 구하는데 사용되고 널리 사용되고 있다. 아래는 행렬식에 대한 수학적 정의이다.

Definition 행렬 $A_{n\times n}$에 대하여 $\det(A)$는 아래와 같이 정의된다.

(1) $A_{1\times 1}$이면, $\det(A) = A$

(2) A가 2×2 행렬이면,

$$\det(A) = \det\begin{pmatrix} a & b \\ c & d \end{pmatrix} = ad - bc$$

(3) A가 일반적인 $n \times n$, $(n \geq 2)$ 행렬일 때, M_{ij} 을 '행렬 A에서 i번째 행과 j번째 열을 제외한 나머지 행렬'이라고 가정하면, 임의의 i번째 행을 기준으로 행렬식을 계산하면

$$\det(A) = \sum_{j=1}^{n} a_{ij}(-1)^{i+j}\det(M_{ij}) = \sum_{j=1}^{n} a_{ij}C_{ij} \tag{10.6}$$

라고 정의한다.

Remark M_{ij} 를 A의 소행렬(minor)이라고 부른다.

Remark C_{ij}는 여인수(cofactor)라고 부른다.

Q 아래 행렬의 소행렬(minor) M_{11}, M_{12}와 여인수 C_{11}, C_{12}를 각각 구하라.

$$A = \begin{pmatrix} 2 & 1 & 3 \\ 0 & 3 & 3 \\ -1 & 0 & 1 \end{pmatrix}$$

A 소행렬을 구하면 다음과 같다.

$$M_{11} = \begin{pmatrix} 3 & 3 \\ 0 & 1 \end{pmatrix}, \quad M_{12} = \begin{pmatrix} 0 & 3 \\ -1 & 1 \end{pmatrix}$$

그리고 여인수는 다음과 같다.

$$C_{11} = (-1)^2 \det(M_{11}) = 3$$
$$C_{12} = (-1)^3 \det(M_{12}) = -3$$

Theorem 10.6 *행렬 $A_{n\times n}$에서 행렬식은 임의의 j열을 기준으로*

$$\det(A) = \sum_{i=1}^{n} a_{ij}(-1)^{i+j} \det(M_{ij}) \tag{10.7}$$

라고 할 수 있다(증명생략).

Question: 아래 행렬의 행렬식이 성립함을 위의 식 10.6에 의해 구하라.

$$A = \begin{pmatrix} a & b \\ c & d \end{pmatrix} = ad - bc$$

Answer: 첫 번째 행을 기준으로 소행렬을 구하면,

$$M_{11} = d, \quad M_{12} = c$$

가 되어,

$$\begin{aligned} \det(A) &= \det \begin{pmatrix} a & b \\ c & d \end{pmatrix} = \sum_{j=1}^{2} a_{1j}(-1)^{1+j}\det(M_{1j}) \\ &= a(1)\det(M_{11}) + b(-1)\det(M_{12}) = ad - bc \end{aligned}$$

가 된다.

Question: 위 행렬 A의 행렬식을 첫 번째 열을 중심으로 전개해도 $ad-bc$ 임을 보여라.

Proof 첫 번째 열을 기준으로 소행렬을 구하면,

$$M_{11} = d, \quad M_{21} = b$$

되기에,

$$\begin{aligned}\det(A) &= \det\begin{pmatrix} a & b \\ c & d \end{pmatrix} = \sum_{i=1}^{2} a_{i1}(-1)^{i+1}\det(M_{i1}) \\ &= a(1)\det(M_{11}) + c(-1)\det(M_{21}) = ad - bc\end{aligned}$$

가 된다. ∎

Question: 다음 행렬의 행렬식은 0임을 보여라.

$$A = \begin{pmatrix} a & b & c \\ d & e & f \\ 0 & 0 & 0 \end{pmatrix} \tag{10.8}$$

Proof 만일 3번째 행을 기준으로 행렬식을 구한다면,

$$\det(A) = \sum_{j=1}^{3} 0 \cdot C_{3j} = 0 \tag{10.9}$$

이므로 det(A)=0 이 된다. ∎

이 단원의 서두에 언급한 대로 세 개의 벡터로 형성되는 평형육면체의 부피는 이 세 개의 벡터를 열(column)로 가지는 행렬의 행렬식의 절대값과 일치한다(그림 10.1 참조).

이를 이용하여 다음 예제를 풀어 보자

Question: 아래 벡터 $\boldsymbol{u}_1$, $\boldsymbol{u}_2$, $\boldsymbol{u}_3$가 이루는 평행육면체(parallelopiped object)의 부피를 계산하라.

$$\boldsymbol{u}_1 = \begin{pmatrix} 1 \\ 1 \\ 0 \end{pmatrix}, \quad \boldsymbol{u}_2 = \begin{pmatrix} 1 \\ 1 \\ 1 \end{pmatrix}, \quad \boldsymbol{u}_3 = \begin{pmatrix} 0 \\ 2 \\ 3 \end{pmatrix}, \tag{10.10}$$

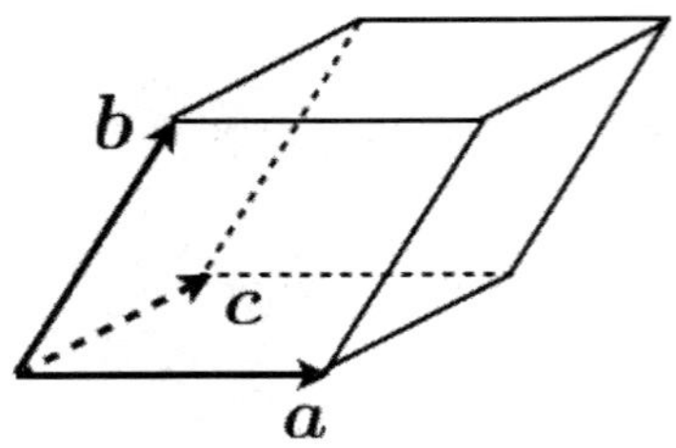

그림 10.1: 행렬 $A = (\boldsymbol{a}\ \boldsymbol{b}\ \boldsymbol{c})$의 열벡터에 의한 평행다면체의 부피 $V = |\det(A)|$

Answer: 세 개의 벡터를 열로 가지고 있는 행렬 A의 행렬식을 구해 그 절대값을 구하면 되므로

$$\det(A) = \det \begin{pmatrix} 1 & 1 & 0 \\ 1 & 1 & 2 \\ 0 & 1 & 3 \end{pmatrix} = -2 \tag{10.11}$$

따라서 부피는 $|-2| = 2$가 된다.

Q 아래 행렬의 행렬식이 14임을 보여라.

$$A = \begin{pmatrix} 3 & 1 & 8 \\ 2 & -5 & 4 \\ -1 & 6 & -2 \end{pmatrix}$$

10.5 행렬식의 성질

행렬식의 여러 가지 성질을 알아두면 복잡한 행렬의 행렬식이라도 쉽게 구할 수 있다. 아래는 행렬식의 여러 가지 성질이다.

Theorem 10.7 *행렬 $A_{n\times n}$이 상삼각행렬이면*

$$\det(A) = \Pi_{i=1}^{n} a_{ii} \tag{10.12}$$

이다.

Proof 아래와 같은 상삼각행렬을 고려해 보자.

$$U = \begin{pmatrix} a_{11} & a_{12} & \cdots & a_{1n} \\ 0 & a_{22} & \cdots & a_{2n} \\ \vdots & \vdots & & \vdots \\ 0 & 0 & \cdots & a_{nn} \end{pmatrix}$$

첫 번째 열을 기준으로 행렬식을 구하면

$$\begin{aligned} \det(U) &= (a_{11}) \det \begin{pmatrix} a_{22} & a_{23} & \cdots & a_{2n} \\ 0 & a_{33} & \cdots & a_{3n} \\ \vdots & \vdots & & \vdots \\ 0 & 0 & \cdots & a_{nn} \end{pmatrix} \\ &= (a_{11})(a_{22}) \det \begin{pmatrix} a_{33} & a_{34} & \cdots & a_{3n} \\ 0 & a_{44} & \cdots & a_{4n} \\ \vdots & \vdots & & \vdots \\ 0 & 0 & \cdots & a_{nn} \end{pmatrix} \end{aligned}$$

같은 방법으로 행렬식을 계속 전개하면

$$\det(U) = (a_{11})(a_{22})\cdots(a_{n-1n-1})\det(a_{nn}) \tag{10.13}$$

따라서, $\det(U) = \Pi_{i=1}^{n} a_{ii}$가 된다. ∎

Theorem 10.8 *행렬 $A_{n\times n}$에 대하여*

$$\det(A) = \det(A^T) \tag{10.14}$$

이다.

Proof 만일 행렬 A의 크기가 2×2라면,

$$\det(A) = a_{11}a_{22} - a_{12}a_{21} = \det(A^T) \tag{10.15}$$

가 성립한다. 그리고 이 사실을 이용하면 행렬 A가 3×3일 경우 첫 번째 행을 기준으로 행렬식을 구하면

$$\det(A) = a_{11}(-1)^{1+1}\det(M_{11}) + a_{12}(-1)^{1+2}\det(M_{12}) + a_{13}(-1)^{1+3}\det(M_{13})$$

가 되고, 행렬 A^T의 첫 번째 열을 기준으로 행렬식을 구하면

$$\det(A^T) = a_{11}(-1)^{1+1}\det(M_{11}^*) + a_{12}(-1)^{2+1}\det(M_{21}^*) + a_{13}(-1)^{3+1}\det(M_{31}^*)$$

가 된다. 여기서 M_{ij}^*는 A^T의 소행렬을 의미하며 M_{ji}^*가 2×2 행렬이므로

$$\det(M_{ij}) = \det((M_{ji}^*)^T) = \det(M_{ji}^*) \tag{10.16}$$

라고 할 수 있게 되어 $\det(A) = \det(A^T)$ 라고 할 수 있다. 같은 방법으로 M_{ji}^*가 $n \times n$ $(n \geq 3)$인 경우에도

$$\det(M_{ij}) = \det((M_{ji}^*)^T) = \det(M_{ji}^*) \tag{10.17}$$

가 성립하게 된다. 이제, 행렬 $A = \{a_{ij}\}_{n\times n}$를 첫 번째 행을 중심으로 행렬식을 구하면

$$\det(A) = a_{11}\det(M_{11}) - a_{12}\det(M_{12}) + \cdots + (-1)^{1+n}a_{1n}\det(M_{1n})$$

이고 A^T를 첫 번째 열을 중심으로 행렬식을 구하면

$$\det(A^T) = a_{11}\det(M_{11}^*) - a_{12}\det(M_{21}^*) + \cdots + (-1)^{n+1}a_{1n}\det(M_{n1}^*) \tag{10.18}$$

이고 $\det(M_{ij}) = \det((M_{ji}^*)^T) = \det(M_{ji}^*)$ 임을 이용하면 $\det(A) = \det(A^T)$ 가 된다. ∎

Theorem 10.9 *행렬 $A_{n\times n}$($n \geq 2$) 안에 서로 다른 두 행의 위치를 서로 바꾸어 만들어진 행렬을 B라면*

$$\det(A) = -\det(B)$$

가 된다.

Proof 먼저 $n = 2$ 인 경우를 생각하면,

$$\det\begin{pmatrix} a & b \\ c & d \end{pmatrix} = ad - bc = -\det\begin{pmatrix} c & d \\ a & b \end{pmatrix} \tag{10.19}$$

임을 쉽게 알 수 있다. 이제 $n > 2$ 인 경우를 살펴보자. 예를 들어 행렬 A의 k행과 s행을 바꾼 행렬이 B라고 가정했을 때, $r(r \neq k, s)$행을 기준으로 행렬식을 구성하는 여인수(cofactor)를 살펴보면

$$(-1)^{r+j}\det(M_{Arj}), \quad (-1)^{r+j}\det(M_{Brj})$$

이다. 그런데, $n = 3$ 인 경우, $\det(M_{Arj}) = -\det(M_{Brj})$ 되는데, 그 이유는 M_{Arj}, M_{Brj}는 2×2 이고 서로 행을 교환한 관계이므로

$$\det(M_{Arj}) = -\det(M_{Brj}) \tag{10.20}$$

임을 알고 있기 때문이다. 따라서,

$$\begin{aligned}\det(A) &= \sum_{j=1}^{3} a_{rj}(-1)^{r+j}\det(M_{Arj}) \\ &= -\sum_{j=1}^{3} a_{rj}(-1)^{r+j}\det(M_{Brj}) = -\det(B)\end{aligned} \tag{10.21}$$

가 된다. 같은 방법으로 모든 $n(>3)$에 대해서도 $\det(A) = -\det(B)$ 임을 증명할 수 있다. ∎

Theorem 10.10 *행렬 $A_{n\times n}$의 한 행에 스칼라 r을 곱한 행렬을 B라면,*

$$\det(B) = r \cdot \det(A) \tag{10.22}$$

가 된다.

Proof 행렬 A의 k번째 행에 스칼라 r을 곱한 행렬을 B라고 하고 B의 행렬식을 k번째 행을 중심으로 전개하면

$$\begin{aligned}\det(B) &= r(a_{k1})C_{k1} + r(a_{k2})C_{k2} + \cdots + r(a_{kn})C_{kn} \\ &= r\sum_{j=1}^{n} a_{kj}C_{kj} = r \cdot \det(A)\end{aligned} \tag{10.23}$$

가 됨을 알 수 있다. ∎

Remark 행렬 $A_{n\times n}$의 k번째 행에 r_1를 곱하고, s행에 r_2를 곱한 행렬을 B라고 하면,

$$\det(B) = r_1 \cdot r_2 \cdot \det(A) \tag{10.24}$$

가 된다.

Remark 행렬 $A_{n\times n}$에 스칼라 r을 곱한 행렬을 B라고 하면,

$$\det(B) = r^n \cdot \det(A) \tag{10.25}$$

가 된다.

Theorem 10.11 (기본행연산행렬의 행렬식) *기본행연산을 수행하는 행렬들에 대하여 아래와 같은 행렬식이 존재한다.*

(i) $\det(R_{i,j}) = -1$

(ii) $\det(R_{i(c)}) = c$

(iii) $\det(R_{i,j(c)}) = 1$

Proof 앞서 A행렬의 두 행을 바꾼 행렬을 B라고 했을 때 $\det(B) = -\det(A)$ 라고 했기에, 만일 $A = I_n$ 일 경우,

$$\det(R_{i,j}) = -\det(I_n) = -1 \tag{10.26}$$

이 된다. 여기서, $R_{i(c)}$라는 행렬은 대각행렬의 원소가 모두 1이고 오직 i번째 원소만 c이므로

$$\det(R_{i(c)}) = 1 \times \cdots \times 1 \times c \times 1 \times \cdots \times 1 = c \tag{10.27}$$

가 되는데, $R_{i,j(c)}$는 대각원소가 모두 1인 상삼각행렬($j > i$ 경우)이므로

$$\det(R_{i,j(c)}) = 1 \times \cdots \times 1 = 1 \tag{10.28}$$

가 된다. 또한 $j < i$ 이면 하삼각행렬이 되므로 $\det(R_{i,j(c)}) = 1$ 임을 알 수 있다. ∎

Theorem 10.12 *행렬 $A_{n\times n}$에 대해, 만일 A가 비정칙행렬(singular matrix)이면*

$$\det(A) = 0$$

이다.

Proof 우리는 지난 단원에서 A가 비정칙행렬이면 $A \xrightarrow{E.R.O.} B$ 일 때, B가 영행(zero row)을 포함한 상삼각행렬임을 배웠다. 이는 $\det(B) = 0$ 을 의미하며, Theorem 10.9-Theorem 10.10의 도움으로

$$\begin{aligned}\det(B) &= \det(R_{i,j}R_{i,j(d_1)}\cdots R_{i(c_1)}\cdot A)\\ &= (-1)\det(R_{i,j(d_1)}\cdots R_{i(c_1)}\cdot A)\\ &= (-1)^r c_1 \times \cdots \times c_k \times \det(A) = 0\end{aligned} \tag{10.29}$$

가 되는데 이는 기본행연산 과정 중에 행을 바꾼 횟수가 r번이고 행에 $c_1, c_2, \cdots, c_k$ 등의 스칼라를 곱했다는 가정이다. 결국, 식 10.29가 성립하기 위해선 $\det(A) = 0$ 이 된다. ∎

Theorem 10.13 *행렬 $A_{n\times n}$에 대해, 만일 A가 정칙행렬(nonsingular matrix) 이면*

$$\det(A) \neq 0$$

이다.

Proof 정방행렬 A가 정칙행렬이면 $A \xrightarrow{E.R.O.} I_n$ 을 의미한다. 따라서,

$$\det(I_n) = \det(R_{i,j} \cdots R_{i(c_1)} \cdot A) = (-1)^r c_1 \times \cdots \times c_k \times \det(A)$$

가 되어, $\det(I_n) = 1$ 이 되기 위해서는 $\det(A) \neq 0$ 이어야 한다. ∎

Remark 행렬 $A_{n\times n}$에 대해, 만일 $\det(A) = 0$ 이면 A가 비정칙행렬(singular) 이다(Theorem 10.13의 대우명제)

Remark 행렬 $A_{n\times n}$에 대해, 만일 $\det(A) \neq 0$ 이면 A가 정칙행렬(nonsingular) 이다(Theorem 10.12의 대우명제)

지금까지 행렬 $A_{n\times n}$의 역행렬 A^{-1}가 존재하는 조건을 정리하면 다음과 같다

1) $\text{Rank}(A) = n$ 이다.
2) A의 모든 행은 서로 선형독립이다.
3) $R(A)$에 대한 기저의 수는 n이다.
4) $C(A)$에 대한 기저의 수는 n이다.
5) $\det(A) \neq 0$ 이다.
6) $A \xrightarrow{E.R.O.} I_n$ 이 성립한다.

Theorem 10.14 (행렬식의 곱셈성질) *$A_{n\times n}$, $B_{n\times n}$에서*

$$\det(AB) = \det(A)\ \det(B) \tag{10.30}$$

이다.

Proof 먼저, A가 대각행렬일 경우를 생각하면

$$\det(AB) = \det\left(\begin{pmatrix} a_{11} & 0 & \cdots & 0 \\ 0 & a_{22} & \cdots & 0 \\ \vdots & \vdots & & \vdots \\ 0 & 0 & \cdots & a_{nn} \end{pmatrix}\begin{pmatrix} b_{11} & b_{12} & \cdots & b_{1n} \\ b_{21} & b_{22} & \cdots & b_{2n} \\ \vdots & \vdots & & \vdots \\ b_{n1} & b_{n2} & \cdots & b_{nn} \end{pmatrix}\right)$$

$$= \det \begin{pmatrix} a_{11}b_{11} & a_{11}b_{12} & \cdots & a_{11}b_{1n} \\ a_{22}b_{21} & a_{22}b_{22} & \cdots & a_{22}b_{2n} \\ \vdots & \vdots & & \vdots \\ a_{nn}b_{n1} & a_{nn}b_{n2} & \cdots & a_{nn}b_{nn} \end{pmatrix} \tag{10.31}$$

$$= a_{11}a_{22}\cdots a_{nn} \det(B)$$

$$= \det(A)\det(B) \tag{10.32}$$

라고 쉽게 증명할 것이다. 이제 A가 대각행렬이 아닌 경우의 증명을 다루어 보자.

만일 A가 비정칙행렬이라면 AB도 비정칙행렬이다(연습문제 [5] 참조). 따라서, $\det(A) = 0$ 이고 $\det(AB) = 0$ 이므로

$$\det(AB) = \det(A)\det(B) \tag{10.33}$$

가 성립한다.

마지막으로 만일 A가 정칙행렬이라면, $A \xrightarrow{E.R.O.} I_n$ 이 성립한다. 이때, 사용한 기본행연산행렬을 E라고 한다면

$$\begin{aligned} \det(EA) &= \det(R_{i,j}\cdots R_{i,j(c_1)}A) \\ &= (-1)^r c_1 \times \cdots \times c_k \det(A) = \det(I_n) = 1 \end{aligned} \tag{10.34}$$

그러므로,

$$\det(A) = \frac{(-1)^r}{c_1 \times \cdots \times c_k} \tag{10.35}$$

가 성립한다. 한편 $EA = I_n$ 임을 이용하면

$$\begin{aligned} \det(B) &= \det(EAB) = \det(R_{i,j}\cdots R_{i,j(c_1)}AB) \\ &= (-1)^r c_1 \times \cdots \times c_k \det(AB) \end{aligned} \tag{10.36}$$

가 되어

$$\det(AB) = \frac{(-1)^r}{c_1 \times \cdots \times c_k}\det(B) \tag{10.37}$$

식 10.35으로부터

$$\det(AB) = \det(A)\det(B)$$

임이 증명된다. 결론적으로 AB에서 A가 정칙이든, 비정칙이든 상관없이 $\det(AB) = \det(A)\det(B)$ 가 항상 성립한다. ∎

Question: det(AB)=det(A) det(B) 의 성질을 이용하여 다음을 보여라.

$$\det\begin{pmatrix} a_1 & a_2 & a_3 \\ b_1 & b_2 & b_3 \\ c_1 & c_2 & c_3 \end{pmatrix} = -\det\begin{pmatrix} c_1 & c_2 & c_3 \\ b_1 & b_2 & b_3 \\ a_1 & a_2 & a_3 \end{pmatrix} \tag{10.38}$$

Proof 아래와 같이 행렬을 정의하자.

$$A = \begin{pmatrix} a_1 & a_2 & a_3 \\ b_1 & b_2 & b_3 \\ c_1 & c_2 & c_3 \end{pmatrix}, \quad B = \begin{pmatrix} c_1 & c_2 & c_3 \\ b_1 & b_2 & b_3 \\ a_1 & a_2 & a_3 \end{pmatrix} \tag{10.39}$$

이때, $\det(A) = -\det(B)$ 임을 보이면 된다. 여기서 $R_{1,3}A = B$ 임을 고려하여

$$\begin{aligned} \det(B) &= \det(R_{1,3}A) && (10.40)\\ &= \det(R_{1,3})\det(A) && (10.41)\\ &= -\det(A) && (10.42) \end{aligned}$$

가 된다. ■

Q $A \xrightarrow{R_{i,j}} B$ 일 때, $\det(B) = -\det(A)$ 임을 증명하라.

Q $A \xrightarrow{R_{i(c)}} B$ 일 때, $\det(B) = c \cdot \det(A)$ 임을 증명하라.

Q $A \xrightarrow{R_{i,j(c)}} B$ 일 때, $\det(B) = \det(A)$ 임을 증명하라.

Q 아래 행렬에 대한 행렬식을 식 10.6을 이용해 구하고, 또 Theorem 10.11 와 Theorem 10.14를 이용해 확인하라.

$$A = \begin{pmatrix} 0 & 1 \\ 1 & 0 \end{pmatrix}, \quad B = \begin{pmatrix} 1 & 0 & 0 \\ 0 & -2 & 0 \\ 0 & 0 & 1 \end{pmatrix}, \quad C = \begin{pmatrix} 1 & 2 & 0 \\ 0 & 1 & 0 \\ 0 & 0 & 1 \end{pmatrix}$$

Summary: 아래는 지금까지 소개된 행렬식에 대한 성질이다.

1) $\det(a) = a$, (a는 스칼라)
2) $\det(A) = \sum_{j=1}^{n} a_{ij}C_{ij}$, $C_{ij} = (-1)^{i+j}\det(M_{ij})$
3) $\det(A) = \sum_{i=1}^{n} a_{ij}C_{ij}$, $C_{ij} = (-1)^{i+j}\det(M_{ij})$
4) 대각행렬 $D = \{d_{ii}\}_{n\times n}$에 대하여, $\det(D) = \Pi_{i=1}^{n} d_{ii}$
5) 상삼각행렬 $A = \{a_{ij}\}_{n\times n}$에 대하여, $\det(A) = \Pi_{i=1}^{n} a_{ii}$
6) $\det(A)=\det(A^T)$
7) $\det(AB)=\det(A)\det(B)$
8) $\det(cA)=c^n \det(A)$, A는 $n \times n$ 행렬
9) $\det(R_{i,j}) = -1$
10) $\det(R_{i,j(c)}) = 1$
11) $\det(R_{i(c)}) = c$
12) $\det(A) = 0 \iff A$는 비정칙행렬이다.
13) $\det(A) \neq 0 \iff A$는 정칙행렬이다.
14) A가 직교행렬이면, $\det(A) = 1$, 혹은 -1 (연습문제 [6]번)
15) A가 멱등행렬이면, $\det(A) = 0$, 혹은 1 (연습문제 [7]번)
16) A가 정칙행렬이면, $\det(A^{-1}) = \frac{1}{\det(A)}$ (연습문제 [8]번)

Q 다음을 행렬식의 성질을 이용해 증명하라.

1. 행렬 A에 원소가 모두 0인 행이 있으면 역행렬이 존재할 수 없다.

2. 행렬 A에 똑같은 행이 두 개 존재하면 역행렬이 존재할 수 없다.

3. 행렬 A에 한 행의 원소가 다른 행의 원소의 c배 라면 역행렬이 존재할 수 없다.

10.6 연습문제

[1] 다음 행렬의 계수(Rank)를 계산하라.

$$X = \begin{pmatrix} 1 & 1 & 0 \\ 1 & 1 & 0 \\ 1 & 0 & 1 \\ 1 & 0 & 1 \end{pmatrix}$$

[2] 아래를 계산하여라.

$$\det\begin{pmatrix} a_1 & a_2 & a_3 \\ a_1 & a_2 & a_3 \\ b_1 & b_2 & b_3 \end{pmatrix} = \det\begin{pmatrix} a_1 & a_2 & a_3 \\ b_1 & b_2 & b_3 \\ a_1 & a_2 & a_3 \end{pmatrix} = 0 \tag{10.43}$$

[3] 다음 행렬 A의 행렬식을 구하라

$$A = \begin{pmatrix} 2 & 0 & 0 \\ 1 & 3 & 0 \\ 4 & 2 & 1 \end{pmatrix}\begin{pmatrix} 1 & 2 & 3 \\ 0 & 1 & 2 \\ 0 & 0 & 2 \end{pmatrix}$$

[4] 아래 행렬이 비정칙행렬이 되기위한 λ값을 구하라.

$$A = \begin{pmatrix} 2-\lambda & 0 & 0 \\ 0 & 1-\lambda & 4 \\ 0 & 1 & 1-\lambda \end{pmatrix}$$

[5] 행렬 $A_{n\times n}$, $B_{n\times n}$에서 A가 비정칙행렬이면 행렬 AB도 비정칙행렬임을 증명하라(Hint: A가 비정칙이면 A의 행들이 선형종속임을 사용하라. 즉, $\boldsymbol{x}^T A = \boldsymbol{0}^T$를 만족하는 $\boldsymbol{x}(\neq \boldsymbol{0})$가 존재한다).

[6] 행렬 $A_{n\times n}$이 직교행렬(orthogonal matrix)이면 $\det(A) = 1$ 또는 -1임을 증명하라(Hint: 직교행렬의 성질은 $A^TA = AA^T = I_n$ 이다).

[7] 행렬 $A_{n\times n}$이 멱등행렬(idempotent matrix)이면 $\det(A) = 0$ 또는 1임을 증명하라(Hint: 멱등행렬의 성질은 $AA = A$ 이다).

[8] 행렬 $A_{n\times n}$이 정칙행렬이면

$$\det(A^{-1}) = \frac{1}{\det(A)} \tag{10.44}$$

임을 증명하라.

[9] 행렬 $A_{4\times 4}$에 대하여 $\det(A) = 3$이라고 한다. 다음 값을 계산하라.

1. $\det(A^T)$

2. $\det(5A)$

3. $\det(A^{-1})$

4. $\det(A^k), \quad k > 0$

5. $\det(A + A)$

[10] 행렬 $A_{n\times n}$, $B_{n\times n}$에 대하여, 만일 B가 정칙행렬일 경우 아래가 성립함을 증명하라.

$$\det(A) = \det(BAB^{-1}) \tag{10.45}$$

[11] 다음 행렬들의 역행렬을 가우스-조던 알고리즘을 사용해 각각 구하라.

$$A = \begin{pmatrix} 0 & 2 & 3 \\ 1 & 1 & 1 \\ 4 & 8 & -3 \end{pmatrix}, \quad B = \begin{pmatrix} 1 & 2 & -4 \\ 2 & 5 & -9 \\ 3 & -2 & 3 \end{pmatrix} \tag{10.46}$$

[12] 아래는 행렬식을 i번째 행을 중심으로 전개한 모습이다

$$\det(A) = a_{i1}C_{i1} + a_{i2}C_{i2} + \cdots + a_{in}C_{in} \tag{10.47}$$

임의의 $j(\neq i)$에 대하여 아래가 성립함을 보여라.

$$a_{j1}C_{i1} + a_{j2}C_{i2} + \cdots + a_{jn}C_{in} = 0 \tag{10.48}$$

(Hint: 행렬 A의 i번째 행을 j번째 행으로 대치시켜서 두 개의 행이 같게된 A' 행렬에 대하여 $\det(A') = 0$ 임을 이용한다.)

Chapter 11

크래머 공식과 역행렬 공식

선형방정식 $A\boldsymbol{x} = \boldsymbol{b}$ 의 해를 구하는 방법에는 가우스 소거법이나 가우스-조단 알고리즘 외에 다른 방법들도 존재한다. 이 단원에서는 행렬식만을 사용하여 선형연립방정식을 풀이하는 방법과 역행렬의 공식을 이용해서 풀이하는 방법을 소개하고자 한다.

11.1 크래머 공식(Cramer's Rule)

행렬식은 행렬이 가지고 있는 성질을 나타내는데 사용될 뿐 아니라 선형방정식의 해를 구하는데 사용되기도 한다. 크래머(그림 11.1 참조)는 일정 수의 점들을 통과하는 곡면의 방정식을 구하다가 행렬식을 이용한 방정식의 해법을 고안하였다. 이것을 '크래머 공식(Cramer's Rule)'이라고 부르고 있는데 아래와 같다.

Theorem 11.1 (Cramer's Rule) *선형방정식 $A\boldsymbol{x} = \boldsymbol{b}$ 가 아래와 같을 때*

$$\begin{pmatrix} a_{11} & a_{12} & \cdots & a_{1n} \\ a_{21} & a_{22} & \cdots & a_{2n} \\ \vdots & \vdots & & \vdots \\ a_{n1} & a_{n2} & \cdots & a_{nn} \end{pmatrix} \begin{pmatrix} x_1 \\ x_2 \\ \vdots \\ x_n \end{pmatrix} = \begin{pmatrix} b_1 \\ b_2 \\ \vdots \\ b_n \end{pmatrix} \tag{11.1}$$

위 방정식의 해는 다음과 같다.

$$x_k = \frac{\det(B_k)}{\det(A)}, \quad k = 1, 2, \cdots, n \tag{11.2}$$

여기서, B_k는 A행렬에서 k번째 열을 벡터 $\boldsymbol{b}$로 교체한 행렬을 의미한다.

그림 11.1: 크래머(Gabriel Cramer, 1704-1752): 스위스의 수학자이자 천체과학자. 수학자 베르누이의 업적을 편집하였고 '효용(utility)'의 개념을 도입하여 수리경제학에 이바지 하였다.

Proof 먼저 크래머 공식에 따라 x_1의 값을 구해보면

$$\frac{\det\begin{pmatrix} b_1 & a_{12} & \cdots & a_{1n} \\ b_2 & a_{22} & \cdots & a_{2n} \\ \vdots & \vdots & & \vdots \\ b_n & a_{n2} & \cdots & a_{nn} \end{pmatrix}}{\det\begin{pmatrix} a_{11} & a_{12} & \cdots & a_{1n} \\ a_{21} & a_{22} & \cdots & a_{2n} \\ \vdots & \vdots & & \vdots \\ a_{n1} & a_{n2} & \cdots & a_{nn} \end{pmatrix}} \tag{11.3}$$

이고, $a_{i1}x_1 + a_{i2}x_2 + \cdots + a_{in}x_n = b_i$ 임을 이용하면

$$\frac{\det\begin{pmatrix} a_{11}x_1 + a_{12}x_2 + \cdots + a_{1n}x_n & a_{12} & \cdots & a_{1n} \\ a_{21}x_1 + a_{22}x_2 + \cdots + a_{2n}x_n & a_{22} & \cdots & a_{2n} \\ \vdots & \vdots & & \vdots \\ a_{n1}x_1 + a_{n2}x_2 + \cdots + a_{nn}x_n & a_{n2} & \cdots & a_{nn} \end{pmatrix}}{\det\begin{pmatrix} a_{11} & a_{12} & \cdots & a_{1n} \\ a_{21} & a_{22} & \cdots & a_{2n} \\ \vdots & \vdots & & \vdots \\ a_{n1} & a_{n2} & \cdots & a_{nn} \end{pmatrix}} \tag{11.4}$$

가 된다. 여기서 $\det(A) = \det(A^T)$ 임을 고려하여, 분자에 있는 행렬에 전치(transpose)를 취한 후, $R_{1,2(-x_2)}$, $R_{1,3(-x_3)}$, $\cdots$, $R_{1,n(-x_n)}$라는 기본행연산을 행할지라도 전체 행렬식은 변하지 않으므로

$$\frac{\det\begin{pmatrix} a_{11}x_1 & a_{21}x_1 & \cdots & a_{n1}x_1 \\ a_{12} & a_{22} & \cdots & a_{n2} \\ \vdots & \vdots & & \vdots \\ a_{1n} & a_{2n} & \cdots & a_{nn} \end{pmatrix}}{\det\begin{pmatrix} a_{11} & a_{12} & \cdots & a_{1n} \\ a_{21} & a_{22} & \cdots & a_{2n} \\ \vdots & \vdots & & \vdots \\ a_{n1} & a_{n2} & \cdots & a_{nn} \end{pmatrix}} = \frac{x_1 \cdot \det\begin{pmatrix} a_{11} & a_{21} & \cdots & a_{n1} \\ a_{12} & a_{22} & \cdots & a_{n2} \\ \vdots & \vdots & & \vdots \\ a_{1n} & a_{2n} & \cdots & a_{nn} \end{pmatrix}}{\det\begin{pmatrix} a_{11} & a_{12} & \cdots & a_{1n} \\ a_{21} & a_{22} & \cdots & a_{2n} \\ \vdots & \vdots & & \vdots \\ a_{n1} & a_{n2} & \cdots & a_{nn} \end{pmatrix}}$$

$$= \quad x_1$$

가 되어 x_1의 값과 일치한다. 같은 방법으로 $x_2, \cdots$, x_n의 공식도 증명할 수 있게 된다. ∎

Example 아래 연립방정식에 대해 크래머 공식을 이용하여 해를 구하라.

$$\begin{cases} 3x_1 - 2x_2 - x_3 = 2 \\ x_2 + x_3 = 1 \\ x_1 + x_2 + x_3 = 2 \end{cases}$$

Solution: 크래머 공식을 이용하면,

$$\det(A) = \begin{pmatrix} 3 & -2 & -1 \\ 0 & 1 & 1 \\ 1 & 1 & 1 \end{pmatrix} = 3(0) - 0(-1) + 1(-1) = -1,$$

$$\det(B_1) = \begin{pmatrix} 2 & -2 & -1 \\ 1 & 1 & 1 \\ 2 & 1 & 1 \end{pmatrix} = 2(0) - 1(-1) + 2(-1) = -1,$$

$$\det(B_2) = \begin{pmatrix} 3 & 2 & -1 \\ 0 & 1 & 1 \\ 1 & 2 & 1 \end{pmatrix} = 3(-1) - 0(4) + 1(3) = 0,$$

$$\det(B_3) = \begin{pmatrix} 3 & -2 & 2 \\ 0 & 1 & 1 \\ 1 & 1 & 2 \end{pmatrix} = 3(1) - 0(-6) + 1(-4) = -1,$$

그러므로,

$$x_1 = \frac{\det(B_1)}{\det(A)} = 1, \quad x_2 = \frac{\det(B_2)}{\det(A)} = 0, \quad x_3 = \frac{\det(B_3)}{\det(A)} = 1 \tag{11.5}$$

가 된다.

Q 다음 연립방정식의 해를 크래머 공식을 사용해서 구하려고 한다. 이 연립방정식의 해를 구할 수 없음을 보여라.

$$\begin{cases} x_2 - 2x_3 = 2 \\ x_2 - 2x_3 = 1 \\ x_1 + x_2 + x_3 = 2 \end{cases}$$

11.2 역행렬 공식

역행렬 A^{-1}를 구함에 있어서 가우스-조단 알고리즘에 의한 방법 외에, 직접 역행렬 공식에 의한 방법을 소개하고자 한다. 먼저 수반행렬(Adjoint)에 대해 알아보자.

Definition 행렬 $A_{n\times n}$에 대하여 여인수(cofactor)가 $C_{ij} = (-1)^{i+j}\det(M_{ij})$ 로 정의 되었음을 상기할 때, 행렬 A의 수반행렬(adjoint matrix)는

$$\text{adj}(A) = \{C_{ij}\}^T_{n\times n} \tag{11.6}$$

라고 정의된다. 즉, 수반행렬의 (i,j)번째 원소는 C_{ji}이다.

Example 아래 행렬 A의

$$A = \begin{pmatrix} a & b \\ c & d \end{pmatrix}$$

수반행렬(adjoint matrix)를 구하면

$$\begin{aligned} C_{11} &= (-1)^{1+1}\det(d) = d \\ C_{12} &= (-1)^{1+2}\det(c) = -c \end{aligned}$$

$$C_{21} = (-1)^{2+1}\det(b) = -b$$
$$C_{22} = (-1)^{2+2}\det(a) = a$$

이므로

$$\mathrm{adj}(A) = \begin{pmatrix} d & -b \\ -c & a \end{pmatrix}$$

가 된다.

Example 아래 행렬 A의

$$A = \begin{pmatrix} 2 & 3 & 0 \\ 1 & 0 & 2 \\ 1 & -1 & 0 \end{pmatrix}$$

수반행렬(adjoint matrix)를 구하면

$$C_{11} = (-1)^{1+1}\det\begin{pmatrix} 0 & 2 \\ -1 & 0 \end{pmatrix} = 0 + 2 = 2$$

$$C_{12} = (-1)^{1+2}\det\begin{pmatrix} 1 & 2 \\ 1 & 0 \end{pmatrix} = -(0 - 2) = 2$$

$$C_{13} = (-1)^{1+3}\det\begin{pmatrix} 1 & 0 \\ 1 & -1 \end{pmatrix} = -1 - 0 = -1$$

$$C_{21} = (-1)^{2+1}\det\begin{pmatrix} 3 & 0 \\ -1 & 0 \end{pmatrix} = -(0 - 0) = 0$$

$$C_{22} = (-1)^{2+2}\det\begin{pmatrix} 2 & 0 \\ 1 & 0 \end{pmatrix} = 0 - 0 = 0$$

$$C_{23} = (-1)^{2+3}\det\begin{pmatrix} 2 & 3 \\ 1 & -1 \end{pmatrix} = -(-2 - 3) = 5$$

$$C_{31} = (-1)^{3+1}\det\begin{pmatrix} 3 & 0 \\ 0 & 2 \end{pmatrix} = 6 - 0 = 6$$

$$C_{32} = (-1)^{3+2}\det\begin{pmatrix} 2 & 0 \\ 1 & 2 \end{pmatrix} = -(4 - 0) = -4$$

$$C_{33} = (-1)^{3+3}\det\begin{pmatrix} 2 & 3 \\ 1 & 0 \end{pmatrix} = 0 - 3 = -3$$

이므로

$$\mathrm{adj}(A) = \begin{pmatrix} 2 & 2 & -1 \\ 0 & 0 & 5 \\ 6 & -4 & -3 \end{pmatrix}^T = \begin{pmatrix} 2 & 0 & 6 \\ 2 & 0 & -4 \\ -1 & 5 & -3 \end{pmatrix}$$

가 된다.

Theorem 11.2 *행렬 $A_{n\times n}$이 정칙행렬이면*

$$\mathrm{adj}(A)\, A = A\ \mathrm{adj}(A) = \det(A)\, I_n \tag{11.7}$$

가 성립한다.

Proof 먼저 $A\,\mathrm{adj}(A) = \det(A)\ I_n$ 에서 좌변의 (i,j)번째 원소가 우변의 (i,j) 번째 원소와 일치함을 보이고자 한다. 좌변의 (i,j)번째 원소는

$$(a_{i1}\ a_{i2}\ \cdots\ a_{in})\begin{pmatrix} C_{j1} \\ C_{j2} \\ \vdots \\ C_{jn} \end{pmatrix} = a_{i1}C_{j1} + a_{i2}C_{j2} + \cdots + a_{in}C_{jn}$$

가 되는데, 지난 과 연습문제의 식 10.48과 식 10.6을 이용하면 좌변의 (i,j)번째 원소는

$$\{A\ \mathrm{adj}(A)\}_{(i,j)} = \begin{cases} \det(A) & i = j \\ 0 & i \neq j \end{cases} \tag{11.8}$$

가 되어 $A\ \mathrm{adj}(A) = \det(A)\ I_n$ 이 성립한다. 같은 방법으로 $\mathrm{adj}(A)\, A = \det(A)\, I_n$ 도 증명할 수 있다. ∎

Theorem 11.3 (A의 역행렬) *행렬 $A_{n\times n}$이 정칙행렬일때 역행렬 A^{-1}은 아래와 같이 구할 수 있다.*

$$A^{-1} = \frac{1}{\det(A)}\ \mathrm{adj}(A) = \frac{1}{\det(A)} \{C_{ij}\}^T_{n\times n} \tag{11.9}$$

Proof 이전의 Theorem 11.2에서

$$\mathrm{adj}(A)\ A = A\ \mathrm{adj}(A) = \det(A)\ I_n$$

임이 증명되었다. 따라서 양변을 $\det(A)$로 나누면($\det(A) \neq 0$),

$$\frac{1}{\det(A)}\mathrm{adj}(A)\ A = A\ \frac{1}{\det(A)}\mathrm{adj}(A) = I_n \tag{11.10}$$

가 된다. 식 11.10으로부터 우리는

$$A^{-1} = \frac{1}{\det(A)}\mathrm{adj}(A)$$

임을 알게 된다. ∎

Q 위 Theorem 11.3을 이용하여 아래 역행렬 공식을 확인하라.

$$\begin{pmatrix} a & b \\ c & d \end{pmatrix}^{-1} = \frac{1}{ad-bc} \begin{pmatrix} d & -b \\ -c & a \end{pmatrix}$$

Theorem 11.4 (역행렬을 이용한 선형방정식의 해) *선형방정식 $A\boldsymbol{x} = \boldsymbol{b}$ 의 해는, 만일 $\det(A) \neq 0$이면*

$$\boldsymbol{x} = A^{-1}\boldsymbol{b} \tag{11.11}$$

로 구할 수 있다.

Proof 선형방정식 $A\boldsymbol{x} = \boldsymbol{b}$ 의 양변에 A^{-1}를 곱하면

$$A^{-1}A\boldsymbol{x} = A^{-1}\boldsymbol{b} \tag{11.12}$$

이고, 좌변은 $A^{-1}A\boldsymbol{x} = I\boldsymbol{x} = \boldsymbol{x}$ 가 된다. ∎

Q 전 단원에서는 크래머 공식으로 아래 연립방정식의 해를 구했었다. 같은 연립방정식을 이제 Theorem 11.4를 이용해서 구하라.

$$\begin{cases} 3x_1 - 2x_2 - x_3 &= 2 \\ x_2 + x_3 &= 1 \\ x_1 + x_2 + x_3 &= 2 \end{cases}$$

11.3 역행렬의 성질

지금까지 역행렬의 존재여부와 역행렬을 구하는 방법들에 대해 살펴보았다. 이제는 역행렬이 가지고 있는 성질에 대해 알아보고자 한다. 참고적으로 만일 B가 A의 역행렬임을 증명하기 위해선 $BA = AB = I$ 을 증명하면 된다.

Proposition 11.5 *만일* $d_{ii} \neq 0,\ (i = 1, 2, \cdots, n)$*라면,*

$$\begin{pmatrix} d_{11} & 0 & \cdots & 0 \\ 0 & d_{22} & \cdots & 0 \\ \vdots & \vdots & \ddots & \vdots \\ 0 & \cdots & 0 & d_{mn} \end{pmatrix}^{-1} = \begin{pmatrix} \frac{1}{d_{11}} & 0 & \cdots & 0 \\ 0 & \frac{1}{d_{22}} & \cdots & 0 \\ \vdots & \vdots & \ddots & \vdots \\ 0 & \cdots & 0 & \frac{1}{d_{mn}} \end{pmatrix} \tag{11.13}$$

이다.

Proof 역행렬의 정의를 만족하는지 확인해 보면,

$$\begin{pmatrix} d_{11} & 0 & \cdots & 0 \\ 0 & d_{22} & \cdots & 0 \\ \vdots & \vdots & \ddots & \vdots \\ 0 & \cdots & 0 & d_{mn} \end{pmatrix} \begin{pmatrix} \frac{1}{d_{11}} & 0 & \cdots & 0 \\ 0 & \frac{1}{d_{22}} & \cdots & 0 \\ \vdots & \vdots & \ddots & \vdots \\ 0 & \cdots & 0 & \frac{1}{d_{mn}} \end{pmatrix} = I_n$$

이고

$$\begin{pmatrix} \frac{1}{d_{11}} & 0 & \cdots & 0 \\ 0 & \frac{1}{d_{22}} & \cdots & 0 \\ \vdots & \vdots & \ddots & \vdots \\ 0 & \cdots & 0 & \frac{1}{d_{mn}} \end{pmatrix} \begin{pmatrix} d_{11} & 0 & \cdots & 0 \\ 0 & d_{22} & \cdots & 0 \\ \vdots & \vdots & \ddots & \vdots \\ 0 & \cdots & 0 & d_{mn} \end{pmatrix} = I_n$$

이므로 역행렬임이 증명된다. ∎

Remark 만일 $c \neq 0$ 이면 $\{cI_n\}^{-1} = \frac{1}{c}I_n$ 이다.

Proposition 11.6 *행렬 A가 직교행렬(식 6.25 참조)이면 $A^{-1} = A^T$ 이다.*

Proof 직교행렬의 정의에 의해 $A^TA = AA^T = I_n$ 이므로 A^T이 A의 역행렬이 된다. ∎

Proposition 11.7 *만일 A^{-1}, B^{-1}가 존재하면, $(AB)^{-1} = B^{-1}A^{-1}$ 가 성립한다.*

Proof $(B^{-1}A^{-1})AB = B^{-1}(A^{-1}A)B = B^{-1}B = I_n$ 이고 $AB(B^{-1}A^{-1}) = A(BB^{-1})A^{-1} = AA^{-1} = I_n$ 이므로 AB의 역행렬은 $B^{-1}A^{-1}$ 이다. ∎

Proposition 11.8 *행렬 A의 역행렬이 존재할 때, $(A^T)^{-1} = (A^{-1})^T$ 이다.*

Proof 행렬의 전치에 있어서, $A^T(A^{-1})^T = (A^{-1}A)^T = I_n$와 $(A^{-1})^TA^T = (AA^{-1})^T = I_n$ 이 성립하므로 A^T의 역행렬은 $(A^{-1})^T$이다. ∎

Proposition 11.9 *기본행연산행렬 $R_{i,j}$에 대해, $R_{i,j}^{-1} = R_{i,j}$ 이다.*

Proof $R_{i,j}$가 i행과 j행을 교환하는 연산행렬임을 생각할 때, $R_{i,j}R_{i,j} = I_n$ 임을 알 수 있다. 따라서, $R_{i,j}^{-1} = R_{i,j}$ 이다. ∎

Proposition 11.10 *기본행연산행렬 $R_{i,j(c)}$에 대해, $R_{i,j(c)}^{-1} = R_{i,j(-c)}$ 이다.*

Proof $R_{i,j(c)}$가 i행에 $c\times(j$행$)$을 더하는 연산행렬임을 생각할 때, $R_{i,j(c)}R_{i,j(-c)} = I_n$ 이고, $R_{i,j(-c)}R_{i,j(c)} = I_n$ 임을 알 수 있다. 따라서, $R_{i,j(c)}^{-1} = R_{i,j(-c)}$ 이다. ∎

Proposition 11.11 *기본행연산행렬 $R_{i(c)}$에 대해, $R_{i(c)}^{-1} = R_{i(1/c)}$ 이다.*

Proof $R_{i(c)}$가 i행에 c를 곱하는 연산행렬임을 생각할 때, $R_{i(c)}R_{i(1/c)} = I_n$ 이고, $R_{i(1/c)}R_{i(c)} = I_n$ 임을 알 수 있다. 따라서, $R_{i(c)}^{-1} = R_{i(1/c)}$ 이다. ∎

또한, 역행렬에 대하여 아래의 정리가 성립한다.

Theorem 11.12 (역행렬의 유일성) *행렬 A의 역행렬이 존재할 경우, 그 역행렬은 오직 한 개 뿐이다.*

Proof 만일 $A_{n\times n}$의 역행렬이 $C,\ D(C\neq D)$ 라고 하면,

$$C = CI_n = C(AD) = (CA)D = I_nD = D,$$

가 되어 $C\neq D$라는 가정에 모순이 된다. 그러므로 역행렬은 한 개만 존재한다. ∎

Summary: 지금까지 역행렬의 성질을 정리하면 다음과 같다.

1) $D = \{d_{ii}\}_{n\times n}$가 대각행렬일 때, $D^{-1} = \{\frac{1}{d_{ii}}\}_{n\times n}$이다.
2) 만일 $c\neq 0$이면 $\{cI_n\}^{-1} = \frac{1}{c}I_n$ 이다.
3) 행렬 A가 직교행렬이면 $A^{-1} = A^T$ 이다.
4) $(AB)^{-1} = B^{-1}A^{-1}$
5) $(A^T)^{-1} = (A^{-1})^T$
6) $R_{i,j}^{-1} = R_{i,j}$
7) $R_{i,j(c)}^{-1} = R_{i,j(-c)}$
8) $R_{i(c)}^{-1} = R_{i(1/c)}$
9) A의 역행렬은 유일하다.

Q 행렬 A의 역행렬이 A^{-1}이라고 할 때, A^2의 역행렬이 $(A^{-1})^2$ 임을 증명하라.

11.4 분할행렬의 역행렬

때로는 크기가 큰 행렬을 여러 개의 부분행렬로 분할(partition)함으로써 계산이 용이해질 경우가 있다. 이렇게 분할된 행렬을 '분할행렬(partitioned matrix)'이라고 하는데 이에 대한 논의는 이전에 있었기 때문에 자세한 소개는 생략하기로 한다.

Theorem 11.13 *행렬 A, B가 아래와 같을 때,*

$$A = \begin{pmatrix} A_{11} & A_{12} \\ A_{21} & A_{22} \end{pmatrix}, \quad B = \begin{pmatrix} B_{11} & B_{12} \\ B_{21} & B_{22} \end{pmatrix}$$

다음과 같은 성질이 성립한다.

(i) 분할행렬의 크기가 동일한 경우,

$$A \pm B = \begin{pmatrix} A_{11} \pm B_{11} & A_{12} \pm B_{12} \\ A_{21} \pm B_{21} & A_{22} \pm B_{22} \end{pmatrix} \tag{11.14}$$

(ii)

$$A^T = \begin{pmatrix} A_{11}^T & A_{21}^T \\ A_{12}^T & A_{22}^T \end{pmatrix}, \quad B^T = \begin{pmatrix} B_{11}^T & B_{21}^T \\ B_{12}^T & B_{22}^T \end{pmatrix} \tag{11.15}$$

(iii) 아래 분할행렬 간 곱셈이 가능한 경우,

$$AB = \begin{pmatrix} A_{11}B_{11} + A_{12}B_{21} & A_{11}B_{12} + A_{12}B_{22} \\ A_{21}B_{11} + A_{22}B_{21} & A_{21}B_{12} + A_{22}B_{22} \end{pmatrix} \tag{11.16}$$

Proof 행렬의 덧셈-뺄셈, 곱셈, 전치의 정의를 이용하면 쉽게 증명이 된다.

Question: 아래 행렬 A에 대하여

$$A = \begin{pmatrix} 3I_3 & \mathbf{1}_3\mathbf{1}_2^T \\ 4\mathbf{1}_2\mathbf{1}_3^T & 2I_2 \end{pmatrix} \tag{11.17}$$

A^T와 A^TA 를 각각 구하라.

Answer: 먼저 전치행렬을 구해 보면,

$$A^T = \begin{pmatrix} 3I_3 & 4\mathbf{1}_3\mathbf{1}_2^T \\ \mathbf{1}_2\mathbf{1}_3^T & 2I_2 \end{pmatrix} = \begin{pmatrix} 3 & 0 & 0 & 4 & 4 \\ 0 & 3 & 0 & 4 & 4 \\ 0 & 0 & 3 & 4 & 4 \\ 1 & 1 & 1 & 2 & 0 \\ 1 & 1 & 1 & 0 & 2 \end{pmatrix},$$

가 되며,

$$\begin{aligned} A^TA &= \begin{pmatrix} 3I_3 & 4\mathbf{1}_3\mathbf{1}_2^T \\ \mathbf{1}_2\mathbf{1}_3^T & 2I_2 \end{pmatrix}\begin{pmatrix} 3I_3 & \mathbf{1}_3\mathbf{1}_2^T \\ 4\mathbf{1}_2\mathbf{1}_3^T & 2I_2 \end{pmatrix} \\ &= \begin{pmatrix} 9I_3 + 16\mathbf{1}_3\mathbf{1}_2^T\mathbf{1}_2\mathbf{1}_3^T & 3\mathbf{1}_3\mathbf{1}_2^T + 8\mathbf{1}_3\mathbf{1}_2^T \\ 3\mathbf{1}_2\mathbf{1}_3^T + 8\mathbf{1}_2\mathbf{1}_3^T & \mathbf{1}_2\mathbf{1}_3^T\mathbf{1}_3\mathbf{1}_2^T + 4I_2 \end{pmatrix} \end{aligned}$$

가 된다. 여기서 $\mathbf{1}_2^T\mathbf{1}_2 = 2$ 그리고 $\mathbf{1}_3^T\mathbf{1}_3 = 3$ 임을 이용하면

$$A^TA = \begin{pmatrix} 41 & 32 & 32 & 11 & 11 \\ 32 & 41 & 32 & 11 & 11 \\ 32 & 32 & 41 & 11 & 11 \\ 11 & 11 & 11 & 7 & 3 \\ 11 & 11 & 11 & 3 & 7 \end{pmatrix}$$

가 된다.

Theorem 11.14 (분할행렬의 행렬식) *행렬 P가 다음과 같이 $A_{n\times n}$, $B_{n\times m}$, $C_{m\times n}$, $D_{m\times m}$으로 분할 가능할 때,*

$$P = \begin{pmatrix} A & B \\ C & D \end{pmatrix}$$

(1) 만일 A가 정칙행렬이면 $\longrightarrow$ $\det(P) = \det(A)\det(D - CA^{-1}B)$ 이다.

(2) 만일 D가 정칙행렬이면 $\longrightarrow$ $\det(P) = \det(A - BD^{-1}C)\det(D)$ 이다.

(3) 만일 $m = n$ 이고 $CD = DC$ 이면 $\longrightarrow$ $\det(P) = \det(AD - BC)$ 이다.

Proof 증명은 이 책의 범위를 넘게 되므로 생략하기로 한다.

Remark 위 분할 행렬에서 주의할 것은

$$\det(P) \neq \det(A)\det(D) - \det(B)\det(C) \tag{11.18}$$

라는 것이다.

Remark 행렬 A, B사이에 $AB = BA$ 라는 관계가 성립하면 A와 B가 서로 교환된다고 말한다.

Theorem 11.15 *행렬 A가 정방행렬 A_{11}과 A_{22}로 이루어진, 아래와 같은 블록 대각행렬(block diagonal matrix)일 때,*

$$A = \begin{pmatrix} A_{11} & 0 \\ 0 & A_{22} \end{pmatrix},$$

다음이 성립한다.

(1) $\text{Rank}(A) = \text{Rank}(A_{11}) + \text{Rank}(A_{22})$

(2) $\det(A) = \det(A_{11}) \times \det(A_{22})$

(3) 만일 $\det(A_{11}) \neq 0$, $\det(A_{22}) \neq 0$*이라면,*

$$A^{-1} = \begin{pmatrix} A_{11}^{-1} & 0 \\ 0 & A_{22}^{-1} \end{pmatrix},$$

이다.

Proof (1) 계수의 정의로부터 Rank(A)이란 A의 선형독립인 행의 수가 되는데, A가 블록대각행렬인 관계로 A_{11}과 A_{22}간에는 선형종속인 행이 존재하지 않게 된다. 따라서 $\text{Rank}(A) = \text{Rank}(A_{11}) + \text{Rank}(A_{22})$ 가 된다.
(2) 분할행렬에서 $0\,A_{22} = A_{22}\,0 = 0$ 이 성립하므로 Theorem 11.14에 의해

$$\det\begin{pmatrix} A_{11} & 0 \\ 0 & A_{22} \end{pmatrix} = \det(A_{11}A_{22} - 0 \times 0) = \det(A_{11})\det(A_{22})$$

가 된다.
(3) $\det(A_{11}) \neq 0$, $\det(A_{22}) \neq 0$ 이므로 정칙행렬이다. 따라서 분할행렬의 곱셈성질에 의해

$$\begin{pmatrix} A_{11} & 0 \\ 0 & A_{22} \end{pmatrix}\begin{pmatrix} A_{11}^{-1} & 0 \\ 0 & A_{22}^{-1} \end{pmatrix} = \begin{pmatrix} A_{11}^{-1} & 0 \\ 0 & A_{22}^{-1} \end{pmatrix}\begin{pmatrix} A_{11} & 0 \\ 0 & A_{22} \end{pmatrix} = I_n$$

가 된다. ∎

분할행렬의 행렬식을 구하는 공식이 있는 것처럼, 분할행렬의 역행렬 공식도 있다.

Theorem 11.16 (분할행렬의 역행렬) *행렬 P가 아래와 같이 분할되었을 때,*

$$P = \begin{pmatrix} A & B \\ C & D \end{pmatrix}$$

A가 정방행렬이고, D가 역행렬이 존재하면, 역행렬 P^{-1}은 아래와 같다.

$$P^{-1} = \begin{pmatrix} Q^{-1} & -Q^{-1}BD^{-1} \\ -D^{-1}CQ^{-1} & D^{-1}(I + CQ^{-1}BD^{-1}) \end{pmatrix} \tag{11.19}$$

여기서 $Q = (A - BD^{-1}C)$ 이다.

Proof 증명은 이 책의 범위를 넘게 되므로 생략하기로 한다.

Question: 아래 분할행렬에서 A_{11}^{-1}와 A_{22}^{-1}가 존재한다고 가정할 때

$$A = \begin{pmatrix} A_{11} & A_{12} \\ 0 & A_{22} \end{pmatrix} \tag{11.20}$$

A의 행렬식을 구하고 역행렬을 구하라.

Answer: 부분행렬 A_{22}이 정칙행렬이라고 했으므로

$$\det(A) = \det(A_{11}A_{22} - A_{12}0) = \det(A_{11})\det(A_{22}) \tag{11.21}$$

이고, 역행렬은 Theorem 11.16에 의해, $Q = A_{11}$ 이므로

$$A^{-1} = \begin{pmatrix} A_{11}^{-1} & -A_{11}^{-1}A_{12}A_{22}^{-1} \\ 0 & A_{22}^{-1} \end{pmatrix} \tag{11.22}$$

가 된다.

Q 아래 분할행렬에서 A_{11}^{-1}와 A_{22}^{-1}가 존재한다고 가정할 때

$$A = \begin{pmatrix} A_{11} & 0 \\ A_{21} & A_{22} \end{pmatrix} \tag{11.23}$$

A의 행렬식을 구하고 역행렬을 구하라.

11.5 연습문제

[1] 아래 행렬들의 행렬식을 구하라.

$$A = \begin{pmatrix} 1 & 2 & 9 & 4 & -12 \\ -1 & -1 & 7 & 2 & 20 \\ 0 & 0 & 2 & 1 & 1 \\ 0 & 0 & 1 & -1 & 0 \\ 0 & 0 & -1 & 0 & 3 \end{pmatrix}, \quad B = \begin{pmatrix} 2 & 1 & 0 & 0 & 0 \\ -10 & 4 & 0 & 0 & 0 \\ 7 & 0 & 2 & 0 & 0 \\ 0 & 3 & 1 & 2 & -1 \\ -8 & 0 & 3 & 3 & 3 \end{pmatrix}$$

[2] 아래 방정식의 해를 크래머 공식을 사용해서 구하라

$$\begin{cases} 2x - y - z = -5 \\ x + 2y - 4z = 3 \\ 3x - y + 2z = 2 \end{cases} \tag{11.24}$$

[3] 아래 역행렬의 공식을 이용하여 식 11.24의 해를 구하라.

$$A^{-1} = \frac{1}{\det(A)}\text{adj}(A) = \frac{1}{\det(A)}\{C_{ij}\}_{n\times n}^{T}$$

[4] 아래 방정식의 해를 크래머 공식을 이용할 수 있는지 판단하라.

$$\begin{cases} a + b + 3c + 4d = 3 \\ 2a + 3b - c - 2d = 0 \\ 4a + 5b + 3c = 12 \end{cases} \tag{11.25}$$

[5] 아래 방정식을 $A\boldsymbol{x} = \boldsymbol{y}$ 꼴로 표현하고, 이 방정식의 해, $\boldsymbol{x} = A^{-1}\boldsymbol{y}$ 를 구하라.

$$\begin{cases} a + b + c + d = 2 \\ a + 2b + d = 0 \\ 3c + 2d = 1 \\ 2c + 2d = -1 \end{cases} \tag{11.26}$$

[6] 다음 방정식의 가능한 모든 해를 구하라.

$$x_1 + 2x_2 - x_3 + 5x_4 = 1 \tag{11.27}$$

[7] 다음 방정식의 가능한 모든 해를 구하라.

$$\begin{cases} x_1 - 2x_2 + 3x_3 = 0 \\ 2x_1 - x_2 + 2x_3 = 0 \end{cases} \tag{11.28}$$

[8] 분할행렬의 역행렬 공식(식 11.19)를 이용하여 아래 행렬의 역행렬을 구하라.

$$A = \begin{pmatrix} 1 & 3 & 3 \\ 1 & 4 & 3 \\ 1 & 3 & 4 \end{pmatrix}$$

[9] A와 B가 서로 교환될때 ($AB = BA$), 다음 행렬도 서로 교환됨을 증명하라.

1. A^{-1}과 B

2. A와 B^{-1}

3. A^{-1}과 B^{-1}

[10] 다음은 행렬 A를 기본행연산을 통해 B로 만든 과정이다.

$$A \xrightarrow{R_{1,2}} \begin{pmatrix} 1 & 0 & 1 \\ 0 & 1 & 3 \\ 0 & 1 & 5 \end{pmatrix} \xrightarrow{R_{3,2(-1)}} \begin{pmatrix} 1 & 0 & 1 \\ 0 & 1 & 3 \\ 0 & 0 & 2 \end{pmatrix} = B$$

1. 위 연산을 행렬을 사용해서 등식으로 $A = MB$ 라고 표현할 때 행렬 M을 구하라.

2. $\det(A)$ 를 구하라.

Chapter 12

고유값과 고유벡터

정방행렬 $A_{n\times n}$이 $\Re^n \longrightarrow \Re^n$ 의 선형변환행렬이라고 할 때, $\boldsymbol{y} = A\boldsymbol{x}$ 라는 선형변환이 어떤 벡터 $\boldsymbol{x}$에서는 아래와 같이 크기(혹은 방향)만 바뀌는 변환이 되기도 한다.

$$A\boldsymbol{x} = \lambda\boldsymbol{x}, \quad (\boldsymbol{x} \neq \boldsymbol{0}) \tag{12.1}$$

이때, 스칼라 λ를 '행렬 A의 고유값(eigenvalue[1])'이라 하고, 벡터 $\boldsymbol{x}$를 '고유값 λ에 대한 고유벡터(eigenvector)'라고 한다.

12.1 고유값(Eigenvalue)

고유값과 고유벡터는 아래와 같이 정의된다.

Definition 정방행렬 A에 대하여, $A\boldsymbol{x} = \lambda\boldsymbol{x}$ 가 성립할 때, λ를 고유값(eigenvalue), $\boldsymbol{x}$를 λ에 따른 고유벡터(eigenvector)라고 한다. 이때, $\boldsymbol{x}$는 영이 아닌 벡터이다.

Example 아래 행렬 A은 $\Re^2 \longrightarrow \Re^2$ 로 변환시키는 선형변환 $\boldsymbol{y} = A\boldsymbol{x}$ 에 사용된 행렬이며 아래와 같다.

$$\begin{pmatrix} y_1 \\ y_2 \end{pmatrix} = \begin{pmatrix} 1 & 0 \\ 1 & 1 \end{pmatrix} \begin{pmatrix} x_1 \\ x_2 \end{pmatrix} \tag{12.2}$$

위 선형변환은 그림 12.1과 같이 정사각형을 평행사변형으로 변형시키는 역할을 한다.

[1]'eigen'이란 독일어로 '선천적', '고유한'이란 의미의 단어이다.

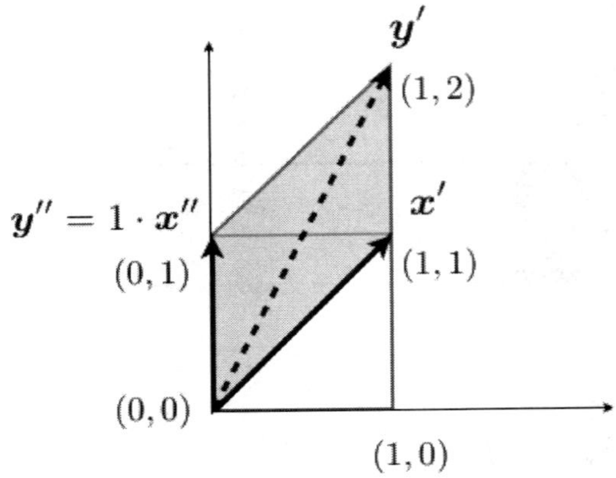

그림 12.1: 선형변환 $\boldsymbol{y} = A\boldsymbol{x}$ 와 고유값(1)과 고유벡터($\boldsymbol{x}''$)에 대한 설명

예를 들어, 점 $(1,1)$에 해당되는 벡터 $\boldsymbol{x}'$의 경우

$$\begin{aligned} \boldsymbol{y}' &= A\boldsymbol{x}' \\ \begin{pmatrix} 1 \\ 2 \end{pmatrix} &= \begin{pmatrix} 1 & 0 \\ 1 & 1 \end{pmatrix} \begin{pmatrix} 1 \\ 1 \end{pmatrix} \end{aligned} \tag{12.3}$$

가 되어 점$(1,2)$에 이르는 벡터 $\boldsymbol{y}'$으로 변환된다. 그러나, 점 $(0,1)$에 해당되는 $\boldsymbol{x}''$의 경우는

$$\begin{pmatrix} 0 \\ 1 \end{pmatrix} = \begin{pmatrix} 1 & 0 \\ 1 & 1 \end{pmatrix} \begin{pmatrix} 0 \\ 1 \end{pmatrix} \tag{12.4}$$

가 되어

$$A\boldsymbol{x}'' = 1 \cdot \boldsymbol{x}'' \tag{12.5}$$

를 만족하게 되며, 이 변환된 벡터는 변환 이전 벡터에 상수배 만큼만 변하게 된다. 이 경우, $\lambda = 1$ 이 A의 고유값이 되고 $\boldsymbol{x}''$가 $\lambda = 1$ 에 대한 A의 고유벡터가 된다.

Remark 행렬 A의 고유값이 λ, 고유벡터가 $\boldsymbol{x}$라고 할 때, 임의의 상수 c에 대하여,

$$A(c\boldsymbol{x}) = \lambda(c\boldsymbol{x}) \tag{12.6}$$

가 성립하므로, 고유값 λ에 대한 고유벡터는 $\boldsymbol{x}$뿐 아니라 $c\boldsymbol{x}$도 된다. 따라서, 고유값에 대한 고유벡터는 무한개 존재한다.

Remark 행렬 A에 대하여 고유값이 λ이고 고유벡터가 $\boldsymbol{x}$일 때,

$$A^2\boldsymbol{x} = A(A\boldsymbol{x}) = A(\lambda\boldsymbol{x}) = \lambda A\boldsymbol{x} = \lambda^2\boldsymbol{x} \tag{12.7}$$

가 되어, 행렬 A^2의 고유값은 λ^2이고 고유벡터는 $\boldsymbol{x}$이다. 같은 방법으로, 행렬 A^k의 고유값은 λ^k이고 고유벡터는 $\boldsymbol{x}$가 될 것이다.

Question: 선형변환을 위한 행렬이 아래와 같을 때

$$M = \begin{pmatrix} 2 & 0 \\ 0 & 2 \end{pmatrix} \tag{12.8}$$

선형변환 $\boldsymbol{y} = M\boldsymbol{x}$ 는 아래 그림 12.2 와 같다. 이때, 예상되는 행렬 M의 고유값과 고유벡터를 구하라.

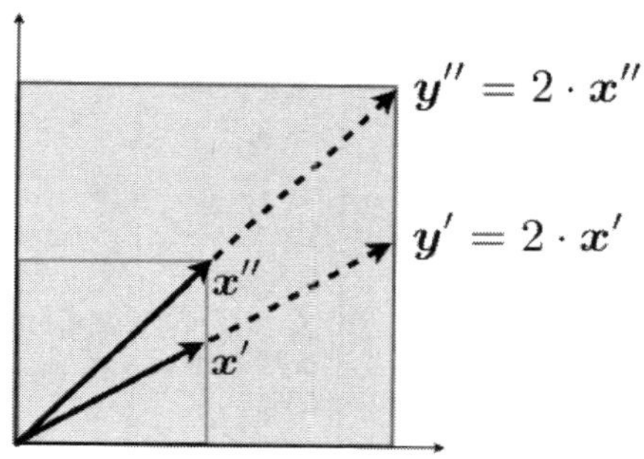

그림 12.2: 선형변환 $\boldsymbol{y} = M\boldsymbol{x}$ 와 고유값-고유벡터에 대한 그림

Answer: 행렬 M에 의해 변환되는 형태는

$$\begin{pmatrix} y_1 \\ y_2 \end{pmatrix} = \begin{pmatrix} 2 & 0 \\ 0 & 2 \end{pmatrix}\begin{pmatrix} x_1 \\ x_2 \end{pmatrix} = \begin{pmatrix} 2x_1 \\ 2x_2 \end{pmatrix} \tag{12.9}$$

가 되어 x_1, x_2방향으로 각각 2배씩 커지는 크기변환을 의미한다. 즉, 모든 (x_1, x_2)가 $(2x_1, 2x_2)$가 됨을 의미하기 때문에 $\boldsymbol{y} = 2\boldsymbol{x}$ 라고 표현된다. 그러므로, $M\boldsymbol{x} = 2\boldsymbol{x}$가 모든 $\boldsymbol{x}$에 대해 성립하기 때문에, 행렬 M의 고유값은 $\lambda = 2$ 가 될 것으로 추측되며 이때의 고유벡터는 $\mathbf{0}$아닌 모든 벡터가 될 것이다.

12.2 고유값 구하는 방법

이 단원에서는 행렬의 고유값을 구하기 위해 행렬식(determinant)이 어떻게 사용되는지 보여 주려고 한다. 이제 우리는 고유값과 고유벡터가 $A\boldsymbol{x} = \lambda\boldsymbol{x}$ 의 관계를

만족한다고 배웠다. 오른쪽 항을 왼쪽으로 이항하면 아래와 같은 방정식이 된다.

$$(A - \lambda I)\boldsymbol{x} = \mathbf{0} \tag{12.10}$$

이때, 고유벡터는 위 방정식을 만족하는 $\mathbf{0}$아닌 벡터를 의미한다. 위 방정식이 $\mathbf{0}$ 아닌 해를 갖기 위한 조건은 행렬 $A - \lambda I$ 가 비정칙행렬(singular)임을 의미하며 이는

$$\det(A - \lambda I) = 0 \tag{12.11}$$

임을 의미한다. 왜냐하면, $\det(A - \lambda I) \neq 0$ 이라면 $(A - \lambda I)^{-1}$ 가 존재하므로,

$$\boldsymbol{x} = (A - \lambda I)^{-1}\mathbf{0} = \mathbf{0} \tag{12.12}$$

가 되어 $\boldsymbol{x}$가 $\mathbf{0}$아닌 벡터라는 가정에 모순된다. 그러므로 $\det(A - \lambda I) = 0$ 을 만족시키는 λ가 행렬 A의 고유값이 될 것이다.

Remark 행렬 A의 고유값은

$$p(\lambda) = \det(A - \lambda I) = 0 \tag{12.13}$$

을 만족하는 λ를 구하면서 얻게된다. 여기서 $p(\lambda) = 0$을 이 행렬 A의 특성방정식(characteristic equation)이라고 하고, 다항식 $p(\lambda)$를 특성다항식(characteristic polynomial)이라고 한다. 행렬 A의 크기가 $n \times n$인 경우 특성방정식 $p(\lambda) = 0$는 n차 다항방정식이 되므로 고유값의 개수는 n개가 된다(중근 포함).

Question: 다음 행렬의 고유값을 특성방정식을 이용하여 구하라.

$$A = \begin{pmatrix} 2 & 2 \\ 1 & 3 \end{pmatrix} \tag{12.14}$$

Answer: 특성방정식을 구하면 다음과 같다.

$$p(\lambda) = \det(A - \lambda I) = \det \begin{pmatrix} 2-\lambda & 2 \\ 1 & 3-\lambda \end{pmatrix} = 0$$

이는 $p(\lambda) = \lambda^2 - 5\lambda + 4 = 0$ 라는 특성방정식이 성립되므로 $\lambda = 1,\ 4$ 가 된다. 따라서, 행렬 A의 고유값은 1과 4이다.

Q 다음 행렬의 고유값을 구하라.

$$B = \begin{pmatrix} 1 & 1 \\ -2 & 4 \end{pmatrix}, \quad C = \begin{pmatrix} 1 & 0 \\ 0 & 1 \end{pmatrix}, \quad D = \begin{pmatrix} 1 & 0 & 0 \\ 0 & 1 & 0 \\ 0 & 0 & 2 \end{pmatrix}$$

12.3 고유벡터 구하는 방법

이제 앞 절에서 구한 고유값에 해당되는 고유벡터(eigenvector)를 구하는 방법을 살펴보되 앞서 언급한 대로 한 개의 고유값에 대한 고유벡터는 수 없이 많다는 점을 명심하자.

고유값이 주어졌을 때, 고유벡터를 구하는 방법은

$$A\boldsymbol{x} = \lambda\boldsymbol{x} \tag{12.15}$$

즉,

$$\underbrace{(A - \lambda I_n)}_{M}\boldsymbol{x} = \mathbf{0} \tag{12.16}$$

을 만족하는 $\boldsymbol{x}$를 구하는 방법과 일치한다. 따라서, 위 방정식 $M\boldsymbol{x} = \mathbf{0}$ 의 해를 구하기 위해 확장행렬 $(M \mid \mathbf{0})$ 에 대한 가우스-조단 알고리즘을 사용하여 해를 구한다.

Remark 행렬 A의 고유값이 λ일 때, 고유벡터는

$$(A - \lambda I_n)\boldsymbol{x} = \mathbf{0}$$

을 만족하는 $\boldsymbol{x}$를 구함으로써 얻어진다.

Question: 아래 행렬의 고유값이 1임을 알 때, 해당되는 고유벡터를 구하라.

$$B = \begin{pmatrix} 2 & 2 \\ 1 & 3 \end{pmatrix} \tag{12.17}$$

Answer: 확장행렬을 구해서 기본행연산을 하면

$$(B - \lambda I \mid 0) = \left(\begin{array}{cc|c} 2-1 & 2 & 0 \\ 1 & 3-1 & 0 \end{array}\right) = \left(\begin{array}{cc|c} 1 & 2 & 0 \\ 1 & 2 & 0 \end{array}\right)$$

$$\xrightarrow{R_{2,1(-1)}} \left(\begin{array}{cc|c} 1 & 2 & 0 \\ 0 & 0 & 0 \end{array}\right)$$

그러므로 $x_1 + 2x_2 = 0$ 을 만족하는 모든 (x_1, x_2)가 답이 된다. 따라서 고유벡터는

$$\boldsymbol{x} = \begin{pmatrix} -2t \\ t \end{pmatrix}, \quad t\text{는 0 아닌 실수} \tag{12.18}$$

가 되며, 그 중 하나인

$$\boldsymbol{x} = \begin{pmatrix} -2 \\ 1 \end{pmatrix} \tag{12.19}$$

가 고유벡터가 된다.

Q 위 행렬 B의 또 다른 고유값은 4이다. 이 고유값에 대한 고유벡터를 가우스-조던 알고리즘을 사용해 구하라.

12.4 고유값과 고유벡터의 성질

정방행렬의 고유값과 고유벡터는 행렬의 여러가지 성질과 밀접한 연관이 있다. 그 중에 흥미로운 것은 행렬식(determinant)과 궤적(trace)에 대한 성질이다.

Theorem 12.1 (고유값과 행렬식, 그리고 궤적) *행렬 A의 고유값이 $\{\lambda_i\}_{i=1}^n$라고 하면 다음과 같은 성질이 성립한다.*

(i) $\text{tr}(A) = \sum_{i=1}^n \lambda_i$

(ii) $\det(A) = \Pi_{i=1}^n \lambda_i$

Insight 이에 대한 구체적인 증명은 이 책에서 생략하기로 하고, 간단한 2×2 행렬의 예를 들어서 설명하고자 한다. 먼저 아래 행렬의 고유값을 생각해 보자.

$$A = \begin{pmatrix} a & b \\ c & d \end{pmatrix} \tag{12.20}$$

고유값을 구해 보면

$$\begin{aligned} \det(A-\lambda I) &= \det\begin{pmatrix} a-\lambda & b \\ c & d-\lambda \end{pmatrix} \\ &= \lambda^2-(a+d)\lambda+(ad-bc) \end{aligned}$$

가 되어 특성다항식이

$$\begin{aligned} p(\lambda) &= \lambda^2-(a+d)\lambda+(ad-bc) \\ &= (\lambda-\lambda_1)(\lambda-\lambda_2) \end{aligned}$$

라고 표현가능하다. 이는 $p(\lambda)$전개를 통해

$$\lambda_1+\lambda_2 = a+d=\mathrm{tr}(A) \quad (12.21)$$

$$\lambda_1\cdot\lambda_2 = ad-bc=\det(A) \quad (12.22)$$

임을 확인할 수 있다. 이를 일반화시키기 위해선 좀 더 구체적인 증명을 해야 하겠지만 이 책의 범위를 넘게되므로 생략하기로 한다.

Corollary 12.2 *만일 행렬 A의 고유값 가운데 0이 존재하면 행렬 A는 비정칙행렬(singular matrix)로서 역행렬이 존재하지 않는다.*

Proof 고유값 가운데 0이 존재한다고 가정했을 때, 행렬식은

$$\det(A)=\Pi_{i=1}^{n}\lambda_i=0 \quad (12.23)$$

이 되므로 A는 비정칙행렬이다. ∎

[Q] 아래 행렬의 고유값을 구하고, 정칙행렬인지 비정칙행렬인지 구분하라.

$$A=\begin{pmatrix} -1 & 3 & 6 & 0 & 5 \\ 0 & 4 & -1 & 3 & 2 \\ 0 & 0 & 8 & 11 & 0 \\ 0 & 0 & 0 & 0 & 3 \\ 0 & 0 & 0 & 0 & 7 \end{pmatrix} \quad (12.24)$$

또한, 고유값과 고유벡터간의 중요한 성질 중의 하나는, 행렬의 고유값이 서로 다를 때, 이에 해당되는 고유벡터는 서로 선형독립이라는 사실이다.

Theorem 12.3 (선형독립인 고유벡터) *행렬 A의 고유값이 $\lambda_1, \lambda_2, \cdots, \lambda_n$이고 고유벡터가 $\boldsymbol{u}_1, \boldsymbol{u}_2, \cdots, \boldsymbol{u}_n$일 때, 만일 고유값들이 서로 다른 값이면($\lambda_1 \neq \lambda_2 \neq \cdots \neq \lambda_n$), 고유벡터 $\boldsymbol{u}_1, \boldsymbol{u}_2, \cdots, \boldsymbol{u}_n$ 은 선형독립(linearly independent)이다.*

Proof 이를 수학적 귀납법(induction)으로 증명해 보면 다음과 같다.

서로 다른 k개의 고유값($\lambda_1 \neq \lambda_2 \neq \cdots \neq \lambda_k$)에 대하여 해당되는 k개의 고유벡터 $\boldsymbol{u}_1, \boldsymbol{u}_2, \cdots, \boldsymbol{u}_k$ 가 서로 선형독립이라고 가정하자. 이제 서로 다른 $k+1$개의 고유값이 있다면 고유벡터들의 선형결합

$$c_1\boldsymbol{u}_1 + c_2\boldsymbol{u}_2 + \cdots + c_{k+1}\boldsymbol{u}_{k+1} = \mathbf{0} \tag{12.25}$$

에 대하여, 양변에 λ_{k+1}을 곱하면

$$c_1\lambda_{k+1}\boldsymbol{u}_1 + c_2\lambda_{k+1}\boldsymbol{u}_2 + \cdots + c_{k+1}\lambda_{k+1}\boldsymbol{u}_{k+1} = \mathbf{0} \tag{12.26}$$

가 되며 또 식 12.25의 양쪽 벡터에 A행렬에 의한 선형변환을 하면

$$c_1A\boldsymbol{u}_1 + c_2A\boldsymbol{u}_2 + \cdots + c_{k+1}A\boldsymbol{u}_{k+1} = A\mathbf{0} = \mathbf{0} \tag{12.27}$$

가 된다. 이는 고유값-고유벡터의 성질에 의해

$$c_1\lambda_1\boldsymbol{u}_1 + c_2\lambda_2\boldsymbol{u}_2 + \cdots + c_{k+1}\lambda_{k+1}\boldsymbol{u}_{k+1} = \mathbf{0} \tag{12.28}$$

라고 할 수 있다. 이제 식 12.26에서 식 12.28을 빼면

$$c_1(\lambda_{k+1} - \lambda_1)\boldsymbol{u}_1 + c_2(\lambda_{k+1} - \lambda_2)\boldsymbol{u}_2 + \cdots + c_{k+1}(\lambda_{k+1} - \lambda_{k+1})\boldsymbol{u}_{k+1} = \mathbf{0}$$

이 되어

$$c_1(\lambda_{k+1} - \lambda_1)\boldsymbol{u}_1 + c_2(\lambda_{k+1} - \lambda_2)\boldsymbol{u}_2 + \cdots + c_k(\lambda_{k+1} - \lambda_k)\boldsymbol{u}_k = \mathbf{0} \tag{12.29}$$

가 된다. 여기서 $\boldsymbol{u}_1, \boldsymbol{u}_2, \cdots, \boldsymbol{u}_k$가 선형독립이었다고 했으므로,

$$c_i(\lambda_{k+1} - \lambda_i) = 0, \quad 1 \leq i \leq k \tag{12.30}$$

가 되는데 서로 다른 고유값이라고 했으므로 결국 $c_1 = c_2 = \cdots = c_k = 0$ 이 된다. 이를 식 12.25에 대입하면

$$c_{k+1}\boldsymbol{u}_{k+1} = \mathbf{0} \tag{12.31}$$

가 되는데 여기서 고유벡터의 정의에 의해 $\boldsymbol{u}_{k+1} \neq \mathbf{0}$ 이므로 $c_{k+1} = 0$ 이 된다. 그러므로

$$c_1 = c_2 = \cdots = c_{k+1} = 0 \tag{12.32}$$

가 되어 $\boldsymbol{u}_1, \boldsymbol{u}_2, \cdots, \boldsymbol{u}_{k+1}$ 은 선형독립이다. 결론적으로 고유값이 서로 다른 고유벡터들은 선형독립이다. ∎

Theorem 12.4 (전치행렬의 고유값) *행렬 A의 고유값과 행렬 A^T의 고유값은 일치한다.*

Proof 행렬 A의 고유값 λ는 정의에 의해 $\det(A-\lambda I_n) = 0$ 을 만족시킨다. 그런데,

$$\det(A - \lambda I_n) = \det(A - \lambda I_n)^T = \det(A^T - \lambda I_n) = 0 \tag{12.33}$$

이므로 λ는 A^T의 고유값도 된다. ∎

Q 아래 행렬 A의 고유값은 1, 4이다. 이때, 행렬 A^T의 고유값을 $\det(A^T - \lambda I_n) = 0$ 을 사용함으로써 확인해 보라.

$$A = \begin{pmatrix} 2 & 2 \\ 1 & 3 \end{pmatrix} \tag{12.34}$$

Q 위 행렬 A^T의 고유값 1에 대한 고유벡터를 구해서 행렬 A의 고유값 1의 고유벡터(식 12.18)과 비교하라.

12.5 특성방정식 구하기

행렬 A의 특성방정식(characteristic equation)은 정의에 의해

$$p(\lambda) = \det(A - \lambda I) = 0 \tag{12.35}$$

으로 구해진다. 그러나 $A_{2\times2}$나 $A_{3\times3}$인 경우에는 좀 더 쉬운 방법으로 특성방정식을 구할 수 있다.

Theorem 12.5 (2 × 2 행렬의 특성방정식) *만일 행렬 A가 아래와 같다면*

$$A = \begin{pmatrix} a & b \\ c & d \end{pmatrix}$$

특성방정식은 앞 절에서 소개했듯이 다음과 같이 구해질 수 있다.

$$\begin{aligned} p(\lambda) &= \lambda^2 - (a+d)\lambda + (ad - bc) \\ &= \lambda^2 - \mathrm{tr}(A)\lambda + \det(A) = 0 \end{aligned} \tag{12.36}$$

Theorem 12.6 (3 × 3 행렬의 특성방정식) *만일 행렬 A가 아래와 같다면*

$$A = \begin{pmatrix} a_{11} & a_{12} & a_{13} \\ a_{21} & a_{22} & a_{23} \\ a_{31} & a_{32} & a_{33} \end{pmatrix}$$

특성방정식은 다음과 같이 구해질 수 있다.

$$p(\lambda) = \lambda^3 - \mathrm{tr}(A)\lambda^2 + (A_{11} + A_{22} + A_{33})\lambda - \det(A) = 0 \tag{12.37}$$

여기서 A_{11}, A_{22}, A_{33}*는 각각* a_{11}, a_{22}, a_{33}*의 여인수(cofactor)이다.*

Q 다음 행렬의 특성방정식을 각각 구하라.

$$A = \begin{pmatrix} 7 & -1 \\ 6 & 2 \end{pmatrix}, \quad B = \begin{pmatrix} 5 & -2 \\ 4 & -4 \end{pmatrix} \tag{12.38}$$

$$C = \begin{pmatrix} 1 & 1 & 2 \\ 0 & 3 & 2 \\ 1 & 3 & 9 \end{pmatrix}, \quad D = \begin{pmatrix} 1 & 1 & 2 \\ 0 & 3 & 2 \\ 0 & 0 & 9 \end{pmatrix} \tag{12.39}$$

한편, 블록삼각행렬(block triangular matrix)이나 블록대각행렬(block diagonal matrix)의 특성방정식은 다음과 같이 쉽게 구해진다.

Theorem 12.7 (블록삼각행렬의 특성방정식) *만일* A_1, A_2*가 정방행렬이고, 행렬 A가 아래와 같이 이루어진 블록삼각행렬이라면*

$$A = \begin{pmatrix} A_1 & B \\ 0 & A_2 \end{pmatrix} \tag{12.40}$$

행렬 A의 특성방정식은

$$p(\lambda) = p_1(\lambda)\ p_2(\lambda) = 0 \tag{12.41}$$

로 얻어진다. 여기서 $p_1(\lambda)$, $p_2(\lambda)$는 행렬 A_1, A_2의 특성다항식이다.

Theorem 12.8 (블록대각행렬의 특성방정식) *만일 A_1, A_2, A_3가 정방행렬이고, 행렬 A가 아래와 같이 이루어진 블록대각행렬이라면*

$$A = \begin{pmatrix} A_1 & 0 & 0 \\ 0 & A_2 & 0 \\ 0 & 0 & A_3 \end{pmatrix} \tag{12.42}$$

행렬 A의 특성방정식은

$$p(\lambda) = p_1(\lambda)\ p_2(\lambda)\ p_3(\lambda) = 0 \tag{12.43}$$

로 얻어진다. 여기서 $p_1(\lambda)$, $p_2(\lambda)$, $p_3(\lambda)$는 행렬 A_1, A_2, A_3의 특성다항식이다.

Q 다음 행렬의 특성방정식을 구하라.

$$A = \begin{pmatrix} 2 & 7 & 0 & 0 \\ 0 & 2 & 0 & 0 \\ 0 & 0 & 1 & 1 \\ 0 & 0 & -2 & 4 \end{pmatrix} \tag{12.44}$$

12.6 직교행렬의 고유값

직교행렬의 고유값 성질에 대해 알아보자.

Theorem 12.9 (직교행렬의 고유값) *행렬 A가 직교행렬(orthogonal matrix)이라면, 행렬 A의 고유값은 1 혹은 -1 뿐이다*

Proof 행렬 A의 고유값이 λ, 고유벡터가 $\boldsymbol{x}$라고 가정하면

$$A\boldsymbol{x} = \lambda\boldsymbol{x} \tag{12.45}$$

가 성립한다. 여기서 양변에 $(A\boldsymbol{x})^T$를 곱하면

$$(A\boldsymbol{x})^T A\boldsymbol{x} = (\lambda\boldsymbol{x})^T \lambda\boldsymbol{x} \tag{12.46}$$

라고 할 수 있고, 직교행렬의 정의인 식 6.25를 이용하면

$$\boldsymbol{x}^T A^T A\boldsymbol{x} = \boldsymbol{x}^T\boldsymbol{x} = \lambda^2\boldsymbol{x}^T\boldsymbol{x} \tag{12.47}$$

가 되어 $\lambda^2 = 1$이 된다. 따라서 $\lambda = 1$ 또는 -1가 된다. ∎

Example 아래 행렬들은 직교행렬이며, 고유값이 1 혹은 -1이다.

$$A = \begin{pmatrix} 1 & 0 \\ 0 & 1 \end{pmatrix}, \quad B = \begin{pmatrix} 1 & 0 \\ 0 & -1 \end{pmatrix}, \quad C = \begin{pmatrix} 0 & 1 \\ 1 & 0 \end{pmatrix} \tag{12.48}$$

직교행렬의 대표적인 예는 회전변환행렬이다. 회전변환행렬의 고유값에 대하여 살펴보자.

Theorem 12.10 (회전변환과 고유값) *행렬 A가 회전변환을 나타내는 행렬*

$$A = \begin{pmatrix} \cos\theta & -\sin\theta \\ \sin\theta & \cos\theta \end{pmatrix} \tag{12.49}$$

일 때($\theta \neq 0, \pi,\ 2\pi$), 행렬 A의 고유값과 고유벡터는 실수값을 갖지 않는다.

Proof 회전변환의 경우, 각도가 $0, \pi, 2\pi$가 되지 않는 한, 회전변환 전과 후의 벡터가 상수배 되는 관계

$$A\boldsymbol{x} = \lambda\boldsymbol{x} \tag{12.50}$$

를 유지할 수 없다(그림 12.3 참조). 따라서 0도, 180도, 360도 와 같은 회전을 하지 않으면 회전변환 행렬의 고유값, 고유벡터는 존재하지 않는다. ∎

Remark 회전변환행렬은 직교행렬이므로, 만일 실수의 고유값을 가지게 되면 그 값은 1 혹은 -1이 될 것이지만, 그 외의 다른 고유값은 존재하지 않는다.

Example 아래는 반시계방향으로 $30°$ 회전시키는 변환행렬이다.

$$A = \begin{pmatrix} \cos\frac{\pi}{6} & -\sin\frac{\pi}{6} \\ \sin\frac{\pi}{6} & \cos\frac{\pi}{6} \end{pmatrix} = \begin{pmatrix} \frac{1}{2} & -\frac{\sqrt{3}}{2} \\ \frac{\sqrt{3}}{2} & \frac{1}{2} \end{pmatrix} \tag{12.51}$$

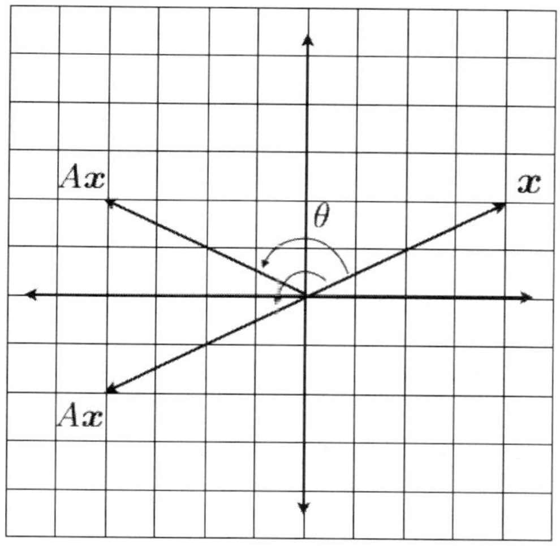

그림 12.3: 회전변환 $\boldsymbol{y} = A\boldsymbol{x}$과 고유값-고유벡터

1. 행렬 A가 직교행렬임을 보여라.

2. 행렬 A의 특성방정식을 구하라.

3. 위 특성방정식이 실근을 갖지 않음을 보여라.

Solution: 먼저, A가 직교행렬임을 보이자.

$$AA^T = \begin{pmatrix} \frac{1}{2} & -\frac{\sqrt{3}}{2} \\ \frac{\sqrt{3}}{2} & \frac{1}{2} \end{pmatrix} \begin{pmatrix} \frac{1}{2} & \frac{\sqrt{3}}{2} \\ -\frac{\sqrt{3}}{2} & \frac{1}{2} \end{pmatrix} = \begin{pmatrix} 1 & 0 \\ 0 & 1 \end{pmatrix} \tag{12.52}$$

$$A^T A = \begin{pmatrix} \frac{1}{2} & \frac{\sqrt{3}}{2} \\ -\frac{\sqrt{3}}{2} & \frac{1}{2} \end{pmatrix} \begin{pmatrix} \frac{1}{2} & -\frac{\sqrt{3}}{2} \\ \frac{\sqrt{3}}{2} & \frac{1}{2} \end{pmatrix} = \begin{pmatrix} 1 & 0 \\ 0 & 1 \end{pmatrix} \tag{12.53}$$

이제 특성방정식을 구하면

$$\begin{aligned} \det(A - \lambda I) &= \det \begin{pmatrix} \frac{1}{2} - \lambda & -\frac{\sqrt{3}}{2} \\ \frac{\sqrt{3}}{2} & \frac{1}{2} - \lambda \end{pmatrix} \\ &= \lambda^2 - \lambda + 1 = 0 \end{aligned} \tag{12.54}$$

그러나 식 12.54를 만족하는 실수 λ는 존재하지 않는다. ∎

Q 아래는 반시계방향으로 180° 회전시키는 변환행렬이다.

$$A = \begin{pmatrix} \cos\pi & -\sin\pi \\ \sin\pi & \cos\pi \end{pmatrix} = \begin{pmatrix} -1 & 0 \\ 0 & -1 \end{pmatrix} \tag{12.55}$$

1. 행렬 A가 직교행렬임을 보여라.
2. 행렬 A의 특성방정식을 구하라.
3. 위 특성방정식이 실근(실수근)이 -1임을 보여라.

12.7 멱등행렬의 고유값

멱등행렬의 고유값 성질에 대해 살펴보자.

Theorem 12.11 (멱등행렬의 고유값) *행렬 A가 멱등행렬(정의5.8 참조)이라면 A의 고유값은 0 혹은 1뿐이다.*

Proof 행렬 A의 고유값을 λ, 고유벡터를 $\boldsymbol{x}$라고 하면, $A\boldsymbol{x} = \lambda\boldsymbol{x}$ 가 성립하므로, 양변에 A를 곱하면

$$AA\boldsymbol{x} = \lambda A\boldsymbol{x} = \lambda \cdot \lambda\boldsymbol{x} = \lambda^2\boldsymbol{x} \tag{12.56}$$

가 되고, $AA = A$ 이므로

$$A\boldsymbol{x} = \lambda\boldsymbol{x} = \lambda^2\boldsymbol{x} \tag{12.57}$$

가 되므로 $\lambda^2 = \lambda$ 가 된다. 그러므로 $\lambda = 0$ 혹은 1이다. ∎

Example 아래 멱등행렬의 고유값은 0 혹은 1임을 특성방정식의 해를 구해서 확인할 수 있다.

$$A = \begin{pmatrix} 1 & 0 \\ 1 & 0 \end{pmatrix}, \quad B = \begin{pmatrix} 1 & 0 \\ 0 & 0 \end{pmatrix}, \quad C = \begin{pmatrix} \frac{1}{2} & \frac{1}{2} \\ \frac{1}{2} & \frac{1}{2} \end{pmatrix} \tag{12.58}$$

[Q] 고유값이 1 혹은 0임에도 멱등행렬이 되지 않는 2×2 행렬을 적어라.

12.8 대칭-양정치행렬의 고유값

행렬 A가 대칭행렬(symmetric)이고 양정치행렬(positive definite)인 경우의 고유값에 대해 알아보자.

Theorem 12.12 *행렬 $A_{n\times n}$이 대칭행렬이면, 고유값 λ는 실수(real number)이다(증명생략).*

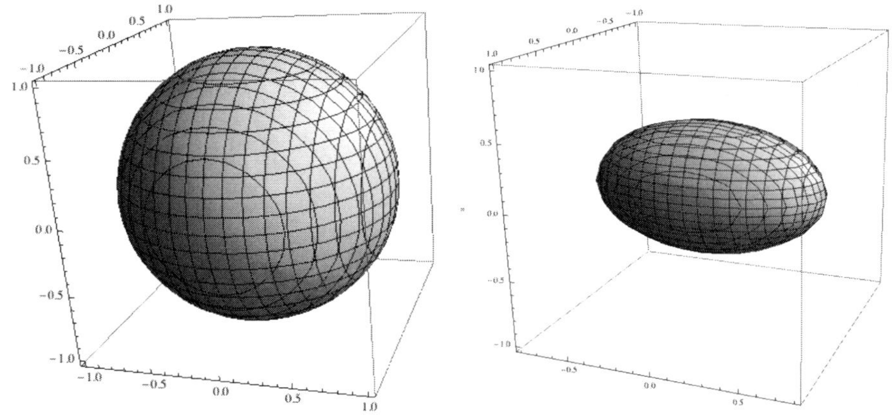

그림 12.4: $x^2 + y^2 + z^2 = 1$ 의 그래프(왼쪽)와 $2x^2 + 4y^2 + 5z^2 = 1$ 의 그래프(오른쪽).

Theorem 12.13 *행렬 $A_{n\times n}$이 양정치행렬이면, 고유값 λ는 양수(positive number)이다(증명은 연습문제).*

Theorem 12.14 *행렬 $A_{n\times n}$이 대칭행렬이고 양정치행렬이면 이차형식*

$$\boldsymbol{x}^T A \boldsymbol{x} = 1 \tag{12.59}$$

은 단면이 타원인 타원체(ellipsoidal)을 형성하고, 각 축에 방향의 반경은 $1/\sqrt{\lambda_i}$가 된다. 여기서 λ_i는 A의 고유값을 나타낸다 (증명생략).

Example 다음 행렬 A, B에 대한 이차형식그래프는 각각 구(sphere), 타원체(ellipsoidal)를 형성한다.

$$A = \begin{pmatrix} 1 & 0 & 0 \\ 0 & 1 & 0 \\ 0 & 0 & 1 \end{pmatrix}, \quad B = \begin{pmatrix} 2 & 0 & 0 \\ 0 & 4 & 0 \\ 0 & 0 & 5 \end{pmatrix} \tag{12.60}$$

Solution: 임의의 벡터 $\boldsymbol{x} = (x\ y\ z)^T$에 대하여, 각 행렬을 이용한 이차형식을 구해보면

$$\boldsymbol{x}^T A\, \boldsymbol{x} = x^2 + y^2 + z^2$$
$$\boldsymbol{x}^T B\, \boldsymbol{x} = 2x^2 + 4y^2 + 5z^2$$

가 되어 그림 12.4가 된다. 여기서, 각 축방향의 반경은 구의 경우 1이고, 타원체의 경우는 각각 $\frac{1}{\sqrt{2}}$, $\frac{1}{\sqrt{4}}$, $\frac{1}{\sqrt{5}}$가 됨을 확인할 수 있다.

12.9 연습문제

[1] 다음 행렬들의 특성방정식(characteristic equation)을 각각 적어라.

$$A = \begin{pmatrix} 1 & 0 & 0 \\ 0 & 1 & 0 \\ 0 & 0 & 1 \end{pmatrix}, \quad B = \begin{pmatrix} 2 & 3 & 4 \\ 0 & 2 & 5 \\ 0 & 0 & 2 \end{pmatrix}, \quad C = \begin{pmatrix} 1 & 0 & 0 \\ 4 & 2 & 0 \\ 5 & 6 & 3 \end{pmatrix}$$

$$D = \begin{pmatrix} 3 & 4 & 0 & 0 \\ 1 & 3 & 0 & 0 \\ 0 & 0 & 2 & 1 \\ 0 & 0 & 2 & 5 \end{pmatrix}, \quad E = \begin{pmatrix} 2 & 1 & 0 & 0 & 0 \\ 0 & 2 & 0 & 0 & 0 \\ 0 & 0 & 7 & 0 & 0 \\ 0 & 0 & 0 & 2 & 0 \\ 0 & 0 & 0 & 5 & 2 \end{pmatrix}, \quad F = \begin{pmatrix} 2 & 5 & 1 & 1 \\ 4 & 2 & 0 & 2 \\ 0 & 0 & 1 & 3 \\ 0 & 0 & 2 & 5 \end{pmatrix}$$

[2] 행렬 A가 정칙행렬이고 고유값이 λ이고 고유벡터가 $\boldsymbol{x}$라고 가정하자. 이제 A^{-1}의 고유값이 $1/\lambda$이고($\lambda \neq 0$ 인 경우), 고유벡터가 $\boldsymbol{x}$임을 증명하라.

[3] 다음 행렬의 고유값을 Theorem 12.1을 이용하여 구하고, 이에 따른 고유벡터를 각각 구하라.

$$A = \begin{pmatrix} -2 & -2 \\ 3 & 5 \end{pmatrix}, \quad B = \begin{pmatrix} -7 & -4 \\ 3 & 1 \end{pmatrix}, \quad C = \begin{pmatrix} 2 & -1 \\ -2 & 3 \end{pmatrix}$$

[4] 아래 행렬의 고유값을 구하되 다음 단계에 차례로 답하면서 구하라.

$$A = \begin{pmatrix} 0 & 0 & 0 & 1 \\ 0 & 0 & 1 & 0 \\ 1 & 0 & 0 & 0 \\ 0 & 1 & 0 & 0 \end{pmatrix} \tag{12.61}$$

1. 행렬 A가 직교행렬임을 보여라.
2. $\mathrm{tr}(A) = 0$임을 보여라.
3. Theorem 12.1을 이용하여 행렬 A의 고유값을 구하라.

[5] 아래 행렬의 특성방정식과 고유값, 고유벡터를 각각 구하라.

$$A = \begin{pmatrix} 7 & 5 \\ -10 & -8 \end{pmatrix}, \quad B = \begin{pmatrix} -1 & -2 \\ 4 & 5 \end{pmatrix}, \quad C = \begin{pmatrix} -7 & -5 \\ 16 & 17 \end{pmatrix}$$

$$E = \begin{pmatrix} 0 & -1 \\ 1 & 0 \end{pmatrix}, \quad F = \begin{pmatrix} 1 & -2 \\ 1 & 2 \end{pmatrix}, \quad G = \begin{pmatrix} 2 & 0 & 0 \\ 1 & -1 & -2 \\ -1 & 0 & 1 \end{pmatrix}$$

[6] 다음을 읽고 참이면 T, 거짓이면 F를 적어라.

1. 모든 정방행렬의 고유값은 실수(real number)이다.____
2. 모든 정방행렬의 고유값 개수는 행/열의 수와 일치한다.____
3. 한 개의 고유값에는 단 한개의 고유벡터가 존재한다____
4. 항등행렬의 고유값은 1이며 고유벡터는 **1**이다.____
5. 어떤 행렬의 고유값이 0이면 이에 해당하는 고유벡터는 **0**이다. ____
6. 행렬 A의 고유값이 λ이면 $A - \lambda I$는 비정칙행렬이다.____
7. 행렬 A의 고유값이 λ이면 $\lambda I - A$는 비정칙행렬이다.____
8. 대각행렬 $\{d_{ii}\}_{n \times n}$의 고유값은 $-d_{ii}$이다.____
9. 행렬 A의 고유값이 λ_1, λ_2일 때, 행렬 A의 행렬식은 $\lambda_1 + \lambda_2$이다.____

[7] 아래 행렬에 관하여 질문에 답하라

$$\boldsymbol{y} = \begin{pmatrix} y_1 \\ y_2 \\ y_3 \end{pmatrix}, \quad A = \begin{pmatrix} \cos\theta & -\sin\theta & 0 \\ \sin\theta & \cos\theta & 0 \\ 0 & 0 & 1 \end{pmatrix}, \quad \boldsymbol{x} = \begin{pmatrix} x_1 \\ x_2 \\ x_3 \end{pmatrix}$$

1. $\boldsymbol{y} = A\boldsymbol{x}$이 어떤 변환인지 서술하라.
2. 그림 12.5에서 색칠된 이미지에 대해 $\boldsymbol{y} = A\boldsymbol{x}$에 의해 변환된 이미지를 도시하라($\theta = \frac{\pi}{2}$).
3. $\theta = \pi$일 때 A의 고유값을 구하라.

[8] 행렬 $A_{n \times n}$이 양정치행렬이면 고유값 λ가 양수(positive number)가 됨을 아래 힌트를 사용해서 증명하라. 또 그 역도 참임을 증명하라.

1. 영이 아닌 벡터 $\boldsymbol{x}$에 대하여 $\boldsymbol{x}^T A\boldsymbol{x} > 0$ 이고,
2. 행렬 A의 고유값이 λ이고, 고유벡터가 $\boldsymbol{x}$라면 $A\boldsymbol{x} = \lambda\boldsymbol{x}$ 이다.

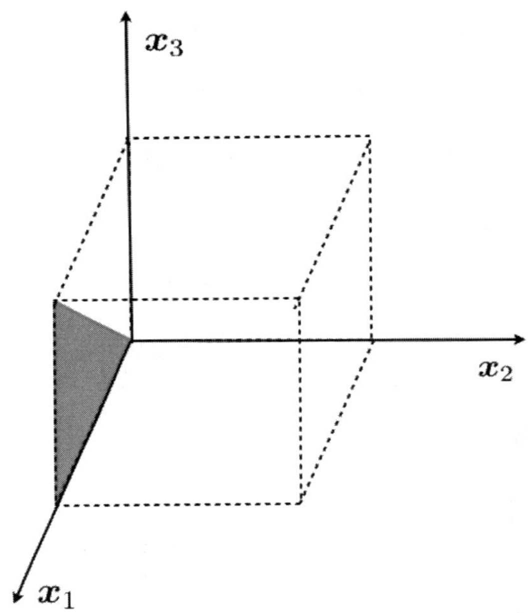

그림 12.5: 회전변환 $\boldsymbol{y} = A\boldsymbol{x}$에 의해 변환되는 이미지

Chapter 13

행렬의 대각화

대각행렬(diagonal matrix)이라는 것은 모든 원소가 행렬의 대각선 상에 위치하고 있고 비대각 위치의 원소는 모두 0인 정방행렬을 의미한다. 대각행렬은 일반 행렬보다 다루기 편하고 계산에서 발생하는 수치적 오류(numerical error)가 적다는 점에서 선호되고 있다. 행렬의 대각화(diagonalization)란 임의의 행렬의 좌우에 어떤 행렬을 곱했을 때, 대각행렬이 되는 현상을 의미한다. 그러나 모든 행렬이 대각화가 가능하진 않으며 정칙행렬이나 대칭행렬을 대각화 시키는 방법이 널리 사용되고 있다.

13.1 행렬의 대각화(Diagonalization)

정방행렬 A가 고유값 $\lambda_1, \lambda_2, \cdots, \lambda_n$과 고유벡터가 $\boldsymbol{u}_1, \boldsymbol{u}_2, \cdots, \boldsymbol{u}_n$을 갖는다고 가정하면

$$A\boldsymbol{u}_i = \lambda_i \boldsymbol{u}_i, \qquad i = 1, 2, \cdots, n \tag{13.1}$$

라는 관계가 성립한다.

Theorem 13.1 *정방행렬 $A_{n\times n}$에서 $\lambda_1, \lambda_2, \cdots, \lambda_n$이 고유값이고, $\boldsymbol{u}_1, \boldsymbol{u}_2, \cdots, \boldsymbol{u}_n$이 고유벡터라면,*

$$AC = CD \tag{13.2}$$

가 성립한다. 여기서

$$D = \begin{pmatrix} \lambda_1 & 0 & \cdots & 0 \\ 0 & \lambda_2 & \cdots & 0 \\ \vdots & \vdots & \ddots & \vdots \\ 0 & \cdots & 0 & \lambda_n \end{pmatrix} \tag{13.3}$$

이고

$$C = \begin{pmatrix} \boldsymbol{u}_1 & \boldsymbol{u}_2 & \cdots & \boldsymbol{u}_n \end{pmatrix} \tag{13.4}$$

이다.

Proof 좌변을 먼저 살펴보면

$$AC = A\begin{pmatrix} \boldsymbol{u}_1 & \boldsymbol{u}_2 & \cdots & \boldsymbol{u}_n \end{pmatrix} = \begin{pmatrix} A\boldsymbol{u}_1 & A\boldsymbol{u}_2 & \cdots & A\boldsymbol{u}_n \end{pmatrix} \tag{13.5}$$

가 되고, 우변은

$$\begin{aligned} CD &= \begin{pmatrix} \boldsymbol{u}_1 & \boldsymbol{u}_2 & \cdots & \boldsymbol{u}_n \end{pmatrix} \begin{pmatrix} \lambda_1 & 0 & \cdots & 0 \\ 0 & \lambda_2 & \cdots & 0 \\ \vdots & \vdots & \ddots & \vdots \\ 0 & \cdots & 0 & \lambda_n \end{pmatrix} && (13.6) \\ &= \begin{pmatrix} \lambda_1\boldsymbol{u}_1 & \lambda_2\boldsymbol{u}_2 & \cdots & \lambda_n\boldsymbol{u}_n \end{pmatrix} && (13.7) \\ &= \begin{pmatrix} A\boldsymbol{u}_1 & A\boldsymbol{u}_2 & \cdots & A\boldsymbol{u}_n \end{pmatrix} && (13.8) \end{aligned}$$

가 되어 $AC = CD$ 임을 알 수 있다. ∎

Example 아래 행렬의 고유값, 고유벡터를 이용해 $AC = CD$ 임을 확인하라.

$$A = \begin{pmatrix} 1 & 1 \\ 0 & 1 \end{pmatrix}$$

Proof A가 상삼각행렬이므로 고유값은 $\lambda = 1$ 이 된다(중근). 그러므로 고유벡터는

$$(A - \lambda I \mid 0) = \left(\begin{array}{cc|c} 1-1 & 1 & 0 \\ 0 & 1-1 & 0 \end{array}\right) = \left(\begin{array}{cc|c} 0 & 1 & 0 \\ 0 & 0 & 0 \end{array}\right)$$

에서

$$\boldsymbol{u}_1 = \begin{pmatrix} t \\ 0 \end{pmatrix}, \quad (t\text{는 0 아닌 실수}) \tag{13.9}$$

가 된다. 따라서 $t = 1,\ t = 2$ 를 사용하면

$$D = \begin{pmatrix} 1 & 0 \\ 0 & 1 \end{pmatrix}, \quad C = \begin{pmatrix} 1 & 2 \\ 0 & 0 \end{pmatrix} \tag{13.10}$$

라고 할 수 있다. 이제 $AC = CD$ 를 확인해 보면,

$$AC = \begin{pmatrix} 1 & 1 \\ 0 & 1 \end{pmatrix} \begin{pmatrix} 1 & 2 \\ 0 & 0 \end{pmatrix} = \begin{pmatrix} 1 & 2 \\ 0 & 0 \end{pmatrix} \tag{13.11}$$

$$CD = \begin{pmatrix} 1 & 2 \\ 0 & 0 \end{pmatrix} \begin{pmatrix} 1 & 0 \\ 0 & 1 \end{pmatrix} = \begin{pmatrix} 1 & 2 \\ 0 & 0 \end{pmatrix} \tag{13.12}$$

가 되어 $AC = CD$ 임을 알 수 있다. ∎

Definition 정방행렬 A에 대하여, 만일 $AC = CD$ 를 만족시키는 행렬 C가 정칙행렬이면,

$$C^{-1}AC = D \tag{13.13}$$

가 되어, 행렬 A는 '대각화 가능하다(diagonalizable)'라고 일컫는다. 이때, 'C가 행렬 A를 대각화시켰다'고 한다.

Theorem 13.2 (선형독립인 고유벡터) *행렬 $A_{n\times n}$이 서로 다른 n개의 고유값 $\lambda_1, \lambda_2, \cdots, \lambda_n$을 가지고 있다면, 행렬 A는*

$$C^{-1}AC = D$$

로 대각화 가능하다.

Proof 행렬 A가 서로 다른 고유값 $(\lambda_1 \neq \lambda_2 \neq \cdots \neq \lambda_n)$을 가지고 있다면 Theorem 12.3에 의해 고유벡터 $\boldsymbol{u}_1, \boldsymbol{u}_2, \cdots, \boldsymbol{u}_n$는 선형독립이다. 따라서, 선형독립인 열벡터로 이루어진 행렬 C가 정칙행렬이 되므로 C^{-1}가 존재하여 A는 대각화 가능한 행렬이 된다. ∎

Corollary 13.3 *행렬 A가 대각화 가능할 때,* $A^k = \underbrace{A\cdots A}_{k\text{개}}$ 는

$$A^k = CD^kC^{-1} \tag{13.14}$$

로써 쉽게 계산된다.

Proof 고유벡터로 이루어진 C가 정칙행렬이므로 $AC = CD$ 로부터 $A = CDC^{-1}$ 을 구할 수 있다. 따라서 A^2는

$$A^2 = AA = CDC^{-1}CDC^{-1} = CD^2C^{-1} \tag{13.15}$$

라고 할 수 있다. 같은 방법으로 $A^k = CD^kC^{-1}$ 가 된다. ∎

Example 행렬 A의 고유값이 1, 4이고, 각각의 고유벡터는 $\boldsymbol{u}_1$, $\boldsymbol{u}_2$라고 한다.

$$A = \begin{pmatrix} 2 & 2 \\ 1 & 3 \end{pmatrix}, \quad \boldsymbol{u}_1 = \begin{pmatrix} -2 \\ 1 \end{pmatrix}, \quad \boldsymbol{u}_2 = \begin{pmatrix} 1 \\ 1 \end{pmatrix}$$

이제 행렬 A를 대각화 시킬 수 있는지 판단하고, 대각화를 시행하라.

Solution: 고유값이 1, 4로서 서로 다르기 때문에 A는 대각화가 가능한 행렬이다. 이때, 고유값과 고유벡터로 이루어 지는 행렬 C, D는

$$D = \begin{pmatrix} 1 & 0 \\ 0 & 4 \end{pmatrix}, \quad C = \begin{pmatrix} -2 & 1 \\ 1 & 1 \end{pmatrix}$$

가 되며, 이때 C^{-1}는

$$C^{-1} = \frac{1}{-3}\begin{pmatrix} 1 & -1 \\ -1 & -2 \end{pmatrix} = \begin{pmatrix} -\frac{1}{3} & \frac{1}{3} \\ \frac{1}{3} & \frac{2}{3} \end{pmatrix} \tag{13.16}$$

가 된다. 따라서 행렬 A를 대각화 시키면

$$C^{-1}AC = \begin{pmatrix} -\frac{1}{3} & \frac{1}{3} \\ \frac{1}{3} & \frac{2}{3} \end{pmatrix}\begin{pmatrix} 2 & 2 \\ 1 & 3 \end{pmatrix}\begin{pmatrix} -2 & 1 \\ 1 & 1 \end{pmatrix} = \begin{pmatrix} 1 & 0 \\ 0 & 4 \end{pmatrix} \tag{13.17}$$

가 됨을 확인할 수 있다.

Q 한 개의 고유값에 대해 고유벡터는 무한 개 존재한다는 것을 알고 있다. 위 문제에서 고유값은 그대로 두고, 고유벡터 $\boldsymbol{u}_i$에 2를 곱한 고유벡터 $\boldsymbol{u}'_i = 2\boldsymbol{u}_i$ 를 사용한 행렬 C'으로 A를 대각화 시켜서

$$(C')^{-1}AC' = D \tag{13.18}$$

가 일치하는지 확인하라.

Definition 정방행렬 A에 대하여 $C^{-1}AC = B$ 가 되는 C가 존재하면, 'A는 B와 닮았다(A is similar to B)'고 하고

$$A \sim B \tag{13.19}$$

라고 표기한다.

Theorem 13.4 *행렬 A와 행렬 B가 닮았다면 A의 고유값과 B의 고유값은 일치한다.*

Proof A와 B가 닮았으므로 $C^{-1}AC = B$ 되는 C가 존재한다. 그러므로

$$\begin{aligned} \det(B - \lambda I_n) &= \det(C^{-1}AC - \lambda I_n) = \det(C^{-1}(A - \lambda I_n)C) \\ &= \det(C^{-1})\det(A - \lambda I_n)\det(C) \\ &= \det(C^{-1})\det(C)\det(A - \lambda I_n) \\ &= \det(A - \lambda I_n) \end{aligned} \tag{13.20}$$

가 되므로 특성방정식이 일치한다. 그러므로 고유값도 일치한다.

Proposition 13.5 *다음은 닮은 행렬(similar matrix)의 특성이다.*

(1) $A \sim A$ 이다.

(2) $A \sim B$ 이면 , $B \sim A$ 이다..

(3) $A \sim B$ 이고 $B \sim C$ 이면 $A \sim C$ 이다.

(4) A가 대각행렬 D와 닮았을 때, A는 대각화 가능하다고 한다.

Proof 연습문제에서 다루어 본다.

13.2 대칭행렬의 대각화

지금까지 정방행렬이 대각화를 이루려면 n개의 서로 다른 고유값이 존재하든지 아니면 n개의 선형독립인 고유벡터가 존재해서 C^{-1}가 존재해야 했다. 그러나, 대칭행렬(symmetric matrix)인 경우에는 그런 걱정을 할 필요가 없는데, 그 이유는

대칭행렬의 모든 고유값이 실수이며, 서로 직교(orthogonal)하는 고유벡터가 존재하기 때문이다. 다음은 대칭행렬이 가지고 있는 중요한 성질이다(본 단원에서는 증명을 생략한다).

Theorem 13.6 (대칭행렬의 고유값) *정방행렬 A가 대칭행렬이면, 특성방정식 $p(\lambda) = 0$ 의 해는 모두 실수이다(증명생략).*

Theorem 13.7 (대칭행렬의 고유벡터) *정방행렬 A가 대칭행렬이고, $\{\lambda_i\}_{i=1}^{n}$가 서로 다른 고유값이고 $\boldsymbol{u}_1, \cdots, \boldsymbol{u}_n$가 고유벡터라면,*

$$\boldsymbol{u}_i^T \boldsymbol{u}_j = 0, \quad (i \neq j) \tag{13.21}$$

이 성립한다.

Proof 고유값, 고유벡터의 정의로부터,

$$A\boldsymbol{u}_i = \lambda_i \boldsymbol{u}_i, \qquad A\boldsymbol{u}_j = \lambda_j \boldsymbol{u}_j \quad (\lambda_i \neq \lambda_j)$$

이므로

$$\begin{aligned}\lambda_i \boldsymbol{u}_i^T \boldsymbol{u}_j &= (\lambda_i \boldsymbol{u}_i)^T \boldsymbol{u}_j = (A\boldsymbol{u}_i)^T \boldsymbol{u}_j = \boldsymbol{u}_i^T A^T \boldsymbol{u}_j \\ &= \boldsymbol{u}_i^T A \boldsymbol{u}_j = \boldsymbol{u}_i^T (\lambda_j \boldsymbol{u}_j) = \lambda_j \boldsymbol{u}_i^T \boldsymbol{u}_j \end{aligned} \tag{13.22}$$

따라서,

$$(\lambda_i - \lambda_j)\boldsymbol{u}_i^T \boldsymbol{u}_j = 0 \tag{13.23}$$

가 되는데, $\lambda_i \neq \lambda_j$ 이므로 $\boldsymbol{u}_j^T \boldsymbol{u}_i = 0$ 이다. ∎

Example 아래 대칭행렬의 고유값과 고유벡터을 구해보고

$$A = \begin{pmatrix} 2 & -2 \\ -2 & 5 \end{pmatrix}$$

1. 고유값이 서로 다른지 알아보라.

2. 고유벡터가 서로 직교하는지 알아보라.

Solution: 고유값을 구하면

$$\det\begin{pmatrix} 2-\lambda & -2 \\ -2 & 5-\lambda \end{pmatrix} = (\lambda-6)(\lambda-1) = 0 \tag{13.24}$$

에서 $\lambda = 1,\ 6$ 이라는 서로 다른 고유값을 갖는다. 이제 $\lambda = 1$ 때 고유벡터는

$$(A - \lambda I \mid \mathbf{0}) = \left(\begin{array}{cc|c} 1 & -2 & 0 \\ -2 & 4 & 0 \end{array}\right) \xrightarrow{E.R.O.} \left(\begin{array}{cc|c} 1 & -2 & 0 \\ 0 & 0 & 0 \end{array}\right) \tag{13.25}$$

으로부터 $\boldsymbol{u}_1 = (2\ 1)^T$ 가 된다. 같은 방법으로 고유값이 $\lambda = 6$ 인 경우의 고유벡터는 $\boldsymbol{u}_2 = (1\ \ -2)^T$ 가 되므로,

$$\boldsymbol{u}_1^T \boldsymbol{u}_2 = \begin{pmatrix} 2 & 1 \end{pmatrix} \begin{pmatrix} 1 \\ -2 \end{pmatrix} = 0 \tag{13.26}$$

가 되어 두 고유벡터는 서로 직교한다.

이와 같은 대칭행렬의 특성은 아래와 같은 대칭행렬의 대각화를 쉽게 이루게 된다.

Theorem 13.8 (대칭행렬의 대각화) *행렬 A가 대칭행렬이고 서로 다른 고유값이 $\lambda_1, \lambda_2, \cdots, \lambda_n$이면*

$$D = \begin{pmatrix} \lambda_1 & 0 & \cdots & 0 \\ 0 & \lambda_2 & \cdots & 0 \\ \vdots & \vdots & \ddots & \vdots \\ 0 & \cdots & 0 & \lambda_n \end{pmatrix} \tag{13.27}$$

라고 정의할 때,

$$P^{-1}AP = P^TAP = D \tag{13.28}$$

되는 직교행렬 P가 항상 존재한다.

Proof 행렬A의 고유값에 대한 길이가 1인 고유벡터로 이루어진 행렬을

$$P = (\boldsymbol{u}_1\ \boldsymbol{u}_2\ \cdots \boldsymbol{u}_n) \tag{13.29}$$

라고 하면, 고유값과 고유벡터의 정의에 의해

$$AP = PD \tag{13.30}$$

가 성립하며, P는 열이 모두 직교정규벡터로 이루어졌으므로 직교행렬이 된다 (Theorem 6.4 참조). 따라서,

$$P^{-1}AP = P^{-1}PD = D \tag{13.31}$$

를 만족한다. 결국, 대칭행렬 A의 대각화는

$$P^TAP = D \tag{13.32}$$

로 이루어 진다. ∎

Theorem 13.9 (행렬의계수와 고유값) *행렬 A가 대칭행렬이면* Rank(A)*는 행렬 A의 0 아닌 고유값의 수(중근포함)와 일치한다*

Proof 대칭행렬의 대각화 성질을 이용하면

$$A = PDP^T \tag{13.33}$$

되는 직교행렬 P가 존재한다. 그러므로 Proposition 10.1의 (6) – (7) 의해

$$\text{Rank}(A) = \text{Rank}(PDP^T) = \text{Rank}(DP^T) = \text{Rank}(D)$$

가 되어 이는 A의 0 아닌 고유값의 개수와 일치하게 된다. ∎

Q 아래 행렬들의 계수를 계산하고, 대각화를 실행하라. 그 결과 Theorem13.9가 성립하는지를 확인하라.

$$A = \begin{pmatrix} 1 & 0 \\ 0 & 1 \end{pmatrix}, \quad B = \begin{pmatrix} 1 & 0 \\ 0 & 0 \end{pmatrix}$$

Summary: 대칭행렬을 대각화 시키는 방법을 정리하면 다음과 같다.

1) 대칭행렬 A의 n개의 고유값을 구한다.
2) 각 고유값에 대한 고유벡터, $\boldsymbol{u}_i$를 구한다.
3) 고유벡터를 정규화시킨다($\boldsymbol{v}_i = \boldsymbol{u}_i/||\boldsymbol{u}_i||$).
4) 정규화된 고유벡터로 행렬 $P = (\boldsymbol{v}_1\ \boldsymbol{v}_2\ \cdots \boldsymbol{v}_n)$ 을 만든다.
5) $P^TAP = D$ 를 만든다.

Example 행렬 A에 대한 고유값이 1, 6이고, 그 고유벡터가 아래와 같다.

$$A = \begin{pmatrix} 2 & -2 \\ -2 & 5 \end{pmatrix}, \quad \boldsymbol{u}_1 = \begin{pmatrix} 2 \\ 1 \end{pmatrix}, \quad \boldsymbol{u}_2 = \begin{pmatrix} 1 \\ -2 \end{pmatrix}$$

이제 행렬 A를 대각화 하라.

Solution: 고유벡터를 정규화시키면

$$\begin{aligned} \boldsymbol{v}_1 &= \frac{\boldsymbol{u}_1}{||\boldsymbol{u}_1||} = \frac{1}{\sqrt{5}}\begin{pmatrix} 2 \\ 1 \end{pmatrix} \\ \boldsymbol{v}_1 &= \frac{\boldsymbol{u}_1}{||\boldsymbol{u}_1|} = \frac{1}{\sqrt{5}}\begin{pmatrix} 1 \\ -2 \end{pmatrix} \end{aligned}$$

따라서, 행렬 P는

$$P = \begin{pmatrix} \frac{2}{\sqrt{5}} & \frac{1}{\sqrt{5}} \\ \frac{1}{\sqrt{5}} & -\frac{2}{\sqrt{5}} \end{pmatrix}$$

가 되어, 행렬 A의 대각화는

$$\begin{aligned} P^TAP &= \begin{pmatrix} \frac{2}{\sqrt{5}} & \frac{1}{\sqrt{5}} \\ \frac{1}{\sqrt{5}} & -\frac{2}{\sqrt{5}} \end{pmatrix}\begin{pmatrix} 2 & -2 \\ -2 & 5 \end{pmatrix}\begin{pmatrix} \frac{2}{\sqrt{5}} & \frac{1}{\sqrt{5}} \\ \frac{1}{\sqrt{5}} & -\frac{2}{\sqrt{5}} \end{pmatrix} \\ &= \begin{pmatrix} 1 & 0 \\ 0 & 6 \end{pmatrix} = D \end{aligned}$$

로 이루어 진다. 여기서 행렬 P가 직교행렬임은 아래와 같이 확인된다.

$$P^TP = PP^T = \begin{pmatrix} \frac{2}{\sqrt{5}} & \frac{1}{\sqrt{5}} \\ \frac{1}{\sqrt{5}} & -\frac{2}{\sqrt{5}} \end{pmatrix}\begin{pmatrix} \frac{2}{\sqrt{5}} & \frac{1}{\sqrt{5}} \\ \frac{1}{\sqrt{5}} & -\frac{2}{\sqrt{5}} \end{pmatrix} = I_2$$

13.3 중근이 있는 대칭행렬의 대각화

이전 단원에서는 대칭행렬의 고유값이 서로 다른 경우만을 다루었다. 이번 단원은 대칭행렬에서 고유값이 중근(multiple root)을 갖을 경우, 그램-슈미트 과정을 통해 $P^TAP = D$ 라는 대각화를 시키는 직교행렬 P를 어떻게 구하는지 살펴본다.

Example 아래 대칭행렬을 대각화하라.

$$A = \begin{pmatrix} 0 & 2 & 2 \\ 2 & 0 & 2 \\ 2 & 2 & 0 \end{pmatrix} \tag{13.34}$$

위 행렬 A를 대각화시키기 위해 고유값을 구해보면

$$\begin{aligned}\det(A-\lambda I) &= \det\begin{pmatrix} -\lambda & 2 & 2 \\ 2 & -\lambda & 2 \\ 2 & 2 & -\lambda \end{pmatrix} \\ &= -(\lambda+2)^2(\lambda-4)=0 \end{aligned} \tag{13.35}$$

에서 $\lambda = 4,\ -2$(중근) 이 고유값이 된다. $\lambda = -2$ 인 경우 고유벡터를 구하면

$$(A-\lambda I \mid 0) = \left(\begin{array}{ccc|c} 2 & 2 & 2 & 0 \\ 2 & 2 & 2 & 0 \\ 2 & 2 & 2 & 0 \end{array}\right) \xrightarrow[R_{2,1(-1)}]{R_{3,1(-1)}} \left(\begin{array}{ccc|c} 2 & 2 & 2 & 0 \\ 0 & 0 & 0 & 0 \\ 0 & 0 & 0 & 0 \end{array}\right)$$

이기 때문에

$$\boldsymbol{w} = \begin{pmatrix} -t-s \\ s \\ t \end{pmatrix}, \quad (t,\ s\text{는 실수}) \tag{13.36}$$

가 된다. 이 중 두 개를 선택하면

$$\boldsymbol{w}_1 = \begin{pmatrix} -1 \\ 1 \\ 0 \end{pmatrix}, \quad \boldsymbol{w}_2 = \begin{pmatrix} -1 \\ 0 \\ 1 \end{pmatrix} \tag{13.37}$$

가 되나, 두 벡터가 직교하지 않으므로 직교하는 고유벡터를 구하기 위해 그램-슈미트 과정(Theorem 8.2 참조)을 사용하면

$$\boldsymbol{u}_1 = \boldsymbol{w}_1 = \begin{pmatrix} -1 \\ 1 \\ 0 \end{pmatrix} \tag{13.38}$$

라고 하고

$$\begin{aligned}\boldsymbol{u}_2 &= \boldsymbol{w}_2 - \frac{\boldsymbol{w}_2^T\boldsymbol{u}_1}{\boldsymbol{u}_1^T\boldsymbol{u}_1}\boldsymbol{u}_1 \\ &= \begin{pmatrix} -1 \\ 0 \\ 1 \end{pmatrix} - \frac{1}{2}\begin{pmatrix} -1 \\ 1 \\ 0 \end{pmatrix} = \begin{pmatrix} -\frac{1}{2} \\ -\frac{1}{2} \\ 1 \end{pmatrix} \end{aligned} \tag{13.39}$$

가 되며, $\lambda = 4$ 인 경우의 고유벡터는

$$(A-\lambda I \mid 0) = \left(\begin{array}{ccc|c} -4 & 2 & 2 & 0 \\ 2 & -4 & 2 & 0 \\ 2 & 2 & -4 & 0 \end{array}\right) \xrightarrow[R_{3(1/2)}]{R_{1(1/4)},\ R_{2(1/2)}} \left(\begin{array}{ccc|c} -1 & 1/2 & 1/2 & 0 \\ 1 & -2 & 1 & 0 \\ 1 & 1 & -2 & 0 \end{array}\right)$$

$$\xrightarrow[R_{2,1(1)}]{R_{3,1(1)}} \left(\begin{array}{ccc|c} -1 & 1/2 & 1/2 & 0 \\ 0 & -3/2 & 3/2 & 0 \\ 0 & 3/2 & -3/2 & 0 \end{array}\right)$$

$$\xrightarrow{R_{3,2(1)}} \left(\begin{array}{ccc|c} -1 & 1/2 & 1/2 & 0 \\ 0 & -3/2 & 3/2 & 0 \\ 0 & 0 & 0 & 0 \end{array}\right)$$

이기 때문에

$$\boldsymbol{w} = \begin{pmatrix} t \\ t \\ t \end{pmatrix}, \quad (t\text{는 실수}) \tag{13.40}$$

가 고유벡터가 되어, 그 중 1개를 선택한다면

$$\boldsymbol{u}_3 = \begin{pmatrix} 1 \\ 1 \\ 1 \end{pmatrix} \tag{13.41}$$

가 될 것이다. 따라서 $\boldsymbol{u}_1$, $\boldsymbol{u}_2$, $\boldsymbol{u}_3$ 를 각각 정규화시키면

$$\boldsymbol{v}_1 = \begin{pmatrix} -\frac{1}{\sqrt{2}} \\ \frac{1}{\sqrt{2}} \\ 0 \end{pmatrix}, \quad \boldsymbol{v}_2 = \begin{pmatrix} -\frac{1}{\sqrt{6}} \\ -\frac{1}{\sqrt{6}} \\ \frac{2}{\sqrt{6}} \end{pmatrix}, \quad \boldsymbol{v}_3 = \begin{pmatrix} \frac{1}{\sqrt{3}} \\ \frac{1}{\sqrt{3}} \\ \frac{1}{\sqrt{3}} \end{pmatrix}$$

가 된다. 그러므로 행렬P는

$$P = (\boldsymbol{v}_1\ \boldsymbol{v}_2\ \boldsymbol{v}_3) = \begin{pmatrix} -\frac{1}{\sqrt{2}} & -\frac{1}{\sqrt{6}} & \frac{1}{\sqrt{3}} \\ \frac{1}{\sqrt{2}} & -\frac{1}{\sqrt{6}} & \frac{1}{\sqrt{3}} \\ 0 & \frac{2}{\sqrt{6}} & \frac{1}{\sqrt{3}} \end{pmatrix} \tag{13.42}$$

가 되어

$$\begin{aligned} P^T AP &= \begin{pmatrix} -\frac{1}{\sqrt{2}} & \frac{1}{\sqrt{2}} & 0 \\ -\frac{1}{\sqrt{6}} & -\frac{1}{\sqrt{6}} & \frac{2}{\sqrt{6}} \\ \frac{1}{\sqrt{3}} & \frac{1}{\sqrt{3}} & \frac{1}{\sqrt{3}} \end{pmatrix} \begin{pmatrix} 0 & 2 & 2 \\ 2 & 0 & 2 \\ 2 & 2 & 0 \end{pmatrix} \begin{pmatrix} -\frac{1}{\sqrt{2}} & -\frac{1}{\sqrt{6}} & \frac{1}{\sqrt{3}} \\ \frac{1}{\sqrt{2}} & -\frac{1}{\sqrt{6}} & \frac{1}{\sqrt{3}} \\ 0 & \frac{2}{\sqrt{6}} & \frac{1}{\sqrt{3}} \end{pmatrix} \\ &= \begin{pmatrix} -2 & 0 & 0 \\ 0 & -2 & 0 \\ 0 & 0 & 4 \end{pmatrix} = D \end{aligned}$$

임이 확인된다.

Summary: 고유값이 중근(multiple root)으로 존재할 때, 대칭행렬을 대각화 시키는 방법을 요약하면 다음과 같다.

1) 중근 고유값에 대한 고유벡터 $\boldsymbol{w}_i$를 중근 개수 만큼 구한다.
2) $\boldsymbol{w}_i$를 이용해서 그램-슈미트 과정을 통해 서로 직교하는 고유벡터 $\boldsymbol{u}_i$를 구한다.
3) 중근이 아닌 고유값에 대한 고유벡터 $\boldsymbol{u}_i$를 구한다.
4) 지금까지 구한 $\boldsymbol{u}_i$를 정규화시켜서 $\boldsymbol{v}_i$를 얻는다.

$$\boldsymbol{v}_i = \frac{\boldsymbol{u}_i}{||\boldsymbol{u}_i||}, \quad i = 1, 2, \cdots, n$$

5) 정규화된 고유벡터로 행렬 $P = (\boldsymbol{v}_1 \ \boldsymbol{v}_2 \ \cdots \boldsymbol{v}_n)$ 을 만든다.
6) $P^T AP = D$ 를 만든다.

13.4 연습문제

[1] 다음 행렬들이 대각화가 가능한지 여부를 판단하고, 가능하면 대각화를 시도하라.

$$A = \begin{pmatrix} 3 & 0 & 0 & 0 \\ -1 & 8 & 0 & 0 \\ 0 & 0 & 3 & 6 \\ 0 & 0 & -1 & 8 \end{pmatrix}, \quad B = \begin{pmatrix} 1 & 0 \\ 0 & 1 \end{pmatrix}, \quad C = \begin{pmatrix} 1 & -1 \\ 0 & 2 \end{pmatrix}$$

$$D = \begin{pmatrix} 1 & -1 \\ 0 & 1 \end{pmatrix}, \quad E = \begin{pmatrix} 0 & -1 \\ -1 & 0 \end{pmatrix}, \quad F = \begin{pmatrix} 0 & 1 \\ 0 & 0 \end{pmatrix}$$

[2] 아래 행렬 A에 대해 다음 물음에 답하라.

$$A = \begin{pmatrix} 1 & 1 \\ 1 & 1 \end{pmatrix}$$

1. 고유값과 고유벡터를 구하라
2. 두 고유벡터가 선형독립이면 행렬의 대각화 $C^{-1}AC = D$ 를 행하라.
3. 직교정규인 고유벡터를 생성하여 직교행렬을 이용한 대각화 $P^T AP = D$ 를 행하라.

[3] 다음은 닮은 행렬 (similar matrices)에 대한 특성이다. 증명하라.

1. $A \sim A$ 이다.
2. $A \sim B$ 이면 , $B \sim A$ 이다..
3. $A \sim B$ 이고 $B \sim C$ 이면 $A \sim C$ 이다.

[4] 다음 대칭행렬 A에 대하여 물음에 답하라.

$$A = \begin{pmatrix} 2 & \sqrt{7} & 0 \\ \sqrt{7} & 8 & 0 \\ 0 & 0 & 1 \end{pmatrix} \tag{13.43}$$

1. 고유값을 구하라.
2. 고유값을 이용하여 행렬의 계수(Rank)를 구하라.
3. 대각화 $P^T AP = D$ 를 위한 행렬 P를 구하라.

[5] 다음 행렬 A에 대하여 차례대로 답하라.

$$A = \begin{pmatrix} 2 & 2 & -5 \\ 3 & 7 & -15 \\ 1 & 2 & -4 \end{pmatrix} \tag{13.44}$$

1. 고유값이 $\lambda = 1$(중근), $\lambda = 3$ 임을 특성화방정식을 통해 보여라.
2. 대각화를 통해 $C^{-1}AC = D$ 임을 확인하라.

[6] 아래는 타원의 방정식을 이차형식으로 표현한 것이다($a > b$).

$$1 = \frac{x^2}{a^2} + \frac{y^2}{b^2} = \begin{pmatrix} x & y \end{pmatrix} \begin{pmatrix} \frac{1}{a^2} & 0 \\ 0 & \frac{1}{b^2} \end{pmatrix} \begin{pmatrix} x \\ y \end{pmatrix} = \boldsymbol{x}^T A \boldsymbol{x} \tag{13.45}$$

이를 그림으로 그리면 그림 13.1가 된다.

1. 행렬 A의 고유값이 $\lambda_1 = \frac{1}{a^2}$, $\lambda_2 = \frac{1}{b^2}$ 임을 보여라.
2. 그림 13.1의 절편을 λ_1, λ_2를 사용하여 표시하라.
3. 타원방정식이 $\boldsymbol{x}^T A \boldsymbol{x} = k$ 라고 했을 때 절편을 λ_1, λ_2를 사용하여 표시하라.

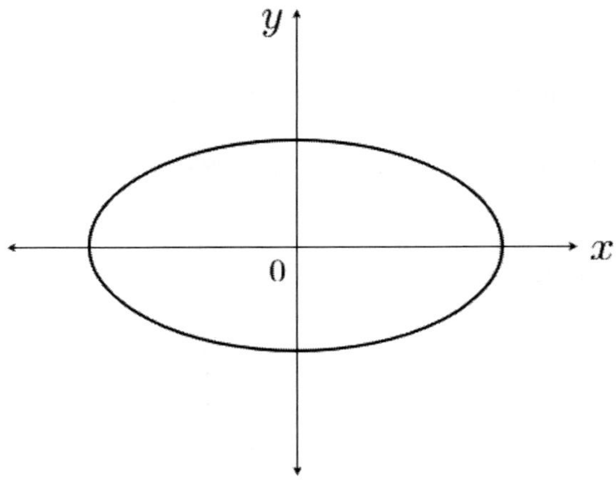

그림 13.1: 이차형식 $\boldsymbol{x}^T A \boldsymbol{x} = 1$ 에 의한 그래프

Chapter 14

스펙트럼 분해

앞 장에서는 대각화를 통해 임의의 정방행렬을 '행렬의 곱셈'으로 표현할 수 있었다. 본 단원에서는 대칭행렬의 경우는 '스펙트럼 분해'를 통해서, 대칭이 아닌 일반 행렬의 경우 '특이값 분해'를 통해서 여러 개의 '행렬의 합'으로 표현가능함을 보여준다.

14.1 스펙트럼 분해(Spectral Decomposition)

스펙트럼(spectrum)이란 빛이 프리즘을 통해 굴절하면서 무지개와 같은 여러 색깔로 표현되는 현상을 말한다. 이와 비슷하게, 한 개의 행렬이 여러 개의 행렬의 합으로 분해될 때 이를 '스펙트럼 분해(spectral decomposition)[1]'라고 한다.

Theorem 14.1 (스펙트럼 분해) *행렬 $A_{n\times n}$이 대칭행렬이고, 고유값이*

$$|\lambda_1| \geq |\lambda_2| \geq \cdots \geq |\lambda_n| \tag{14.1}$$

일 때, 직교정규인 고유벡터로 이루어진' 행렬 C

$$C = (\boldsymbol{v}_1\ \boldsymbol{v}_2\ \cdots \boldsymbol{v}_n) \tag{14.2}$$

[1]독일의 수학자, 힐버트(1862-1943)에 의해 소개되었으며 흔히 스펙트럼 이론(spectral theory)이라고 부르기도 한다. 그림 14.1참조

그림 14.1: 힐버트(David Hilbert, 1862-1943): 독일의 수학자. 함수해석학(functional anlaysis)의 근본인 힐버트 공간(Hilbert Space)를 만들어 냄으로써 현대수학 발전에 이바지함.

와 고유값으로 이루어진 대각행렬

$$D = \begin{pmatrix} \lambda_1 & 0 & \cdots & 0 \\ 0 & \lambda_2 & \cdots & 0 \\ \vdots & \vdots & \ddots & \vdots \\ 0 & \cdots & 0 & \lambda_n \end{pmatrix} \tag{14.3}$$

에 대하여, 행렬 A는 다음과 같이 스펙트럼 분해된다.

$$\begin{aligned} A = CDC^T &= \lambda_1 \boldsymbol{v}_1 \boldsymbol{v}_1^T + \lambda_2 \boldsymbol{v}_2 \boldsymbol{v}_2^T + \cdots + \lambda_1 \boldsymbol{v}_n \boldsymbol{v}_n^T \\ &= \sum_{i=1}^{n} \lambda_i \boldsymbol{v}_i \boldsymbol{v}_i^T \end{aligned} \tag{14.4}$$

Proof 행렬 A가 대칭행렬이기 때문에 직교정규인 고유벡터가 존재한다. 따라서, 고유벡터 행렬

$$C = (\boldsymbol{v}_1 \ \boldsymbol{v}_2 \ \cdots \boldsymbol{v}_n)$$

가 직교행렬이므로 A를 대각화 시키면 $A = CDC^T$ 가 되는데, 이는

$$CDC^T = (\boldsymbol{v}_1 \ \boldsymbol{v}_2 \ \cdots \boldsymbol{v}_n) \begin{pmatrix} \lambda_1 & 0 & \cdots & 0 \\ 0 & \lambda_2 & \cdots & 0 \\ \vdots & \vdots & \ddots & \vdots \\ 0 & \cdots & 0 & \lambda_n \end{pmatrix} \begin{pmatrix} \boldsymbol{v}_1^T \\ \boldsymbol{v}_2^T \\ \vdots \\ \boldsymbol{v}_n^T \end{pmatrix}$$

$$= \quad (\boldsymbol{v}_1\ \boldsymbol{v}_2\ \cdots \boldsymbol{v}_n)\begin{pmatrix} \lambda_1 \boldsymbol{v}_1^T \\ \lambda_2 \boldsymbol{v}_2^T \\ \vdots \\ \lambda_n \boldsymbol{v}_n^T \end{pmatrix}$$

$$= \quad \sum_{i=1}^{n} \lambda_i \boldsymbol{v}_i \boldsymbol{v}_i^T \tag{14.5}$$

라고 할 수 있다. ∎

Example 행렬 A의 고유값이 2, 5, -5이며 고유벡터가 아래와 같을 때, A를 스펙트럼 분해하라.

$$A = \begin{pmatrix} 2 & 0 & 0 \\ 0 & 4 & 3 \\ 0 & 3 & -4 \end{pmatrix}, \quad \boldsymbol{u}_1 = \begin{pmatrix} 1 \\ 0 \\ 0 \end{pmatrix}, \quad \boldsymbol{u}_2 = \begin{pmatrix} 0 \\ 3 \\ 1 \end{pmatrix}, \quad \boldsymbol{u}_3 = \begin{pmatrix} 0 \\ 1 \\ -3 \end{pmatrix}$$

Solution: 위의 고유벡터는 서로 직교하되 길이가 1이 아니므로 정규화시키면

$$\boldsymbol{v}_1 = \begin{pmatrix} 1 \\ 0 \\ 0 \end{pmatrix}, \quad \boldsymbol{v}_2 = \begin{pmatrix} 0 \\ \frac{3}{\sqrt{10}} \\ \frac{1}{\sqrt{10}} \end{pmatrix}, \quad \boldsymbol{v}_3 = \begin{pmatrix} 0 \\ \frac{1}{\sqrt{10}} \\ -\frac{3}{\sqrt{10}} \end{pmatrix}$$

가 된다. 따라서, A는 다음과 같이 스펙트럼 분해된다.

$$\begin{aligned} A \quad &= \quad \sum_{i=1}^{n} \lambda_i \boldsymbol{v}_i \boldsymbol{v}_i^T \\ &= \quad 5\begin{pmatrix} 0 \\ \frac{3}{\sqrt{10}} \\ \frac{1}{\sqrt{10}} \end{pmatrix}\begin{pmatrix} 0 & \frac{3}{\sqrt{10}} & \frac{1}{\sqrt{10}} \end{pmatrix} + (-5)\begin{pmatrix} 0 \\ \frac{1}{\sqrt{10}} \\ -\frac{3}{\sqrt{10}} \end{pmatrix}\begin{pmatrix} 0 & \frac{1}{\sqrt{10}} & -\frac{3}{\sqrt{10}} \end{pmatrix} \\ &\quad +2\begin{pmatrix} 1 \\ 0 \\ 0 \end{pmatrix}\begin{pmatrix} 1 & 0 & 0 \end{pmatrix} \end{aligned}$$

이를 정리하면 다음과 같다.

$$A \quad = \quad \begin{pmatrix} 2 & 0 & 0 \\ 0 & 4 & 3 \\ 0 & 3 & -4 \end{pmatrix}$$

$$= \begin{pmatrix} 0 & 0 & 0 \\ 0 & 4.5 & 1.5 \\ 0 & 1.5 & 0.5 \end{pmatrix} + \begin{pmatrix} 0 & 0 & 0 \\ 0 & -0.5 & 1.5 \\ 0 & 1.5 & -4.5 \end{pmatrix} + \begin{pmatrix} 2 & 0 & 0 \\ 0 & 0 & 0 \\ 0 & 0 & 0 \end{pmatrix}$$

Q 다음 행렬 A를 스펙트럼 분해하여 3개 행렬의 합으로 표현하라.

$$A = \begin{pmatrix} 2 & \sqrt{7} & 0 \\ \sqrt{7} & 8 & 0 \\ 0 & 0 & 1 \end{pmatrix} \tag{14.6}$$

14.2 특이값 분해(SDV)

행렬의 대각화나 대칭행렬의 스펙트럼 분해는 행의 수와 열의 수가 같은 정방행렬에서만 정의되었다. 이제 일반적인 $m \times n$행렬에서 적용가능한 분해를 소개하고자 한다. 이를 특이값 분해(singular value decomposition: 흔히 SVD)라고 하는데, 행렬근사(matrix approximation)나 최소제곱(least squares)기법에서 적용되는 매우 유용한 분해법이다.

Theorem 14.2 (Singular Value Decomposition: SVD) *행렬 $A_{m\times n}$에 대하여(*Rank$(A) = m \le n$*), 다음과 같은 분해를 특이값 분해(Singular Value Decomposition: SVD)라고 한다.*

$$A_{m\times n} = U_{m\times m} D_{m\times m} \left(V_{n\times m}\right)^T \tag{14.7}$$

여기서

(i) $U^T U = V^T V = I_m$,

(ii) $AA^T \boldsymbol{u}_i = \lambda_i \boldsymbol{u}_i, \quad i = 1, 2, \cdots, m$

(iii) $A^T A \boldsymbol{v}_i = \lambda_i \boldsymbol{v}_i, \quad i = 1, 2, \cdots, m$

(iv) *D는 아래와 같이 정의된다*$(\sqrt{\lambda_1} \ge \sqrt{\lambda_2} \ge \cdots \ge \sqrt{\lambda_m} > 0)$.

$$D = \begin{pmatrix} \sqrt{\lambda_1} & 0 & \cdots & 0 \\ 0 & \sqrt{\lambda_2} & \cdots & 0 \\ \vdots & \vdots & \ddots & \vdots \\ 0 & \cdots & 0 & \sqrt{\lambda_m} \end{pmatrix}$$

Proof 이를 확인하기 위해 $A = UDV^T$ 라고 하면,

$$\begin{aligned} AA^T &= UDV^TVDU^T = UD^2U^T \\ &= (\boldsymbol{u}_1\ \boldsymbol{u}_2\ \cdots \boldsymbol{u}_m)\begin{pmatrix} \lambda_1 & 0 & \cdots & 0 \\ 0 & \lambda_2 & \cdots & 0 \\ \vdots & \vdots & \ddots & \vdots \\ 0 & \cdots & 0 & \lambda_m \end{pmatrix}(\boldsymbol{u}_1\ \boldsymbol{u}_2\ \cdots \boldsymbol{u}_m)^T \end{aligned}$$

가 되어 행렬 AA^T의 스펙트럼 분해와 일치한다. 따라서, λ_i는 AA^T의 고유값이고 $\boldsymbol{u}_i$는 직교하는 고유벡터이다. 같은 방법으로

$$\begin{aligned} A^TA &= VDU^TUDV^T = VD^2V^T \\ &= (\boldsymbol{v}_1\ \boldsymbol{v}_2\ \cdots \boldsymbol{v}_m)\begin{pmatrix} \lambda_1 & 0 & \cdots & 0 \\ 0 & \lambda_2 & \cdots & 0 \\ \vdots & \vdots & \ddots & \vdots \\ 0 & \cdots & 0 & \lambda_m \end{pmatrix}(\boldsymbol{v}_1\ \boldsymbol{v}_2\ \cdots \boldsymbol{v}_m)^T \end{aligned}$$

가 되어 λ_i는 A^TA의 고유값이고 $\boldsymbol{v}_i$는 직교하는 고유벡터가 된다. ∎

Remark 만일 λ_i가 행렬 A^TA (혹은 AA^T)의 고유값이면, $\sqrt{\lambda_i}$는 행렬 A의 특이값(singular value)'이다.

Remark 행렬 U의 열벡터 $\boldsymbol{u}_i$를 '왼쪽 특이벡터(left singular vector)', 행렬 V의 열벡터 $\boldsymbol{v}_i$를 '오른쪽 특이벡터(right singular vector)'라고 한다.

Remark Theorem 14.2에서 Rank$(A) = m \geq n$ 인 경우에는

$$A_{m\times n} = U_{m\times n}D_{n\times n}(V_{n\times n})^T \tag{14.8}$$

가 된다.

Example 아래 행렬 A를 특이값 분해(SVD)를 실시하라.

$$A = \begin{pmatrix} 2 & 0 & -1 \\ 0 & 1 & 0 \end{pmatrix} \tag{14.9}$$

Solution: 행렬 AA^T의 고유값과 고유벡터를 구하면

$$AA^T = \begin{pmatrix} 2 & 0 & -1 \\ 0 & 1 & 0 \end{pmatrix}\begin{pmatrix} 2 & 0 \\ 0 & 1 \\ -1 & 0 \end{pmatrix} = \begin{pmatrix} 5 & 0 \\ 0 & 1 \end{pmatrix}$$

그러므로, $\lambda_1 = 5$, $\lambda_2 = 1$ 가 된다. 고유벡터를 구해보면,

$$\boldsymbol{u}_1 = \begin{pmatrix} 1 \\ 0 \end{pmatrix}, \quad \boldsymbol{u}_2 = \begin{pmatrix} 0 \\ 1 \end{pmatrix}$$

가 되어

$$U = \begin{pmatrix} 1 & 0 \\ 0 & 1 \end{pmatrix}$$

이다. 한편 $A^T A$의 고유값과 고유벡터를 구해보면

$$A^T A = \begin{pmatrix} 2 & 0 \\ 0 & 1 \\ -1 & 0 \end{pmatrix} \begin{pmatrix} 2 & 0 & -1 \\ 0 & 1 & 0 \end{pmatrix} = \begin{pmatrix} 4 & 0 & -2 \\ 0 & 1 & 0 \\ -2 & 0 & 1 \end{pmatrix}$$

에서 고유값은 0, 1, 5가 된다. 이제 0 아닌 고유값은 AA^T때와 마찬가지로 5, 1 이 되고 직교정규 고유벡터는

$$\boldsymbol{v}_1 = \begin{pmatrix} \frac{2}{\sqrt{5}} \\ 0 \\ -\frac{1}{\sqrt{5}} \end{pmatrix}, \quad \boldsymbol{v}_2 = \begin{pmatrix} 0 \\ 1 \\ 0 \end{pmatrix}$$

가 되어

$$V = \begin{pmatrix} \frac{2}{\sqrt{5}} & 0 \\ 0 & 1 \\ -\frac{1}{\sqrt{5}} & 0 \end{pmatrix}$$

이다. 따라서 특이값 분해(SVD)는

$$\begin{aligned} A = \begin{pmatrix} 2 & 0 & -1 \\ 0 & 1 & 0 \end{pmatrix} &= \begin{pmatrix} 1 & 0 \\ 0 & 1 \end{pmatrix} \begin{pmatrix} \sqrt{5} & 0 \\ 0 & 1 \end{pmatrix} \begin{pmatrix} \frac{2}{\sqrt{5}} & 0 & -\frac{1}{\sqrt{5}} \\ 0 & 1 & 0 \end{pmatrix} \\ &= UDV^T \end{aligned}$$

가 된다.

Proposition 14.3 (SVD의 전개) *행렬 $A_{m\times n}$에 대하여($m \le n$), 특이값 분해(SVD)를 하면 행렬 A는 아래와 같이 m개의 $m\times n$행렬의 합으로 표현가능하다.*

$$A = U_{m\times m} D_{m\times m} (V_{n\times m})^T = \sum_{i=1}^{m} \sqrt{\lambda_i} \boldsymbol{u}_i \boldsymbol{v}_i^T \tag{14.10}$$

Example 위 Proposition 14.3을 이용하 식 14.9의 행렬 A를 SVD 실시하면

$$\begin{aligned} A &= \begin{pmatrix} 2 & 0 & -1 \\ 0 & 1 & 0 \end{pmatrix} = U_{2\times 2} D_{2\times 2} (V_{3\times 2})^T = \sum_{i=1}^{2} \sqrt{\lambda_i} \boldsymbol{u}_i \boldsymbol{v}_i^T \\ &= \sqrt{5} \begin{pmatrix} 1 \\ 0 \end{pmatrix} \begin{pmatrix} \frac{2}{\sqrt{5}} & 0 & -\frac{1}{\sqrt{5}} \end{pmatrix} + 1 \cdot \begin{pmatrix} 0 \\ 1 \end{pmatrix} \begin{pmatrix} 0 & 1 & 0 \end{pmatrix} \\ &= \begin{pmatrix} 2 & 0 & -1 \\ 0 & 0 & 0 \end{pmatrix} + \begin{pmatrix} 0 & 0 & 0 \\ 0 & 1 & 0 \end{pmatrix} \end{aligned}$$

가 된다.

Remark 행렬 $A_{m\times n}$에 대하여(Rank(A) $= n \leq m$), 특이값 분해(SVD)를 하면 행렬 A는 아래와 같이 n개의 $m \times n$행렬의 합으로 표현가능하다.

$$A = U_{m\times n} D_{n\times n} V_{n\times n}^T = \sum_{i=1}^{n} \sqrt{\lambda_i} \boldsymbol{u}_i \boldsymbol{v}_i^T \tag{14.11}$$

Q 특이값 분해인 식 14.11를 사용하여, 행렬 A를 두 개 행렬의 합으로 표시하라.

$$A = \begin{pmatrix} 1 & 0 \\ 1 & 0 \\ 0 & 1 \\ 0 & 1 \end{pmatrix} \tag{14.12}$$

14.3 특이값 분해(SVD)의 활용

모든 행렬은 특이값 분해(SVD)를 이용하여 여러 개의 행렬의 합으로 표현가능하다. 특히, 행렬의 크기가 큰 경우에는 이와 같은 표현이 매우 유익한데, 아래는 특이값 분해가 활용되는 대표적인 분야이다.

- 역행렬이 존재하지 않는 경우의 일반화역행렬(generalized inverse)계산
- 행렬의 계수(Rank) 계산(0 아닌 특이값의 개수=행렬의 계수)
- 행렬의 근사(matrix approximation)
- 영상 이미지 압축

14.3.1 일반화역행렬

선형방정식 $A\boldsymbol{x} = \boldsymbol{b}$에서 행렬 A가 정칙행렬(nonsingular)이면 $\boldsymbol{x} = A^{-1}\boldsymbol{b}$의 해가 존재함을 알고 있다. 그러나, 만일 A가 비정칙행렬(singular)이라면 어떻게 해를 구할 것인가? 행렬 A가 비정칙행렬이라 할지라도, 심지어 정방행렬이 아닐지라도 특이값 분해는 가능하므로, 만일 행렬A가 특이값 분해에 의해

$$A = UDV^T \tag{14.13}$$

라고 분해된다면, 일반화역행렬은

$$A^- = VD^{-1}U^T \tag{14.14}$$

라고 자연스럽게 정의된다. 따라서 $A^-\boldsymbol{b}$가 $A\boldsymbol{x} = \boldsymbol{b}$의 해가 되는데 이에 대한 자세한 이론은 다음 장에서 배우도록 하자.

14.3.2 행렬의 근사

행렬 $A_{m\times n}$ $(m \le n)$에서 $\text{Rank}(A) = m$이라면 행렬 A는 특이값 분해(SVD)를 통해

$$A = \sqrt{\lambda_1}\boldsymbol{u}_1\boldsymbol{v}_1^T + \sqrt{\lambda_2}\boldsymbol{u}_2\boldsymbol{v}_2^T + \cdots + \sqrt{\lambda_m}\boldsymbol{u}_m\boldsymbol{v}_m^T \tag{14.15}$$

라고 분해된다($\sqrt{\lambda_1} \ge \sqrt{\lambda_2} \ge \cdots \ge \sqrt{\lambda_m}$). 여기서 어떤 k시점 이후의 특이값이 충분히 작다면

$$\sqrt{\lambda_{k+1}},\ \sqrt{\lambda_{k+2}}, \cdots, \sqrt{\lambda_m} \approx 0 \tag{14.16}$$

행렬 A는 $k(< m)$개의 행렬만으로도 충분히 근사시킬 수 있을 지 모른다. 이와 같이 전체 m개로 이루어진 분해 중에 일부분(k개)을 이용해 행렬을 근사시키는 방법을 'K-계수 근사(K-rank approximation)'이라고 하며, 아래는 행렬 A의 2-계수 근사를 보여준다.

$$A \approx \sqrt{\lambda_1}\boldsymbol{u}_1\boldsymbol{v}_1^T + \sqrt{\lambda_2}\boldsymbol{u}_2\boldsymbol{v}_2^T \tag{14.17}$$

이와 같은 행렬의 근사는 사이즈가 크고 복잡한 행렬을 간단한 몇개의 벡터로 이루어진 행렬로 표현가능하다는 의미이며, 최근에 데이터마이닝(data mining)이나 microarray 발현분석같은 유전자 분석에 많이 사용되고 있다.

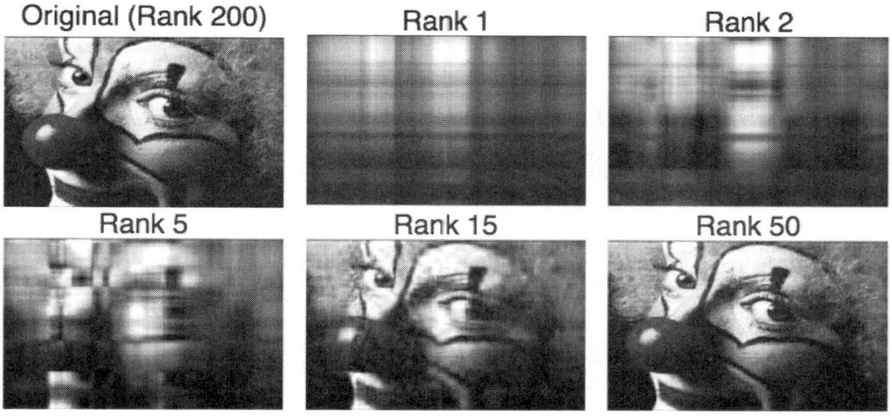

그림 14.2: 특이값 분해(SVD)를 통해 영상이미지를 압축시킨 결과. 200×300픽셀이미지를 Rank 1, Rank 2, Rank 5, Rank 15, Rank 50으로 근사시킨 이미지(출처: Prof. Per-Olof Persson's Lecture note, http://www-math.mit.edu/ persson/18.335/lec3.pdf)

14.3.3 영상 이미지 압축

특이값 분해를 잘 활용하는 분야 중 하나가 영상이미지 압축분야이다. 잘 알려져 있듯이 영상이미지는 모든 픽셀(pixel)이라는 저장장소에 수치로 입력되어 있다. 가장 간단한 이미지로 이항픽셀(binary pixel)을 생각할 수 있는데 0 혹은 1만 저장해서 모든 점(픽셀)은 검은색과 흰색으로만 표현된다. 그러나 더 나은 이미지 표현을 위해서 한 픽셀당 1바이트(8 bit), 즉 $2^8 = 256$개의 수준으로 표현가능하다. 다시 말해서 0부터 255까지의 숫자 중 하나가 픽셀에 저장되어 색을 표현하게 된다. 문제는 그림이 클 수록(픽셀이 많을 수록) 저장할 메모리를 많이 차지하게 되어 저장할 수 있는 이미지 수에 제한적 요소로 작용한다는 점이다. 이런 이유로 '이미지 압축' 기술이 발달되어 왔다.

특이값 분해는 이런 이미지 압축을 효과적으로 수행한다. 예를 들어 현재 200×300 픽셀의 이미지가 있다고 가정하자. 그림 14.2와 같이 사진의 원본은 200계수(Rank)에 해당되는 이미지라서 이 이미지를 저장하려면 전체 60,000 바이트(60KB)의 메모리가 필요하다. 이를 행렬 $A_{200\times 300}$이라고 가정하면 특이값 분해(SVD)를 통해 1-계수 근사, 5-계수 근사, 혹은 50-계수 근사, 등의 행렬근사를 시도할 수 있다. 그림에서 보듯이 계수의 값이 1, 2, 5, 15로 증가할 수록 원본에 가까운 이미지가 생성이 되고, 만약 50-계수로 근사시켜보니 이미지에 커다란 손실없이 저장할 수 있었다.

50-계수 근사의 경우, 200×1벡터와 1×300벡터가 각각 50개 필요하므로 $50(200 + 300) = 25,000$ 바이트, 즉 25KB ($<$ 60KB)만으로 이미지를 저장할 수 있게 된다. 이렇게 큰 행렬구조의 영상이미지를 적은 메모리에 저장시킬 수 있다는 점에서 특이값 분해는 잘 활용되고 있다.

14.4 연습문제

[1] 다음 행렬을 스펙트럼 분해하되 아래 단계에 답을 해가며 구하라.

$$A = \begin{pmatrix} 3 & 2 & 4 \\ 2 & 0 & 2 \\ 4 & 2 & 3 \end{pmatrix}$$

1. 행렬 A의 고유값을 구하라.
2. 행렬 A의 고유벡터를 구하되 서로 직교하는 벡터(직교정규)를 구하라
3. $A = PDP^T$ 가 됨을 확인하라.
4. 스펙트럼 분해를 사용하여 행렬A를 3개 행렬의 합으로 표현하라.

[2] 다음 행렬에 대해 답하라.

$$A = \begin{pmatrix} 3 & 2 & 2 \\ 2 & 3 & -2 \end{pmatrix}$$

1. 특이값 분해(SVD)를 통해 행렬 A를 분해하라.
2. 1-계수 근사를 사용하여 행렬 A의 근사행렬을 구하라.

[3] 현재 가지고 있는 사진은 640×480의 VGA급 해상도를 지닌 이미지이다. 이를 가능한 원본에 가깝게 압축(image compression)하되 특이값 분해를 통한 근사행렬로 접근하려고 한다. 현재 사용되는 메모리의 절반이하로 메모리양을 줄이기 위해선 Rank를 몇으로 근사시켜야 하는지 계산하라.

Chapter 15

일반화역행렬

지금까지 역행렬이라 함은 $n \times n$ 정방행렬에서 모든 행 혹은 열이 선형독립인 경우만 정의되었고 이런 행렬을 우리는 '정칙행렬(nonsingular matrix)'라고 불렀다. 그러나 정방행렬이면서 비정칙(singular)이거나, 심지어 정방행렬도 아닌 경우일지라도 역행렬과 비슷한 역할을 해 주는 행렬이 필요할 때가 있다. 많은 자료분석을 해야하는 통계학에서는 이런 경우를 흔히 만나게 되는데, 이 단원에서는 일반화역행렬의 가장 대표적인 '무어-펜로즈 역행렬'을 소개하고 그 활용에 대해 알아보고자 한다.

15.1 무어-펜로즈 역행렬(Moore-Penrose Inverse)

일반화역행렬을 이해하기 위해 아래와 같은 선형방정식을 생각해 보자.

$$A\boldsymbol{x} = \boldsymbol{b} \tag{15.1}$$

물론 A가 $n \times n$ 정방행렬이고 정칙행렬이면 A^{-1}가 존재하므로 해는

$$\boldsymbol{x} = A^{-1}\boldsymbol{b} \tag{15.2}$$

라는 유일한 해가 존재할 것이다. 그러나 만약 A의 크기가 $m \times n$ $(m > n)$인 행렬이라면 '식의 수'가 '변수의 개수' 보다 많아서 이를 만족하는 해는 존재하지 않게 된다. 하지만, 수학적으로는

$$\boldsymbol{b} - A\boldsymbol{x} = \boldsymbol{0} \tag{15.3}$$

그림 15.1: 왼쪽 사진: 무어(E.H. Moore, 1862-1932), 미국 수학자. 20세기 미국의 수학 발전의 중심적 역할을 하였슴; 오른쪽 사진: 펜로즈(Roger Penrose,1931-), 영국 수학자. 수리물리학, 특히 일반상대성이론과 천체물리학 발전에 기여함.

을 만족하는 $\boldsymbol{x}$는 존재하지 않을지라도, 통계학에서는 $\boldsymbol{b}$와 $A\boldsymbol{x}$의 거리

$$||\boldsymbol{b} - A\boldsymbol{x}||^2 \tag{15.4}$$

를 최소로 하는 $\hat{\boldsymbol{x}}$를 구하는 '최소제곱법'(단원 8.5 참조)에 의해

$$\hat{\boldsymbol{x}} = (A^T A)^{-1} A^T \boldsymbol{b} \tag{15.5}$$

라는 해의 '추정치(estimate)'를 구하고 있다.

이때

$$A^+ = (A^T A)^{-1} A^T \tag{15.6}$$

라고 한다면

$$\hat{\boldsymbol{x}} = A^+ \boldsymbol{b} \tag{15.7}$$

라고 표현 가능하며, 이때 A^+도 A의 일반화역행렬(generalized inverse[1])에 일종이다.

그렇다면, A의 크기가 $m \times n$ $(m < n)$인 경우의 선형방정식 의 해는 어떻게 될 것인가? '식의 수'가 '변수의 개수' 보다 적기 때문에, 수 많은 해가 존재할 것이다.

[1]흔히 유사역행렬(pseudo inverse)라고도 불리는 것으로 모든 종류의 행렬에서도 정의되며, 일반적인 $n \times n$ 역행렬인 A^{-1}도 여기에 포함된다.

하지만, 이에 대한 해도 일반화역행렬로 다음과 같이 표현가능하다.

$$\begin{aligned} \boldsymbol{x} &= A^T(AA^T)^{-1}\boldsymbol{b} \\ &= A^+\boldsymbol{b} \end{aligned} \tag{15.8}$$

그러면, 이제 일반화역행렬에 대한 정의를 알아보자.

Definition 임의의 행렬 $A_{m\times n}$에 대하여,

(i) $AA^-A = A$

(ii) $A^-AA^- = A^-$

를 만족하면 A^-는 A의 일반화역행렬(generalized inverse)이라고 한다.

Theorem 15.1 *A가 정방행렬이고 정칙행렬이면 A^{-1}도 A의 일반화역행렬이다.*

Proof 역행렬의 성질에 의해 $AA^{-1}A = I_nA = A$가 되고 $A^{-1}AA^{-1} = I_nA^{-1} = A^{-1}$ 이 되므로 역행렬도 일반화역행렬의 일종이라고 본다. ∎

Definition 임의의 행렬 $A_{m\times n}$에 대하여 A^+가 아래 성질을 만족하면

(i) $AA^+A = A$

(ii) $A^+AA^+ = A^+$

(iii) $(AA^+)^T = AA^+$

(iv) $(A^+A)^T = A^+A$

A^+는 A의 무어-펜로즈 역행렬(Moore-Penrose inverse matrix[2])라고 한다.

Proposition 15.2 *아래 행렬이 행렬 A의 무어-펜로즈 역행렬임을 증명하라.*

1. 만일 $(A^TA)^{-1}$가 존재하면, $(A^TA)^{-1}A^T$ 는 A의 무어-펜로즈 역행렬이다.

2. 만일 $(AA^T)^{-1}$가 존재하면, $A^T(AA^T)^{-1}$ 는 A의 무어-펜로즈 역행렬이다.

[2] E. H. Moore와 Roger Penrose가 제시한 일반화역행렬의 일종. 그림 15.1참조.

Proof $A^+ = (A^TA)^{-1}A^T$ 라고 가정하면,

$$\begin{aligned} AA^+A &= A(A^TA)^{-1}A^TA = A \\ A^+AA^+ &= (A^TA)^{-1}A^TA(A^TA)^{-1}A^T = A^+ \\ (AA^+)^T &= (A(A^TA)^{-1}A^T)^T = A(A^TA)^{-1}A^T = AA^+ \\ (A^+A)^T &= ((A^TA)^{-1}A^TA)^T = A^TA(A^TA)^{-1} = I_n \\ &= (A^TA)^{-1}A^TA = A^+A \end{aligned}$$

이므로 무어-펜로즈 역행렬임이 확인된다. 한편 $A^+ = A^T(AA^T)^{-1}$ 라고 가정하면,

$$\begin{aligned} AA^+A &= AA^T(AA^T)^{-1}A = A \\ A^+AA^+ &= A^T(AA^T)^{-1}AA^T(AA^T)^{-1} = A^+ \\ (AA^+)^T &= (AA^T(AA^T)^{-1})^T = I_m = AA^T(AA^T)^{-1} = AA^+ \\ (A^+A)^T &= (A^T(AA^T)^{-1}A)^T = A^T(AA^T)^{-1}A = A^+A \end{aligned}$$

이어서 $A^T(AA^T)^{-1}$ 도 A의 무어-펜로즈 역행렬이다. ∎

Remark 만일 $(A^TA)^{-1}$도 존재하고 $(AA^T)^{-1}$도 존재한다면, A가 정방행렬인 정칙행렬이므로 $A^+ = (A^TA)^{-1}A^T = A^{-1}$ 가 되고, $A^+ = A^T(AA^T)^{-1} = A^{-1}$ 가 된다. 따라서, 일반화역행렬과 역행렬이 일치하게 된다.

Example 아래 방정식의 해를 무어-펜로즈 역행렬을 사용해서 구하라.

$$\begin{cases} 2x = 3 \\ 2x = 4 \end{cases} \tag{15.9}$$

Solution: 변수는 하나이고 독립된 식이 2개 있으므로 수학적으로는 해가 없는 방정식이지만 무어-펜로즈 역행렬(최소제곱법)에 의해 추정값을 구할 수 있다. 위 방정식을 행렬로 표현하면

$$A\boldsymbol{x} = \begin{pmatrix} 2 \\ 2 \end{pmatrix} (x) = \begin{pmatrix} 3 \\ 4 \end{pmatrix} = \boldsymbol{b} \tag{15.10}$$

라고 표현되므로, 무어-펜로즈 역행렬에 의한 추정값은

$$\hat{\boldsymbol{x}} = (A^TA)^{-1}A^T\boldsymbol{b} = \begin{pmatrix} \frac{1}{4} & \frac{1}{4} \end{pmatrix} \begin{pmatrix} 3 \\ 4 \end{pmatrix} = \frac{7}{4} \tag{15.11}$$

이어서 x의 추정값은 1.75이다. 식 15.9에서 추측할 수 있듯이 추정값 1.75는 1.5와 2사이에 위치한다.

Example 아래 방정식의 해를 무어-펜토즈 역행렬을 사용해서 구하라.

$$\begin{cases} x + 2y + z = 0 \\ 2x + y = 7 \end{cases} \tag{15.12}$$

Solution: 이 방정식은 변수는 3개인데 식은 2개 밖에 없어서 해가 무수히 많은 방정식임을 알 수 있다. 이를 행렬로 표시하면

$$A\boldsymbol{x} = \begin{pmatrix} 1 & 2 & 1 \\ 2 & 1 & 0 \end{pmatrix} \begin{pmatrix} x \\ y \\ z \end{pmatrix} = \begin{pmatrix} 0 \\ 7 \end{pmatrix} = \boldsymbol{b} \tag{15.13}$$

가 되는데,

$$AA^T = \begin{pmatrix} 1 & 2 & 1 \\ 2 & 1 & 0 \end{pmatrix} \begin{pmatrix} 1 & 2 \\ 2 & 1 \\ 1 & 0 \end{pmatrix} = \begin{pmatrix} 6 & 4 \\ 4 & 5 \end{pmatrix} \tag{15.14}$$

이 되어 역행렬은

$$(AA^T)^{-1} = \frac{1}{14} \begin{pmatrix} 5 & -4 \\ -4 & 6 \end{pmatrix} \tag{15.15}$$

가 되어 무어-펜로즈 역행렬에 의한 해는

$$\begin{aligned} \boldsymbol{x} &= A^+\boldsymbol{b} = A^T(AA^T)^{-1}\boldsymbol{b} \\ &= \frac{1}{14} \begin{pmatrix} 1 & 2 \\ 2 & 1 \\ 1 & 0 \end{pmatrix} \begin{pmatrix} 5 & -4 \\ -4 & 6 \end{pmatrix} \begin{pmatrix} 0 \\ 7 \end{pmatrix} \\ &= \begin{pmatrix} 4 \\ -1 \\ -2 \end{pmatrix} \end{aligned}$$

가 되어 해는 $x = 4,\ y = -1,\ z = -2$ 가 된다. 이는 식 15.12를 만족하는 해 중의 하나이다.

Q 아래 방정식의 해를 무어-펜로즈 역행렬을 이용해서 구하되, 해가 많으면 그

중의 하나를 구하고, 해가 존재하지 않으면 최소제곱법에 의한 추정값을 구하라.

$$\begin{cases} x + 2y = 0 \\ x + 2y = 2 \\ x - 2y = -2 \\ x - 2y = 2 \end{cases} \tag{15.16}$$

15.2 무어-펜로즈 역행렬의 성질

일반적인 정방행렬의 역행렬이 가지고 있는 성질들을 대부분 일반화역행렬(무어-펜로즈 역행렬)이 가지고 있다. 이 단원에서는 무어-펜로즈의 기본적인 성질을 살펴봄으로써 무어-펜로즈 역행렬을 좀 더 넓은 범위에서 활용하는데 도움을 주고자 한다.

Theorem 15.3 (무어-펜로즈 역행렬의 성질) *행렬 A가 $m \times n$ 행렬이고 A^+가 A의 무어-펜로즈 역행렬일 때*

1. $(\alpha A)^+ = \frac{1}{\alpha} A^+, \ (\alpha \neq 0)$
2. $(A^+)^T = (A^T)^+$
3. $(A^+)^+ = A$
4. *만일 A가 정방행렬이고 정칙이면, $A^+ = A^{-1}$ 이다.*
5. $(A^T A)^+ = A^+ (A^+)^T$
6. $(AA^T)^+ = (A^+)^T A^+$
7. $(A^+ A)^+ = A^+ A$
8. $(AA^+)^+ = AA^+$

가 성립한다.

Proof 먼저 1번에 대한 증명은 아래와 같다.

$$\alpha A \left(\frac{1}{\alpha} A^+ \right) \alpha A = \alpha A A^+ A = \alpha A \tag{15.17}$$

$$\left(\frac{1}{\alpha} A^+ \right) \alpha A \left(\frac{1}{\alpha} A^+ \right) = \frac{1}{\alpha} A^+ \tag{15.18}$$

$$\left(\alpha A \frac{1}{\alpha} A^+\right)^T = (AA^+)^T = AA^+ = (\alpha A)\left(\frac{1}{\alpha}A^+\right) \tag{15.19}$$

$$\left(\frac{1}{\alpha} A^+ \alpha A\right)^T = (A^+A)^T = A^+A = \left(\frac{1}{\alpha}A^+\right)(\alpha A) \tag{15.20}$$

한편, 2번 증명은 아래와 같다.

$$A^T(A^+)^T A^T = \left(AA^+A\right)^T = A^T \tag{15.21}$$

$$(A^+)^T A^T (A^+)^T = \left(A^+AA^+\right)^T = (A^+)^T \tag{15.22}$$

$$\left(A^T(A^+)^T\right)^T = A^+A = (A^+A)^T = A^T(A^+)^T \tag{15.23}$$

$$\left((A^+)^T A^T\right)^T = AA^+ = (AA^+)^T = (A^+)^T A^T \tag{15.24}$$

이제 5번 증명을 해 보면

$$\begin{aligned} A^TA\{A^+(A^+)^T\}A^TA &= A^TA\{A^+(A^+)^TA^T\}A \\ &= A^TA\{A^+(AA^+)^T\}A \\ &= A^TA\{A^+AA^+\}A \\ &= A^TAA^+A \\ &= A^TA \end{aligned} \tag{15.25}$$

이고

$$\begin{aligned} A^+(A^+)^TA^TAA^+(A^+)^T &= A^+(AA^+)AA^+(A^+)^T \\ &= A^+AA^+(A^+)^T \\ &= A^+(A^+)^T \end{aligned} \tag{15.26}$$

이면서

$$\begin{aligned} (A^TAA^+(A^+)^T)^T &= A^+(AA^+)^TA = A^+AA^+A = A^+A \\ &= (A^+A)^T = (A^+AA^+A)^T \\ &= A^T(AA^+)^T(A^+)^T = A^TAA^+(A^+)^T \end{aligned} \tag{15.27}$$

가 되고, 마지막으로

$$\begin{aligned} (A^+(A^+)^TA^TA)^T &= A^TAA^+(A^+)^T \\ &= A^T(AA^+)^T(A^+)^T = A^T(A^+)^TA^T(A^+)^T \end{aligned}$$

$$= A^T(A^T)^+ \tag{15.28}$$

인데, 이것은

$$\begin{aligned} A^T(A^T)^+ &= (A^T(A^T)^+)^T = (A^T(A^T)^+A^T(A^T)^+)^T \\ &= A^+(AA^+)^TA = A^+(A^+)^TA^TA \end{aligned} \tag{15.29}$$

이므로 5번이 증명된다. 나머지 증명은 연습문제를 참고바란다.

Theorem 15.4 (직교정규벡터와 무어-펜로즈 역행렬) *행렬 $A_{m\times n}$에서 열(column)벡터가 직교정규벡터(i.e. $A^TA = I_n$)이면,*

$$A^+ = A^T \tag{15.30}$$

이다.

Proof 이는 다음과 같이 증명된다.

(i) $AA^TA = AI_n = A$

(ii) $A^TAA^T = I_nA^T = A^T$

(iii) $(AA^T)^T = AA^T$

(iv) $(A^TA)^T = A^TA$

따라서, $A^+ = A^T$ 이다. ∎

Q 다음 행렬의 무어-펜로즈 역행렬을 구하라.

$$A = \begin{pmatrix} \cos\theta & -\sin\theta \\ \sin\theta & \cos\theta \end{pmatrix} \tag{15.31}$$

15.3 대칭행렬의 무어-펜로즈 역행렬

앞 장에서 언급한대로 대칭행렬은 여러 모로 편리한 성질이 많다. 특히 통계학에서 다루는 많은 행렬이 대칭일 경우가 많은데, 그 이유는 거리를 나타내는 행렬 $(d_{ij} = d_{ji})$이라든지 두 변수간의 분산을 나타내는 공분산행렬에서

$$\delta_{ij} = \mathrm{Cov}(x_i, x_j) = \mathrm{Cov}(x_j, x_i) = \delta_{ji}$$

와 같이 비대각 원소의 값이 같은 행렬이 많이 사용되기 때문이다. 더구나, 앞서 대각화나 스펙트럼 분해에서 살펴보았듯이 대칭행렬인 경우에 항상 대각화가 가능하고

$$A = PDP^T \tag{15.32}$$

를 만족하는 직교행렬 P가 존재한다. 대칭행렬의 무어-펜로즈 역행렬도 이런 관계 속에서 정의되고 있다.

Theorem 15.5 (대칭행렬의 무어-펜로즈 역행렬) *행렬 $A_{n\times n}$이 계수가 r $(\le n)$인 대칭행렬이고 고유값 $\lambda_1, \lambda_2, \cdots, \lambda_n$로 이루어진 대각행렬 D와 직교정규 고유벡터로 이루어진 행렬 P로*

$$A = PDP^T \tag{15.33}$$

라는 대각화를 이룬다면 A의 무어-펜로즈 역행렬은

$$A^+ = PD^+P^T \tag{15.34}$$

이다. 여기서 $D^+ = diag(\phi_{ii})$ 이며

$$\phi_{ii} = \begin{cases} \frac{1}{\lambda_i}, & \text{만일 } \lambda_i \neq 0\text{이면} \\ 0, & \text{만일 } \lambda_i = 0\text{이면} \end{cases} \tag{15.35}$$

라고 정의한다.

Proof 대칭행렬 A의 계수가 r이라고 했으므로, 0아닌 고유값이 r개 존재하게 된다. 따라서 $D_1 = \text{diag}(\lambda_1, \lambda_2, \cdots, \lambda_r)$ 이라고 하면

$$D = \begin{pmatrix} D_1 & 0_{r\times(n-r)} \\ 0_{(n-r)\times r} & 0_{(n-r)\times(n-r)} \end{pmatrix} \tag{15.36}$$

가 되어

$$\begin{aligned} A = PDP^T &= \begin{pmatrix} P_1 & P_2 \end{pmatrix} \begin{pmatrix} D_1 & 0_{r\times(n-r)} \\ 0_{(n-r)\times r} & 0_{(n-r)\times(n-r)} \end{pmatrix} \begin{pmatrix} P_1^T \\ P_2^T \end{pmatrix} \\ &= P_1 D_1 P_1^T \end{aligned} \tag{15.37}$$

가 된다. 이제

$$A^+ = PD^+P^T = P_1 D_1^{-1} P_1^T \tag{15.38}$$

라고 하면 $A^+ = P_1 D_1^{-1} P_1^T$ 가 A의 무어-펜로즈 역행렬임을 보이면 된다. 먼저,

$$\begin{aligned} A(P_1 D_1^{-1} P_1^T)A &= P_1 D_1 P_1^T P_1 D_1^{-1} P_1^T P_1 D_1 P_1^T \\ &= P_1 D_1 P_1^T = A \end{aligned} \tag{15.39}$$

이고

$$\begin{aligned} (P_1 D_1^{-1} P_1^T)A(P_1 D_1^{-1} P_1^T) &= P_1 D_1^{-1} P_1^T P_1 D_1 P_1^T P_1 D_1^{-1} P_1^T \\ &= P_1 D_1^{-1} P_1^T \end{aligned} \tag{15.40}$$

이다. 또한

$$\begin{aligned} AA^+ &= P_1 D_1 P_1^T P_1 D_1^{-1} P_1^T = P_1 P_1^T \\ A^+ A &= P_1 D_1^{-1} P_1^T P_1 D_1 P_1^T = P_1 P_1^T \end{aligned}$$

가 되어 AA^+와 A^+A 는 모두 대칭행렬이다. 따라서, $A^+ = PD^+P^T$ 는 A의 무어-펜로즈 역행렬이다. ∎

Example 아래 행렬의 무어-펜로즈 역행렬을 구하라.

$$A = \begin{pmatrix} 2 & \sqrt{2} & 0 \\ \sqrt{2} & 3 & 0 \\ 0 & 0 & 0 \end{pmatrix} \tag{15.41}$$

Solution: 행렬 A의 행 중에 원소가 모두 0인 행이 존재하므로, A의 역행렬은 존재하지 않는다. 불행히도 A^TA나 AA^T 모두 비정칙행렬이므로 무어-펜로즈 역행렬을 구하기 위한 Proposition 15.2를 사용하지 못한다. 그 대신에, 대칭행렬의 성질을 이용해 대각화를 해 보자.

$$\det(A - \lambda I) = \det \begin{pmatrix} 2-\lambda & \sqrt{2} & 0 \\ \sqrt{2} & 3-\lambda & 0 \\ 0 & 0 & -\lambda \end{pmatrix} = -\lambda(\lambda - 1)(\lambda - 4) = 0$$

으로 부터 $\lambda = 4,\ 1,\ 0$이 되고, 직교정규 고유벡터는 각각

$$\boldsymbol{v}_1 = \begin{pmatrix} \frac{1}{\sqrt{3}} \\ \frac{\sqrt{2}}{\sqrt{3}} \\ 0 \end{pmatrix}, \quad \boldsymbol{v}_2 = \begin{pmatrix} -\frac{\sqrt{2}}{\sqrt{3}} \\ \frac{1}{\sqrt{3}} \\ 0 \end{pmatrix}, \quad \boldsymbol{v}_1 = \begin{pmatrix} 0 \\ 0 \\ 1 \end{pmatrix} \tag{15.42}$$

가 되므로, 행렬 A를 대각화하면

$$A = PDP^T$$

$$= \begin{pmatrix} \frac{1}{\sqrt{3}} & -\frac{\sqrt{2}}{\sqrt{3}} & 0 \\ \frac{\sqrt{2}}{\sqrt{3}} & \frac{1}{\sqrt{3}} & 0 \\ 0 & 0 & 1 \end{pmatrix} \begin{pmatrix} 4 & 0 & 0 \\ 0 & 1 & 0 \\ 0 & 0 & 0 \end{pmatrix} \begin{pmatrix} \frac{1}{\sqrt{3}} & \frac{\sqrt{2}}{\sqrt{3}} & 0 \\ -\frac{\sqrt{2}}{\sqrt{3}} & \frac{1}{\sqrt{3}} & 0 \\ 0 & 0 & 1 \end{pmatrix}$$

가 되므로 Theorem 15.5를 이용한 무어-펜로즈 역행렬은

$$\begin{aligned} A^+ &= PD^+P^T \\ &= \begin{pmatrix} \frac{1}{\sqrt{3}} & -\frac{\sqrt{2}}{\sqrt{3}} & 0 \\ \frac{\sqrt{2}}{\sqrt{3}} & \frac{1}{\sqrt{3}} & 0 \\ 0 & 0 & 1 \end{pmatrix} \begin{pmatrix} \frac{1}{4} & 0 & 0 \\ 0 & 1 & 0 \\ 0 & 0 & 0 \end{pmatrix} \begin{pmatrix} \frac{1}{\sqrt{3}} & \frac{\sqrt{2}}{\sqrt{3}} & 0 \\ -\frac{\sqrt{2}}{\sqrt{3}} & \frac{1}{\sqrt{3}} & 0 \\ 0 & 0 & 1 \end{pmatrix} \end{aligned}$$

을 이용하면

$$A^+ = \begin{pmatrix} \frac{3}{4} & -\frac{\sqrt{2}}{4} & 0 \\ -\frac{\sqrt{2}}{4} & \frac{1}{2} & 0 \\ 0 & 0 & 0 \end{pmatrix} \tag{15.43}$$

가 된다.

Q 위 행렬 A^+와 행렬 A을 가지고 $AA^+A = A$ 임을 계산으로 확인하라.

15.4 특이값 분해를 이용한 일반화역행렬

행렬 A가 정방행렬이고 대칭인 경우에 무어-펜로즈 역행렬은 행렬의 대각화를 통해 구해진다. 또한, 정방행렬이 아닌 경우에도 이미 Proposition 15.2에 의해 무어-펜로즈 역행렬을 구할 수 있다. 그리고, 모든 열이 직교정규벡터라면 무어-펜로즈 역행렬은 전치를 통해 얻어진다. 그러나 이 모든 경우는 대칭행렬이거나, 행렬의 계수가 행의 수 혹은 열의 수와 같은 완전계수(full rank)인 경우에 해당된다. 만일 행렬의 크기가 $m \times n$이면서 완전계수가 아닌 경우의 일반화역행렬은 어떻게 구해지는지 살펴보자.

Theorem 15.6 (특이값 분해와 무어-펜로즈역행렬) *행렬 $A_{m\times n}$의 계수가 r $(< m, n)$일 때, 특이값 분해(SVD)에 의해*

$$A = U_{m\times m} D_{m\times n} V_{m\times n}^T = U \begin{pmatrix} \Delta_{r\times r} & 0 \\ 0 & 0 \end{pmatrix} V^T \tag{15.44}$$

와 같이 전개되며, 따라서, 무어-펜로즈역행렬은

$$A^+ = VD^+U^T = V \begin{pmatrix} \Delta^+ & 0 \\ 0 & 0 \end{pmatrix} U^T \tag{15.45}$$

가 된다. 여기서 Δ^+는 특이값의 역수로 이루어진 대각행렬을 말한다.

Proof 무어-펜로즈역행렬의 성질을 확인해 보면,

$$\begin{aligned} AA^+A &= U \begin{pmatrix} \Delta_{r\times r} & 0 \\ 0 & 0 \end{pmatrix} V^TV \begin{pmatrix} \Delta^+ & 0 \\ 0 & 0 \end{pmatrix} U^TU \begin{pmatrix} \Delta_{r\times r} & 0 \\ 0 & 0 \end{pmatrix} V^T \\ &= U \begin{pmatrix} \Delta_{r\times r} & 0 \\ 0 & 0 \end{pmatrix} V^T = A \end{aligned} \tag{15.46}$$

임을 알 수 있고

$$\begin{aligned} A^+AA^+ &= V \begin{pmatrix} \Delta^+ & 0 \\ 0 & 0 \end{pmatrix} U^TU \begin{pmatrix} \Delta_{r\times r} & 0 \\ 0 & 0 \end{pmatrix} V^TV \begin{pmatrix} \Delta^+ & 0 \\ 0 & 0 \end{pmatrix} U^T \\ &= V \begin{pmatrix} \Delta^+ & 0 \\ 0 & 0 \end{pmatrix} U^T = A^+ \end{aligned} \tag{15.47}$$

이며

$$AA^+ = U \begin{pmatrix} \Delta_{r\times r} & 0 \\ 0 & 0 \end{pmatrix} V^TV \begin{pmatrix} \Delta^+ & 0 \\ 0 & 0 \end{pmatrix} U^T = U \begin{pmatrix} I_r & 0 \\ 0 & 0 \end{pmatrix} U^T$$

가 되어 AA^+는 대칭행렬이며 같은 방법으로 A^+A도 대칭행렬임을 증명할 수 있다 (연습문제 참조). 따라서, A^+는 A의 무어-펜로즈 역행렬이다. ∎

Q 행렬 A가 아래와 같이 특이값 분해(SVD)될 때, A의 무어-펜로즈 역행렬인 B을 구하고, $ABA = A$ 가 됨을 확인하라.

$$\begin{aligned} A &= \begin{pmatrix} 1 & 0 & 0.5 \\ 1 & 0 & 0.5 \\ 0 & -1 & 0.5 \\ 0 & -1 & 0.5 \end{pmatrix} \\ &= \begin{pmatrix} \frac{1}{2} & \frac{1}{2} & \frac{1}{2} & -\frac{1}{2} \\ \frac{1}{2} & \frac{1}{2} & -\frac{1}{2} & \frac{1}{2} \\ \frac{1}{2} & -\frac{1}{2} & \frac{1}{2} & \frac{1}{2} \\ \frac{1}{2} & -\frac{1}{2} & -\frac{1}{2} & -\frac{1}{2} \end{pmatrix} \begin{pmatrix} \sqrt{2} & 0 & 0 \\ 0 & \sqrt{3} & 0 \\ 0 & 0 & 0 \\ 0 & 0 & 0 \end{pmatrix} \begin{pmatrix} \frac{1}{\sqrt{2}} & -\frac{1}{\sqrt{2}} & 0 \\ \frac{1}{\sqrt{3}} & \frac{1}{\sqrt{3}} & \frac{1}{\sqrt{3}} \\ \frac{1}{\sqrt{6}} & \frac{1}{\sqrt{6}} & -\frac{2}{\sqrt{6}} \end{pmatrix} \end{aligned}$$

Summary: 행렬 A에 대한 무어-펜로즈 역행렬, A^+를 구하는 방법을 다음과 같이 요약할 수 있다.

1) $(A^TA)^{-1}$이 존재하면 $A^+ = (A^TA)^{-1}A^T$ 이다.
2) $(AA^T)^{-1}$이 존재하면 $A^+ = A^T(AA^T)^{-1}$ 이다.
3) A^{-1}이 존재하면 $A^+ = A^{-1}$ 이다.
4) $A^TA = I_n$ 이면 $A^+ = A^T$ 이다.
5) $A^T = A$이면 $A^+ = PD^+P^T$ 이다.
6) $A_{m\times n}$의 계수가 $r(< m,\ n)$이고 $A = UDV^T$ 이면 $A^+ = VD^+U^T$ 이다.

15.5 연습문제

[1] 아래 방정식의 해를 일반화역행렬을 이용해서 구하되, 해가 많으면 그 중의 하나를 구하고, 해가 존재하지 않으면 최소제곱법에 의한 추정값을 구하라.

$$\begin{cases} 2x + y = 3 \\ x = 1 \\ -y = 2 \\ -x + y = -1 \end{cases} \tag{15.48}$$

[2] 아래 방정식의 해를 일반화역행렬을 이용해서 구하되, 해가 많으면 그 중의 하나를 구하고, 해가 존재하지 않으면 최소제곱법에 의한 추정값을 구하라.

$$\begin{cases} x + y - z = 3 \\ 2y + z = 4 \end{cases} \tag{15.49}$$

[3] A^+가 행렬 A의 무어-펜로즈 역행렬일때 Theorem 15.3의 증명을 완성하라.

1. $(A^+)^+ = A$
2. A가 정방행렬이고 정칙이면 $A^+ = A^{-1}$ 이다.
3. $(AA^T)^+ = (A^+)^TA^+$
4. $(A^+A)^+ = A^+A$
5. $(AA^+)^+ = AA^+$

[4] 선형방정식 $X\boldsymbol{b} = \boldsymbol{y}$ 를 만족하는 $\boldsymbol{b}$를 구함에 있어서 X^{-1}이 존재하지 않을 경우, 최소제곱법은

$$||\boldsymbol{y} - X\boldsymbol{b}||^2 \tag{15.50}$$

를 최소화시키는 $\boldsymbol{b} = \hat{\boldsymbol{b}}$ 를 구하는 방법으로서

$$\hat{\boldsymbol{b}} = (X^TX)^{-1}X^T\boldsymbol{y} = X^+\boldsymbol{y} \tag{15.51}$$

를 사용한다. 그러나 이 경우 $(X^TX)^{-1}$이 존재해야 하는 전제조건이 있다. 만일 $(X^TX)^{-1}$이 존재하지 않는다면, $(X^TX)^{-1}$대신에 $(X^TX)^+$을 사용해서 최소제곱법을 수행한다. 아래 순서에 맞춰 연립방정식 $X\boldsymbol{b} = \boldsymbol{y}$ 의 해에 대한 최소제곱법에 의한 추정치 $\hat{\boldsymbol{b}}$을 구하라.

$$X = \begin{pmatrix} 4 & 1 & 3 \\ -4 & -3 & -1 \\ 0 & -2 & 2 \end{pmatrix}, \quad \boldsymbol{b} = \begin{pmatrix} b_1 \\ b_2 \\ b_3 \end{pmatrix}, \quad \boldsymbol{y} = \begin{pmatrix} 1 \\ 1 \\ 0 \end{pmatrix} \tag{15.52}$$

1. 행렬 X가 비정칙(singular)행렬임을 보여라.

2. 연립방정식 $X\boldsymbol{b} = \boldsymbol{y}$ 의 해가 없음을 가우스-조던 알고리즘을 사용하여 보여라.

3. 행렬 X^TX가 아래와 같음을 보여라.

$$X^TX = \begin{pmatrix} 32 & 16 & 16 \\ 16 & 14 & 2 \\ 16 & 2 & 14 \end{pmatrix} \tag{15.53}$$

3. 행렬 X^TX의 고유값은 $\lambda = 48,\ 12$이다. 직교행렬을 이용한 대각화, $X^TX = PDP^T$ 를 시도하라.

4. $C(X)$에 투영시키는 투영행렬(projection matrix), $(X^TX)^+X^T$ 를 구하라.

5. 다음 연립방정식을 $\boldsymbol{y} = X\boldsymbol{b}$ 로 표현하고, 추정값 $\hat{\boldsymbol{b}} = (X^TX)^+X^T\boldsymbol{y}$ 를 구하라.

$$\begin{cases} 4b_1 + b_2 + 3b_3 = 1 \\ -4b_1 - 3b_2 - b_3 = 1 \\ -2b_2 + 2b_3 = 0 \end{cases} \tag{15.54}$$

[5] 행렬 A와 A^+가 아래와 같고, $U^TU = V^TV = I_r$ 일 때, $(A^+A)^T = A^+A$ 임을 증명하라.

$$\begin{aligned} A &= U \begin{pmatrix} \Delta_{r\times r} & 0 \\ 0 & 0 \end{pmatrix} V^T, \\ A^+ &= V \begin{pmatrix} \Delta^+ & 0 \\ 0 & 0 \end{pmatrix} U^T \end{aligned}$$

Chapter 16

연습문제 해답 (홀수 번호)

Chapter 1

[1]

1. $\frac{\mathrm{d}f}{\mathrm{d}x} = 0$

2. $\frac{\mathrm{d}f}{\mathrm{d}x} = 2x$

3. $\frac{\mathrm{d}f}{\mathrm{d}x} = -2x^{-3}$

4. $\frac{\partial f}{\partial x} = 2x - y$

5. $\frac{\partial f}{\partial x} = -\frac{1}{(x+y)^2}$

6. $\frac{\partial f}{\partial x} = \frac{1}{x+y}$

7. $\frac{\partial f}{\partial x} = \frac{1}{(x+y)\ln 10}$

8. $\frac{\partial f}{\partial x} = \frac{1}{x \ln y}$

9. $\frac{\mathrm{d}f}{\mathrm{d}x} = -\frac{15}{x^2}$

[3]

$$h''(x) = \frac{\partial^2 z}{\partial y^2} \times \left(\frac{\partial y}{\partial x}\right)^2 + \frac{\partial z}{\partial y} \times \frac{\partial^2 y}{\partial x^2}$$

1.

$$h''(x) = (2x-2)^2 e^{x^2-2x+3} + 2e^{x^2-2x+3}$$

2.

$$h''(x) = 0.75(3x^2-2)^2 y^{-0.5} + 9xy^{0.5}$$

[5]

$$f(x) = \frac{1}{1-x}, \quad f'(x) = \frac{1}{(1-x)^2}, \quad f''(x) = \frac{2}{(1-x)^3}$$

$x = a$ 일 때, 1차 테일러 근사식 :

$$f(x) \simeq f(a) + f'(a)(x-a)$$

$x = a$ 일 때, 2차 테일러 근사식 :

$$f(a) \simeq f(a) + f'(a)(x-c) + \frac{f''(a)}{2}(x-a)^2$$

1. $x = 0$ 에서 1차 다항식:

$$f(x) \simeq 1 - x$$

2. $x = 0$ 에서 2차 다항식:

$$f(x) \simeq x^2 + x + 1$$

3. $x = \frac{1}{2}$ 에서 1차 다항식:

$$f(x) \simeq 4x$$

4. $x = \frac{1}{2}$ 에서 2차 다항식:

$$f(x) \simeq 8x^2 - 4x + 2$$

[7]

$$\frac{\partial}{\partial \mu} \ln f = \frac{y-\mu}{\sigma^2}$$
$$\frac{\partial}{\partial \sigma^2} \ln f = -\frac{1}{2\sigma^2} + \frac{(y-\mu)^2}{2\sigma^4}$$

그러므로, 스코어벡터는

$$\nabla \ln f = \begin{pmatrix} \frac{y-\mu}{\sigma^2} \\ -\frac{1}{2\sigma^2} + \frac{(y-\mu)^2}{2\sigma^4} \end{pmatrix}$$

가 된다.

[9] 미분함수의 정의를 이용하면,

$$f'(x) = \lim_{h\to 0} \frac{e^{x+h} - e^x}{h} = \lim_{h\to 0} \frac{e^x(e^h - 1)}{h}$$
$$= e^x \cdot \lim_{h\to 0} \frac{(e^h - 1)}{h} = e^x$$

Chapter 2

[1]

1.

$$\begin{aligned}\int_{-2}^{0}\int_{y}^{-y} 2dxdy &= \int_{-2}^{0} [2x]_{y}^{-y}\ dy \\ &= \int_{-2}^{0} (-2y-2y)dy \\ &= -\int_{-2}^{0} 4y\ dy \\ &= -\left[2y^2\right]_{-2}^{0} = 8\end{aligned}$$

2.

연속함수 $f(x,y)$가 영역 $R: a \le x \le b,\ c \le y \le d$ 에서 연속이면,

$\int_a^b \int_c^d f(x,y)\ dydx = \int_c^d \int_a^b f(x,y)\ dxdy$가 성립한다.

3.

$$\int_{-2}^{0}\int_{y}^{-y} 2\ dxdy$$

$$\begin{aligned}&= \int_{-2}^{0}\int_{-2}^{x} 2\ dydx + \int_{0}^{2}\int_{-x}^{x} 2\ dydx \\ &= \int_{-2}^{0} [2y]_{-2}^{x}\, dx + \int_{0}^{2} [2y]_{-2}^{-x}\, dx \\ &= \int_{-2}^{0} (2x+4)\ dx + \int_{0}^{2} (-2x+4)\ dx \\ &= \left[x^2+4x\right]_{-2}^{0} + \left[-x^2+4x\right]_{0}^{2} \\ &= -4+8+(-4)+8 = 8\end{aligned}$$

[3]

1.

$$\int_{-1}^{1} x\ dx = 0$$

사다리꼴 공식 :

$$\int_{-1}^{1} x\ dx = \frac{1}{2}\left(\frac{1-(-1)}{4}\right)\left(1+2\times\frac{1}{2}+0-\frac{1}{2}\times 2-1\right) = 0$$

2.

$$\int_{-2}^{2} x^3 \ dx = 0$$

사다리꼴 공식 :

$$\int_{-2}^{2} x^3 \ dx = \frac{1}{2}\left(\frac{2-(-2)}{4}\right)(8+1\times 2+0-1\times 2-8) = 0$$

[5]

1. $x^2 = t$으로 치환적분법 사용
2. 전개 후 적분
3. 부분적분법 2회 사용
4. 부분적분법 사용
5.

$$\begin{aligned}\int_0^1\int_0^1 xy \ dxdy &= \int_0^1 \left[\frac{x}{2}y^2\right]_0^1 \ dx \\ &= \int_0^1 \frac{x}{2} \ dx \\ &= \left[\frac{x^2}{4}\right]_0^1 \\ &= \frac{1}{4}\end{aligned}$$

6.

$$\begin{aligned}\int_0^1\int_x^{2x} \frac{y}{x}e^x \ dydx &= \int_0^1 \left[\frac{e^x y^2}{2x}\right]_x^{2x} dx \\ &= \int_0^1 \frac{3xe^x}{2} \ dx \\ &= \frac{3}{2}([e^x x]_0^1 - \int_0^1 e^x \ dx) \\ &= \frac{3}{2}(e-e+1) = \frac{3}{2}\end{aligned}$$

[7]

1. $\frac{dy}{dx} = 2x \longrightarrow \int_0^1 \frac{3}{2}e^y \ dy = \frac{3}{2}(e-1)$

2. $\frac{dy}{dx} = 2x+4 \longrightarrow \int_1^6 y \ dy = \frac{35}{2}$

3. $\frac{dy}{dx} = 1 \longrightarrow \int_{-1}^{0} y^{10}\, dy = \frac{1}{11}$

4. $\frac{dy}{dx} = -1 \longrightarrow \int_{-1}^{0} -e^{y}\, dy = e^{-1} - 1$

[9]

$t = \sin\theta$ 이므로 $\frac{dt}{d\theta} = \cos\theta$ 가 된다.

그러므로,

$$\begin{aligned}\int_{-1}^{1} \sqrt{1-t^2}\, dt &= \int_{-\frac{\pi}{2}}^{\frac{\pi}{2}} \sqrt{\cos^2\theta}\ |\cos\theta|\, d\theta \\ &= \int_{-\frac{\pi}{2}}^{\frac{\pi}{2}} \frac{1+\cos 2\theta}{2}\, d\theta = \frac{\pi}{2}\end{aligned}$$

Chapter 3

[1]

1.

$$\|\boldsymbol{x} - \boldsymbol{y}\| = \sqrt{(2-3)^2 + (-1-2)^2 + (4-0)^2} = \sqrt{26}$$

2.

$$\|\boldsymbol{x} - \boldsymbol{y}\| = \sqrt{(0+1)^2 + (0-2)^2} = \sqrt{5}$$

[3]

1.

(i) $\boldsymbol{a} + \boldsymbol{b} \ = \ (2, 6)$

(ii)

(iii) $\|\boldsymbol{a} - \boldsymbol{b}\| = \sqrt{(3+1)^2 + (4-2)^2} = \sqrt{20}$

(iv) $\|\boldsymbol{a}\| = \sqrt{3^2 + 4^2} = \sqrt{25} = 5, \quad \|\boldsymbol{b}\| = \sqrt{(-1)^2 + 2^2} = \sqrt{5}$

$(v)\ \boldsymbol{a}^T\boldsymbol{b} = \begin{pmatrix} 3 & 4 \end{pmatrix} \begin{pmatrix} -1 \\ 2 \end{pmatrix} = 5$

2.

$(i)\ \boldsymbol{a}+\boldsymbol{b}\ =\ (1,3,2)$

(ii)

$(iii)\ \|\boldsymbol{a}-\boldsymbol{b}\| = \sqrt{(1-0)^2+(1-2)^2+(0-2)^2} = \sqrt{6}$

$(iv)\ \ \|\boldsymbol{a}\| = \sqrt{1^2+1^2+0^2} = \sqrt{2}, \quad \|\boldsymbol{b}\| = \sqrt{0^2+2^2+2^2} = \sqrt{8} = 2\sqrt{2}$

$(v)\ \boldsymbol{a}^T\boldsymbol{b} = \begin{pmatrix} 1 & 1 & 0 \end{pmatrix} \begin{pmatrix} 0 \\ 2 \\ 2 \end{pmatrix} = 2$

3.

$(i)\ \boldsymbol{a}+\boldsymbol{b}\ = (2,0,6).$

$(ii).$

$(iii)\ \|\boldsymbol{a}-\boldsymbol{b}\| = \sqrt{(3+1)^2+(0-0)^2-(4-2)^2} = \sqrt{20}$

$(iv)\ \|\boldsymbol{a}\| = \sqrt{3^2+0^2+4^2} = \sqrt{25} = 5, \quad \|\boldsymbol{b}\| = \sqrt{(-1)^2+0^2+2^2} = \sqrt{5}$

$(v)\ \boldsymbol{a}^T\boldsymbol{b} = \begin{pmatrix} 3 & 0 & 4 \end{pmatrix} \begin{pmatrix} -1 \\ 0 \\ 2 \end{pmatrix} = 5$

4.

$(i)\ \boldsymbol{a}+\boldsymbol{b}\ =\ (9,12)\ .$

$(ii).$

$(iii)\ \|\boldsymbol{a}-\boldsymbol{b}\| = \sqrt{(3-6)^2+(4-8)^2} = \sqrt{25} = 5.$

$(iv)\ \|\boldsymbol{a}\| = \sqrt{3^2+4^2} = \sqrt{25} = 5, \quad \|\boldsymbol{b}\,| = \sqrt{6^2+8^2} = \sqrt{100} = 10\ .$

$$(v)\ \boldsymbol{a}^T\boldsymbol{b} = \begin{pmatrix} 3 & 4 \end{pmatrix}\begin{pmatrix} 6 \\ 8 \end{pmatrix} = 50$$

[5]

$$\begin{aligned} (\|\boldsymbol{a}+\boldsymbol{b}\|)^2 + (\|\boldsymbol{a}-\boldsymbol{b}\|)^2 &= (a_1+b_1)^2+(a_2+b_2)^2+(a_3+b_3)^2 \\ &+ (a_1-b_1)^2+(a_2-b_2)^2+(a_3-b_3)^2+(a_1+b_1)^2 \\ &= 2(a_1^2+a_2^2+a_3^2)+2(b_1^2+b_2^2+b_3^2) \\ &= 2\|\boldsymbol{a}\|^2+2\|\boldsymbol{b}\|^2 \end{aligned}$$

[7]

속도 벡터 :

$$\boldsymbol{v}(t) = \begin{pmatrix} \frac{\partial x_1(t)}{\partial t} \\ \frac{\partial x_2(t)}{\partial t} \\ \frac{\partial x_3(t)}{\partial t} \end{pmatrix} = \begin{pmatrix} -\sin t \\ \cos t \\ 1 \end{pmatrix} = \begin{pmatrix} 0 \\ 1 \\ 1 \end{pmatrix}, \quad (\because t = 2\pi)$$

Chapter 4

[1]

1.

$$2A = \begin{pmatrix} -4 & 2 & 6 \\ 8 & 0 & -2 \end{pmatrix}$$

2.

$$0C = \begin{pmatrix} 0 & 0 \\ 0 & 0 \\ 0 & 0 \end{pmatrix}$$

3.

$$A - B = \begin{pmatrix} -6 & 0 & 5 \\ -1 & 1 & -4 \end{pmatrix}$$

4.

$$(AC)^2 = \left(\begin{pmatrix} -2 & 1 & 3 \\ 4 & 0 & -1 \end{pmatrix}\begin{pmatrix} 2 & -1 \\ 0 & 6 \\ -3 & 2 \end{pmatrix}\right)^2 = \begin{pmatrix} 323 & -266 \\ -209 & 190 \end{pmatrix}$$

5.

$$A^T A = \begin{pmatrix} -2 & 4 \\ 1 & 0 \\ 3 & -1 \end{pmatrix}\begin{pmatrix} -2 & 1 & 3 \\ 4 & 0 & -1 \end{pmatrix} = \begin{pmatrix} 20 & -2 & -10 \\ -2 & 1 & 3 \\ -10 & 3 & 10 \end{pmatrix}$$

6.

$$BC = \begin{pmatrix} 4 & 1 & -2 \\ 5 & -1 & 3 \end{pmatrix}\begin{pmatrix} 2 & -1 \\ 0 & 6 \\ -3 & 2 \end{pmatrix} = \begin{pmatrix} 14 & -2 \\ 1 & -5 \end{pmatrix}$$

7.

$$CB = \begin{pmatrix} 2 & -1 \\ 0 & 6 \\ -3 & 2 \end{pmatrix}\begin{pmatrix} 4 & 1 & -2 \\ 5 & -1 & 3 \end{pmatrix} = \begin{pmatrix} 3 & 3 & -7 \\ 30 & -6 & 18 \\ -2 & -5 & 12 \end{pmatrix}$$

[3] 성립하지 않는다.

(반례)

$$A = \begin{pmatrix} 1 & 2 \\ 3 & 4 \end{pmatrix}, B = \begin{pmatrix} 0 & -1 \\ 1 & -1 \end{pmatrix}$$

[5]

$A = \begin{pmatrix} 1 & -1 \\ 1 & -1 \end{pmatrix}$ 일 때, $A^2 = AA = 0_{2\times 2}$가 된다.

[7]

좌변의 (i,j)번째 원소와 우변의 (i,j)번째 원소가 같다는 것을 보이면 된다. A의 (i,j)번째 원소를 $(A)_{ij}$라 하자. 그러면 행렬 $(A-B)^T$의 (i,j)번째 원소는

$((A-B)^T)_{ij}$라 표기 된다.

$$((A-B)^T)_{ij} = (A-B)_{ji} = (A)_{ji} - (B)_{ji} = (A^T)_{ij} - (B^T)_{ij} = (A^T - B^T)_{ij}$$

그러므로 좌변의 (i,j)번째 원소와 우변의 (i,j)번째 원소가 같다는 것을 알 수 있다.

Chapter 5

[1]

$A_{n\times n}$이 대칭행렬이면 $a_{ij} = a_{ji}$ 이다. 그러므로 대칭행렬은 서로 다른 원소로 n개의 대각원소를 갖고 전체 n^2개에서 대각원소를 제외한 나머 지 원소들의 수는

$$1 + 2 + 3 + \cdots + (n-1) = \frac{n(n-1)}{2}$$

가 되어 총 원소의 수는 $n + \frac{n(n-1)}{2} = \frac{n(n+1)}{2}$이다.

[3]

1.

$$\begin{pmatrix} x & y & z \end{pmatrix} \begin{pmatrix} 1 & -1 & 3 \\ -1 & 0 & 0 \\ 3 & 0 & 1 \end{pmatrix} \begin{pmatrix} x \\ y \\ z \end{pmatrix}$$

2.

$$\begin{pmatrix} x & y & z \end{pmatrix} \begin{pmatrix} 1 & -1 & 3 \\ -1 & 0 & 0 \\ 3 & 0 & 1 \end{pmatrix} \begin{pmatrix} x \\ y \\ z \end{pmatrix}$$

3.

$$\begin{pmatrix} x & y \end{pmatrix} \begin{pmatrix} 0 & 1 \\ 1 & 0 \end{pmatrix} \begin{pmatrix} x \\ y \end{pmatrix}$$

4.

$$\begin{pmatrix} x & y \end{pmatrix} \begin{pmatrix} 0 & -3 \\ -3 & 8 \end{pmatrix} \begin{pmatrix} x \\ y \end{pmatrix}$$

5.

$$\begin{pmatrix} x_1 & x_2 & x_3 \end{pmatrix} \begin{pmatrix} 1 & -1 & -1 \\ -1 & 1 & -1 \\ -1 & -1 & 1 \end{pmatrix} \begin{pmatrix} x_1 \\ x_2 \\ x_3 \end{pmatrix}$$

6.

$$\begin{pmatrix} x & y \end{pmatrix} \begin{pmatrix} 1 & 0 \\ 0 & 1 \end{pmatrix} \begin{pmatrix} x \\ y \end{pmatrix}$$

7.

$$\begin{pmatrix} x & y \end{pmatrix} \begin{pmatrix} \frac{1}{6} & 0 \\ 0 & \frac{1}{4} \end{pmatrix} \begin{pmatrix} x \\ y \end{pmatrix}$$

[5]

1.

$$\boldsymbol{A}\boldsymbol{e}_2 = \begin{pmatrix} a_1 & a_2 & a_3 & a_4 \\ b_1 & b_2 & b_3 & b_4 \\ c_1 & c_2 & c_3 & c_4 \\ d_1 & d_2 & d_3 & d_4 \end{pmatrix} \begin{pmatrix} 0 \\ 1 \\ 0 \\ 0 \end{pmatrix} = \begin{pmatrix} a_2 \\ b_2 \\ c_2 \\ d_2 \end{pmatrix}$$

2.

$$\mathbf{1}^T \boldsymbol{A}\mathbf{1} = \begin{pmatrix} 1 & 1 & 1 & 1 \end{pmatrix} \begin{pmatrix} a_1 & a_2 & a_3 & a_4 \\ b_1 & b_2 & b_3 & b_4 \\ c_1 & c_2 & c_3 & c_4 \\ d_1 & d_2 & d_3 & d_4 \end{pmatrix} \begin{pmatrix} 1 \\ 1 \\ 1 \\ 1 \end{pmatrix} = \sum_{i=1}^{4} (a_i + b_i + c_i + d_i)$$

3.

$$tr(A) = a_1 + b_2 + c_3 + d_4$$

4.

$$I_2 \otimes A$$

$$= \begin{pmatrix} 1 & 0 \\ 0 & 1 \end{pmatrix} \otimes \begin{pmatrix} a_1 & a_2 & a_3 & a_4 \\ b_1 & b_2 & b_3 & b_4 \\ c_1 & c_2 & c_3 & c_4 \\ d_1 & d_2 & d_3 & d_4 \end{pmatrix} = \begin{pmatrix} a_1 & a_2 & a_3 & a_4 & 0 & 0 & 0 & 0 \\ b_1 & b_2 & b_3 & b_4 & 0 & 0 & 0 & 0 \\ c_1 & c_2 & c_3 & c_4 & 0 & 0 & 0 & 0 \\ d_1 & d_2 & d_3 & d_4 & 0 & 0 & 0 & 0 \\ 0 & 0 & 0 & 0 & a_1 & a_2 & a_3 & a_4 \\ 0 & 0 & 0 & 0 & b_1 & b_2 & b_3 & b_4 \\ 0 & 0 & 0 & 0 & c_1 & c_2 & c_3 & c_4 \\ 0 & 0 & 0 & 0 & d_1 & d_2 & d_3 & d_4 \end{pmatrix}$$

[7]

$$\begin{aligned} A &= \frac{1}{2}(A + A^T) + \frac{1}{2}(A - A^T) \\ &= \frac{1}{2}\left\{\begin{pmatrix} 4 & 5 \\ 3 & 1 \end{pmatrix} + \begin{pmatrix} 4 & 3 \\ 5 & 1 \end{pmatrix}\right\} + \frac{1}{2}\left\{\begin{pmatrix} 4 & 5 \\ 3 & 1 \end{pmatrix} - \begin{pmatrix} 4 & 3 \\ 3 & 1 \end{pmatrix}\right\} \\ &= \begin{pmatrix} 4 & 4 \\ 4 & 1 \end{pmatrix} + \begin{pmatrix} 0 & 1 \\ -1 & 0 \end{pmatrix} \end{aligned}$$

[9]

$$\begin{pmatrix} 25 & -5 & 10 \\ -5 & 17 & 10 \\ 10 & 10 & 62 \end{pmatrix} \begin{pmatrix} x_1 \\ x_2 \\ x_3 \end{pmatrix} = \begin{pmatrix} 30 \\ -22 \\ 0 \end{pmatrix}$$

(step1)

$$\begin{pmatrix} a & 0 & 0 \\ b & c & 0 \\ d & e & f \end{pmatrix} \begin{pmatrix} a & b & d \\ 0 & c & e \\ 0 & 0 & f \end{pmatrix} = \begin{pmatrix} a^2 & ab & ad \\ ab & b^2 + c^2 & bd + ce \\ ad & bd + ce & d^2 + e^2 + f^2 \end{pmatrix} = \begin{pmatrix} 25 & -5 & 10 \\ -5 & 17 & 10 \\ 10 & 10 & 62 \end{pmatrix}$$

$\Rightarrow a = 5,\ b = -1,\ c = 4,\ d = 2,\ e = 3,\ f = 7$

$\Gamma\Gamma^T \boldsymbol{x} = \boldsymbol{b}$

$$\begin{pmatrix} 5 & 0 & 0 \\ -1 & 4 & 0 \\ 2 & 3 & 7 \end{pmatrix} \begin{pmatrix} 5 & -1 & 2 \\ 0 & 4 & 3 \\ 0 & 0 & 7 \end{pmatrix} \begin{pmatrix} x_1 \\ x_2 \\ x_3 \end{pmatrix} = \begin{pmatrix} 30 \\ -22 \\ 0 \end{pmatrix}$$

(step2)

$$\begin{pmatrix} 5 & 0 & 0 \\ -1 & 4 & 0 \\ 2 & 3 & 7 \end{pmatrix} \begin{pmatrix} y_1 \\ y_2 \\ y_3 \end{pmatrix} = \begin{pmatrix} 30 \\ -22 \\ 0 \end{pmatrix}$$

(step3)

$$\boldsymbol{y} = \begin{pmatrix} 6 \\ -4 \\ 0 \end{pmatrix}$$

(step4)

$$\begin{pmatrix} 5 & -1 & 2 \\ 0 & 4 & 3 \\ 0 & 0 & 7 \end{pmatrix} \begin{pmatrix} x_1 \\ x_2 \\ x_3 \end{pmatrix} = \begin{pmatrix} 6 \\ -4 \\ 0 \end{pmatrix} \qquad \longrightarrow \qquad \begin{pmatrix} x_1 \\ x_2 \\ x_3 \end{pmatrix} = \begin{pmatrix} 1 \\ -1 \\ 0 \end{pmatrix}$$

Chapter 6

[1]

1.

$$P = \begin{pmatrix} \frac{35}{57} & \frac{23}{67} \\ \frac{22}{57} & \frac{44}{67} \end{pmatrix}$$

2.

$$\begin{pmatrix} \frac{35}{57} & \frac{23}{67} \\ \frac{22}{57} & \frac{44}{67} \end{pmatrix} \times \begin{pmatrix} \frac{35}{57} & \frac{23}{67} \\ \frac{22}{57} & \frac{44}{67} \end{pmatrix} \times \begin{pmatrix} 1 \\ 0 \end{pmatrix} = \begin{pmatrix} 0.51 \\ 0.49 \end{pmatrix}$$

$\therefore$ 옥스포드 대학이 이길 확률은 0.51이고, 캠브리지 대학이 이길 확률은 0.49이다.

3.

$$\begin{pmatrix} \frac{35}{57} & \frac{23}{67} \\ \frac{22}{57} & \frac{44}{67} \end{pmatrix} \times \begin{pmatrix} \frac{35}{57} & \frac{23}{67} \\ \frac{22}{57} & \frac{44}{67} \end{pmatrix} \times \begin{pmatrix} 0.6 \\ 0.4 \end{pmatrix} = \begin{pmatrix} 0.48 \\ 0.52 \end{pmatrix}$$

$\therefore$ 옥스포드 대학 이길 확률은 0.48, 캠브리지 대학 이길 확률은 0.52이다.

[3]

$$\begin{pmatrix} 2 & 0 \\ 0 & 3 \end{pmatrix} \begin{pmatrix} x_1 \\ x_2 \end{pmatrix} = \begin{pmatrix} y_1 \\ y_2 \end{pmatrix}$$

$y_1 = 2x_1,\ y_2 = 3x_2$
선형변환에 의해 타원형인 $\frac{y_1^2}{4} + \frac{y_2^2}{9} = 1$ 으로 변환된다.

[5]

$\boldsymbol{z} = t\boldsymbol{x} + (1-t)\boldsymbol{y}$로 부터,

$$\begin{aligned} A\boldsymbol{z} &= A(t\boldsymbol{x} + (1-t)\boldsymbol{y}) \\ &= t(A\boldsymbol{x}) + (1-t)(A\boldsymbol{y}) \end{aligned}$$

가 되어, 두 벡터 사이의 임의의 내분점(t:1-t 비율)은 선형변환 이미지는, 선형변환 이후의 내분점과 동일하다.

[7]

$A^T A = AA^T = I_n$ 이므로,

$(i)\ a + b + c + d = 0$

$(ii)\ a - b + c - d = 0$

$(iii)\ a - c = 0$

$(iv)\ a^2 + b^2 + c^2 + d^2 = 1$

위 조건들에 의해서 $a = 0,\ b = \pm\sqrt{\frac{1}{2}},\ c = 0,\ d = \pm\sqrt{\frac{1}{2}}$ 이다.

[9]

왼쪽 그림 :

$$A = \begin{pmatrix} \cos\frac{\pi}{4} & -\sin\frac{\pi}{4} \\ \sin\frac{\pi}{4} & \cos\frac{\pi}{4} \end{pmatrix} = \begin{pmatrix} \frac{\sqrt{2}}{2} & -\frac{\sqrt{2}}{2} \\ \frac{\sqrt{2}}{2} & \frac{\sqrt{2}}{2} \end{pmatrix}, \quad \boldsymbol{b} = \begin{pmatrix} 1 \\ 1 \end{pmatrix}$$

오른쪽 그림:

$$A = \begin{pmatrix} 1 & 1 \\ 0 & 1 \end{pmatrix}, \quad \boldsymbol{b} = \begin{pmatrix} 0 \\ 0 \end{pmatrix}$$

Chapter 7

[1]

p.108 (1)∼(8)을 모두 만족하는지 점검한다.

[3]

$$X = \begin{pmatrix} x_1 & x_2 \\ 0 & x_3 \end{pmatrix} \in S \text{ , } Y = \begin{pmatrix} y_1 & y_2 \\ 0 & y_3 \end{pmatrix} \in S$$

라고 하면,

$$X + Y = \begin{pmatrix} x_1 + y_1 & x_2 + y_2 \\ 0 & x_3 + y_3 \end{pmatrix} \in S$$

가 된다. 또한 임의의 스칼라 λ에 대해

$$\lambda X = \begin{pmatrix} \lambda x_1 & \lambda x_2 \\ 0 & \lambda x_3 \end{pmatrix} \in S$$

이므로, S는 V의 부분공간이 된다.

[5]

$$\begin{pmatrix} 6 \\ 6 \\ 4 \end{pmatrix} = \lambda_1 \times \begin{pmatrix} 1 \\ 2 \\ 1 \end{pmatrix} + \lambda_2 \times \begin{pmatrix} 2 \\ 1 \\ 1 \end{pmatrix} = 2 \cdot \begin{pmatrix} 1 \\ 2 \\ 1 \end{pmatrix} + 2 \cdot \begin{pmatrix} 2 \\ 1 \\ 1 \end{pmatrix}$$

[7]

$$\begin{pmatrix} 1 & 0 & 2 \\ 1 & 1 & 3 \\ 0 & 1 & 1 \end{pmatrix}\begin{pmatrix} x \\ y \\ z \end{pmatrix} = \begin{pmatrix} -1 \\ -2 \\ 0 \end{pmatrix} \in Span\left\{\begin{pmatrix} 1 \\ 1 \\ 0 \end{pmatrix}, \begin{pmatrix} 0 \\ 1 \\ 1 \end{pmatrix}, \begin{pmatrix} 2 \\ 3 \\ 1 \end{pmatrix}\right\}$$

임을 알아보기 위해

$$\begin{pmatrix} -1 \\ -2 \\ 0 \end{pmatrix} = \lambda_1 \begin{pmatrix} 1 \\ 1 \\ 0 \end{pmatrix} + \lambda_2 \begin{pmatrix} 0 \\ 1 \\ 1 \end{pmatrix} + \lambda_3 \begin{pmatrix} 2 \\ 3 \\ 1 \end{pmatrix}$$

연립하여 해를 구해보면 해가 존재하지 않는다. 즉,

$$\begin{pmatrix} -1 \\ -2 \\ 0 \end{pmatrix} \notin C(A)$$

이다. 그러므로 선형연립방정식의 해인 $(x\ y\ z)^T$도 존재하지 않는다.

Chapter 8

[1]

$$\boldsymbol{b} = \begin{pmatrix} 1 \\ 1 \end{pmatrix} \quad \boldsymbol{a} = \begin{pmatrix} 3 \\ 1 \end{pmatrix}$$

$$\therefore \quad \boldsymbol{p} = \frac{\boldsymbol{a}^T\boldsymbol{b}}{\boldsymbol{b}^T\boldsymbol{b}}\boldsymbol{b} = \frac{\begin{pmatrix} 1 & 1 \end{pmatrix}\begin{pmatrix} 3 \\ 1 \end{pmatrix}}{\begin{pmatrix} 3 & 1 \end{pmatrix}\begin{pmatrix} 3 \\ 1 \end{pmatrix}}\begin{pmatrix} 3 \\ 1 \end{pmatrix} = \begin{pmatrix} \frac{6}{5} \\ \frac{2}{5} \end{pmatrix}$$

[3]

$$\boldsymbol{a}_1 = \begin{pmatrix} 1 \\ 0 \\ 1 \end{pmatrix} \quad \boldsymbol{a}_2 = \begin{pmatrix} 1 \\ 1 \\ 0 \end{pmatrix} \quad \boldsymbol{a}_3 = \begin{pmatrix} 1 \\ 2 \\ 0 \end{pmatrix} \text{ 에서,}$$

$\lambda_1\boldsymbol{a}_1+\lambda_2\boldsymbol{a}_2+\lambda_3\boldsymbol{a}_3 = 0$ 을 만족하는 $(\lambda_1, \lambda_2, \lambda_3)^T = (0, 0, 0)^T$ 이므로 $\boldsymbol{a}_1, \boldsymbol{a}_2, \boldsymbol{a}_3$

는 선형독립이다. 따라서,

$$\left\{ \begin{pmatrix} 1 \\ 0 \\ 1 \end{pmatrix}, \begin{pmatrix} 1 \\ 1 \\ 0 \end{pmatrix}, \begin{pmatrix} 1 \\ 2 \\ 0 \end{pmatrix} \right\}$$

은 기저가 되므로, 그램-슈미트 과정을 이용하면

$$\begin{aligned} \boldsymbol{w}_1 &= \begin{pmatrix} 1 \\ 0 \\ 1 \end{pmatrix}, \\ \boldsymbol{w}_2 &= \begin{pmatrix} 1 \\ 1 \\ 0 \end{pmatrix} - \frac{1}{2} \begin{pmatrix} 1 & 1 & 0 \end{pmatrix} \begin{pmatrix} 1 \\ 0 \\ 1 \end{pmatrix} \begin{pmatrix} 1 \\ 0 \\ 1 \end{pmatrix} \\ &= \begin{pmatrix} \frac{1}{2} \\ 1 \\ -\frac{1}{2} \end{pmatrix} \\ \boldsymbol{w}_3 &= \begin{pmatrix} 1 \\ 2 \\ 0 \end{pmatrix} - \frac{1}{2} \begin{pmatrix} 1 & 2 & 0 \end{pmatrix} \begin{pmatrix} 1 \\ 0 \\ 1 \end{pmatrix} \begin{pmatrix} 1 \\ 0 \\ 1 \end{pmatrix} \\ &\quad - \frac{2}{3} \begin{pmatrix} 1 & 2 & 0 \end{pmatrix} \begin{pmatrix} \frac{1}{2} \\ 1 \\ -\frac{1}{2} \end{pmatrix} \begin{pmatrix} \frac{1}{2} \\ 1 \\ -\frac{1}{2} \end{pmatrix} \\ &= \begin{pmatrix} -\frac{1}{3} \\ \frac{1}{3} \\ \frac{1}{3} \end{pmatrix} \end{aligned}$$

가 되므로,

$$\left\{ \begin{pmatrix} 1 \\ 0 \\ 1 \end{pmatrix}, \begin{pmatrix} \frac{1}{2} \\ 1 \\ -\frac{1}{2} \end{pmatrix}, \begin{pmatrix} -\frac{1}{3} \\ \frac{1}{3} \\ \frac{1}{3} \end{pmatrix} \right\}$$

가 되어, 직교정규기저는

$$\left\{ \begin{pmatrix} \frac{1}{\sqrt{2}} \\ 0 \\ \frac{1}{\sqrt{2}} \end{pmatrix}, \begin{pmatrix} \frac{1}{\sqrt{6}} \\ \frac{2}{\sqrt{6}} \\ -\frac{1}{\sqrt{6}} \end{pmatrix}, \begin{pmatrix} -\frac{1}{\sqrt{3}} \\ \frac{1}{\sqrt{3}} \\ \frac{1}{\sqrt{3}} \end{pmatrix} \right\}$$

가 된다.

[5]

1.

벡터 $\boldsymbol{a}_1 = (2\ -1\ -2)^T$, $\boldsymbol{a}_2 = (0\ 1\ 1)^T$는 모두 $x - 2y + 2z = 0$을 만족하므로 평면공간에 속한다.

2.

$\lambda_1 \boldsymbol{a}_1 + \lambda_2 \boldsymbol{a}_2 = \boldsymbol{0}$을 만족하는 값은 $\lambda_1 = \lambda_2 = 0$ 밖에 없으므로 $\boldsymbol{a}_1$, $\boldsymbol{a}_2$는 선형독립이면서 평면공간의 원소이다. 그러므로 평면공간은

$$Span\{\boldsymbol{a}_1,\ \boldsymbol{a}_2\}$$

라고 할 수 있다.

3.

그램-슈미트 직교화과정을 수행하면,

$$\boldsymbol{w}_1 = \boldsymbol{a}_1 = \begin{pmatrix} 2 \\ -1 \\ -2 \end{pmatrix} \longrightarrow ||\boldsymbol{w}_1|| = 3$$

$$\boldsymbol{w}_2 = \boldsymbol{a}_2 - \left(\frac{\boldsymbol{a}_2^T \boldsymbol{w}_1}{\boldsymbol{w}_1^T \boldsymbol{w}_1} \boldsymbol{w}_1\right) = \begin{pmatrix} 0 \\ 1 \\ 1 \end{pmatrix} + \frac{1}{3} \begin{pmatrix} 2 \\ -1 \\ -2 \end{pmatrix} = \begin{pmatrix} \frac{2}{3} \\ \frac{2}{3} \\ \frac{1}{3} \end{pmatrix} \longrightarrow ||\boldsymbol{w}_2|| = 1$$

이를 정규화 시키면

$$\boldsymbol{v}_1 = \frac{\boldsymbol{u}_1}{||\boldsymbol{u}_1||} = \begin{pmatrix} \frac{2}{3} \\ \frac{-1}{3} \\ \frac{-2}{3} \end{pmatrix}, \quad \boldsymbol{v}_2 = \frac{\boldsymbol{u}_2}{||\boldsymbol{u}_2||} = \begin{pmatrix} \frac{2}{3} \\ \frac{2}{3} \\ \frac{1}{3} \end{pmatrix}$$

이며 따라서, 직교정규기저는

$$\left\{ \begin{pmatrix} \frac{2}{3} \\ \frac{-1}{3} \\ \frac{-2}{3} \end{pmatrix}, \quad \begin{pmatrix} \frac{2}{3} \\ \frac{2}{3} \\ \frac{1}{3} \end{pmatrix} \right\}$$

이다.

[7]

$$\boldsymbol{a} = \begin{pmatrix} 1 \\ -1 \\ 4 \end{pmatrix}, \quad \boldsymbol{b} = \begin{pmatrix} 3 \\ 3 \\ -1 \end{pmatrix}$$

의 벡터를

$$A = \begin{pmatrix} 1 & 1 \\ -1 & 0 \\ 0 & 1 \end{pmatrix}$$

의 $C(A)$에 투영시키기 위한 투영행렬을 구하면,

$$A^T A = \begin{pmatrix} 2 & 1 \\ 1 & 2 \end{pmatrix}, \quad (A^T A)^{-1} = \frac{1}{3}\begin{pmatrix} 2 & -1 \\ -1 & 2 \end{pmatrix}$$

가 되어

$$\begin{aligned} P &= A(A^T A)^{-1} A^T \\ &= \frac{1}{3}\begin{pmatrix} 2 & -1 & 1 \\ -1 & 2 & 1 \\ 1 & 1 & 2 \end{pmatrix} \end{aligned}$$

가 투영행렬이 된다. 따라서,

$$P\boldsymbol{a} = \frac{1}{3}\begin{pmatrix} 2 & -1 & 1 \\ -1 & 2 & 1 \\ 1 & 1 & 2 \end{pmatrix}\begin{pmatrix} 1 \\ -1 \\ 4 \end{pmatrix} = \begin{pmatrix} \frac{7}{3} \\ \frac{1}{3} \\ \frac{8}{3} \end{pmatrix}$$

$$P\boldsymbol{b} = \frac{1}{3}\begin{pmatrix} 2 & -1 & 1 \\ -1 & 2 & 1 \\ 1 & 1 & 2 \end{pmatrix}\begin{pmatrix} 3 \\ 3 \\ -1 \end{pmatrix} = \begin{pmatrix} \frac{2}{3} \\ \frac{2}{3} \\ \frac{4}{3} \end{pmatrix}$$

가 $\boldsymbol{a}$, $\boldsymbol{b}$의 투영이 된다.

Chapter 9

[1]

가우스 소거법에 의해,

$$\left(\begin{array}{cccc|c} 1 & 1 & 2 & 1 & a \\ 3 & -4 & 1 & 1 & b \\ 4 & -3 & 3 & 2 & c \\ 5 & -2 & 5 & 3 & d \end{array}\right)$$

$$\xrightarrow{R_{4,1(-5)}}\xrightarrow{R_{3,1(-4)}}\xrightarrow{R_{2,1(-3)}}\xrightarrow{R_{4,2(-1)}}\xrightarrow{R_{3,2(-1)}} \left(\begin{array}{cccc|c} 1 & 1 & 2 & 1 & a \\ 0 & -7 & -5 & 2 & b-3a \\ 0 & 0 & 0 & 0 & c-b-a \\ 0 & 0 & 0 & 0 & d-b-2a \end{array}\right)$$

해가 존재하려면

$$\begin{cases} c-b-a=0 \\ d-b-2a=0 \end{cases}$$

이여야 하므로

$$\begin{cases} c=a+b \\ d=b+2a \end{cases}$$

이다.

[3]

$$\begin{pmatrix} 3 & 9 & 13 \\ 2 & 7 & 9 \end{pmatrix} \xrightarrow{R_{1,2(-1)}}\xrightarrow{R_{2,1(-2)}}\xrightarrow{R_{2(\frac{1}{3})}}\xrightarrow{R_{1,2(-2)}} \begin{pmatrix} 1 & 0 & \frac{10}{3} \\ 0 & 1 & \frac{1}{3} \end{pmatrix}$$

$$\begin{pmatrix} 5 & 4 \\ 1 & 2 \end{pmatrix} \xrightarrow{R_{1,2(-4)}}\xrightarrow{R_{2,1(-1)}}\xrightarrow{R_{2(\frac{1}{6})}}\xrightarrow{R_{1,2(4)}} \begin{pmatrix} 1 & 0 \\ 0 & 1 \end{pmatrix}$$

$$\begin{pmatrix} 2 & 7 & -5 & -3 \\ 1 & 0 & 1 & 4 \\ 1 & 3 & -2 & -2 \end{pmatrix} \xrightarrow{R_{1,3(-1)}}\xrightarrow{R_{2,3}}\xrightarrow{R_{2,1(-1)}}\xrightarrow{R_{3,1(-1)}}\xrightarrow{R_{3,2(-4)}}\xrightarrow{R_{1,2(4)}}\xrightarrow{R_{2(-1)}}$$

$$\xrightarrow{R_{1,3(5))}}\xrightarrow{R_{2,3(-1)}}\begin{pmatrix}1&0&1&0\\0&1&-1&0\\0&0&0&1\end{pmatrix}$$

[5]

$$\begin{pmatrix}1&0\\0&1\end{pmatrix},\quad\begin{pmatrix}1&1\\0&0\end{pmatrix},\quad\begin{pmatrix}1&0\\0&0\end{pmatrix},\quad\begin{pmatrix}0&1\\0&0\end{pmatrix},\quad\begin{pmatrix}0&0\\0&0\end{pmatrix}$$

[7]

1.

$$R_{3,1(-3)}=\begin{pmatrix}1&0&0\\0&1&0\\-3&0&1\end{pmatrix}$$

2.

$$R_{2,1(2)}=\begin{pmatrix}1&0&0\\2&1&0\\0&0&1\end{pmatrix}$$

3.

$$R_{3,1(-3)}\times R_{2,1(2)}=\begin{pmatrix}1&0&0\\2&1&0\\-3&0&1\end{pmatrix}$$

Chapter 10

[1]

$$\begin{pmatrix}1&1&0\\1&1&0\\1&0&1\\1&0&1\end{pmatrix}\xrightarrow{R_{2,3(-1)}}\xrightarrow{R_{4,3(-1)}}\xrightarrow{R_{3,1(-1)}}\xrightarrow{R_{3,2(1)}}\xrightarrow{R_{1,2(-1)}}\begin{pmatrix}1&0&1\\0&1&-1\\0&0&0\\0&0&0\end{pmatrix}$$

$\therefore$ Rank(X)=2.

[3]

$\det(AB) = \det(A)\det(B)$ 이므로,

$$\det\left(\begin{pmatrix}2&0&0\\1&3&0\\4&2&1\end{pmatrix}\begin{pmatrix}1&2&3\\0&1&2\\0&0&2\end{pmatrix}\right) = \det\begin{pmatrix}2&0&0\\1&3&0\\4&2&1\end{pmatrix}\det\begin{pmatrix}1&2&3\\0&1&2\\0&0&2\end{pmatrix}$$

$= 6 \times 2 = 12$

[5]

AB가 비정칙행렬인지 보려면 AB의 행들이 선형종속임을 알 수 있는 $\boldsymbol{x}^T AB = \mathbf{0}^T$ 를 만족하는 $\boldsymbol{x}^T$가 존재하는지 확인하면 된다. 우선, A는 비정칙행렬이므로 A의 행들이 선형종속이다. 즉, $\boldsymbol{x}^T A = \mathbf{0}^T$ 를 만족하는 $\boldsymbol{x}^T$가 존재한다. 그리고 $\boldsymbol{x}^T AB = (\boldsymbol{x}^T A)B = \mathbf{0}^T \left(\because\ \boldsymbol{x}^T A = \mathbf{0}^T\right)$ 이므로 즉, $\boldsymbol{x}^T AB = \mathbf{0}^T$이고 $\boldsymbol{x}^T$는 존재하므로 AB는 선형종속이다. 그러므로 AB는 비정칙행렬이다.

[7]

$AA = A$ 의 성질을 이용하면, $\det(AA) = \det(A)$ 가 되고, 이는 $\det(A)\det(A) = \det(A)$ 이므로, 이는 $[\det(A))]^2 = \det(A)$ 가 되어

$$[\det(A)]^2 - \det(A) = 0$$

가 된다. 따라서, $\det(A) = 0,$ 혹은1이다.

[9]

1.

$\det(A^T) = \det(A) = 3$

2.

$\det(5A) = 5^4 \det(A) = 5^4 \times 3 = 1875$

3.

$\det(A^{-1}) = \frac{1}{\det(A)} = \frac{1}{3}$

4.

$$\det(A^k) = \det(A \times \cdots \times A) = \det(A) \times \cdots \times \det(A) = 3^k$$

5.

$$\det(A + A) = \det(2A) = 2^4 \det(A) = 2^4 \times 3 = 48$$

[11]

가우스 조던 알고리즘 이용

행렬 A :

$$\left(\begin{array}{ccc|ccc} 0 & 2 & 3 & 1 & 0 & 0 \\ 1 & 1 & 1 & 0 & 1 & 0 \\ 4 & 8 & -3 & 0 & 0 & 1 \end{array}\right) \xrightarrow{R_{3,2(-4)}} \xrightarrow{R_{2,1}} \xrightarrow{R_{3,2(-2)}} \xrightarrow{R_{2(\frac{1}{2})}} \xrightarrow{R_{3(-\frac{1}{13})}} \xrightarrow{R_{2,3(-\frac{3}{2})}}$$

$$\xrightarrow{R_{1,2(-1)}} \xrightarrow{R_{1,3(-1)}} \left(\begin{array}{ccc|ccc} 1 & 0 & 0 & -\frac{11}{26} & \frac{2}{13} & -\frac{1}{26} \\ 0 & 1 & 0 & \frac{7}{26} & -\frac{6}{13} & \frac{3}{26} \\ 0 & 0 & 1 & \frac{2}{13} & \frac{4}{13} & -\frac{1}{13} \end{array}\right)$$

$$\therefore \quad A^{-1} = \begin{pmatrix} -\frac{11}{26} & \frac{15}{13} & -\frac{1}{26} \\ \frac{7}{26} & -\frac{6}{13} & \frac{3}{26} \\ \frac{2}{13} & \frac{4}{13} & -\frac{1}{13} \end{pmatrix}$$

행렬 B :

$$\left(\begin{array}{ccc|ccc} 1 & 2 & -4 & 1 & 0 & 0 \\ 2 & 5 & -9 & 0 & 1 & 0 \\ 3 & -2 & 3 & 0 & 0 & 1 \end{array}\right) \xrightarrow{R_{2,1(-2)}} \xrightarrow{R_{3,1(-3)}} \xrightarrow{R_{3,2(8)}} \xrightarrow{R_{3(\frac{1}{7})}}$$

$$\xrightarrow{R_{2,3(1)}} \xrightarrow{R_{1,2(-2)}} \xrightarrow{R_{1,3(4)}} \left(\begin{array}{ccc|ccc} 1 & 0 & 0 & -\frac{3}{7} & \frac{2}{7} & \frac{2}{7} \\ 0 & 1 & 0 & -\frac{33}{7} & \frac{15}{7} & \frac{1}{7} \\ 0 & 0 & 1 & -\frac{19}{7} & \frac{8}{7} & \frac{1}{7} \end{array}\right)$$

$$\therefore \quad B^{-1} = \begin{pmatrix} -\frac{3}{7} & \frac{2}{7} & \frac{2}{7} \\ -\frac{33}{7} & \frac{15}{7} & \frac{1}{7} \\ -\frac{19}{7} & \frac{8}{7} & \frac{1}{7} \end{pmatrix}$$

Chapter 11

[1]

$$A = \left(\begin{array}{cc|ccc} 1 & 2 & 9 & 4 & -12 \\ -1 & -1 & 7 & 2 & 20 \\ \hline 0 & 0 & 2 & 1 & 1 \\ 0 & 0 & 1 & -1 & 0 \\ 0 & 0 & -1 & 0 & 3 \end{array}\right) = \left(\begin{array}{c|c} A_{11} & A_{12} \\ \hline A_{21} & A_{22} \end{array}\right)$$

라 할때 $\det(A_{11}) = 1 \neq 0$ 이므로

$$\det(A) = \det(A_{11})\det(A_{22} - A_{21}A_{11}^{-1}A_{12})$$
$$= \det(A_{11})\det(A_{22}) = 1 \times (-10) = -10$$

$\det(B) = \det(B^T)$이므로,

$$B^T = \left(\begin{array}{cc|ccc} 2 & -10 & 7 & 0 & -8 \\ 1 & 4 & 0 & 3 & 0 \\ \hline 0 & 0 & 2 & 1 & 3 \\ 0 & 0 & 0 & 2 & 3 \\ 0 & 0 & 0 & -1 & 3 \end{array}\right) = \left(\begin{array}{c|c} B_{11} & B_{12} \\ \hline B_{21} & B_{22} \end{array}\right)$$

라 할때 $\det(B_{11}) = 18 \neq 0$ 이므로

$$\begin{aligned} \det(B) = \det(B^T) &= \det(B_{11})\det(B_{22} - B_{21}B_{11}^{-1}B_{12}) = \det(B_{11})\det(B_{22}) \\ &= 18 \times 18 = 324 \end{aligned}$$

이다.

[3]

$A^{-1} = \frac{1}{\det(A)} adj(A), \quad adj(A) = C_{ij\,n\times n}^{\;T}$ 에서,

$$C_{11} = (-1)^2 \det(M_{11}) = 1 \cdot (4-4) = 0$$

$$C_{12} = (-1)^3 \det(M_{12}) = -1 \cdot (2+12) = -14$$

$$C_{13} = (-1)^4 \det(M_{13}) = 1 \cdot (-1-6) = -7$$

$$C_{21} = (-1)^3 \det(M_{21}) = -1 \cdot (-2-1) = 3$$

$$C_{22} = (-1)^4 \det(M_{22}) = 1 \cdot (4+3) = 7$$

$$C_{23} = (-1)^5 \det(M_{23}) = -1 \cdot (-2+3) = -1$$

$$C_{31} = (-1)^4 \det(M_{31}) = 1 \cdot (4+2) = 6$$

$$C_{32} = (-1)^5 \det(M_{32}) = -1 \cdot (-8+1) = 7$$

$$C_{33} = (-1)^6 \det(M_{33}) = 1 \cdot (4+1) = 5$$

이므로,

$$adj(A) = \begin{pmatrix} 0 & 3 & 6 \\ -14 & 7 & 7 \\ -7 & -1 & 5 \end{pmatrix}$$

가 되어,

$$\boldsymbol{x} = A^{-1}\boldsymbol{b} = \frac{1}{21}\begin{pmatrix} 0 & 3 & 6 \\ -14 & 7 & 7 \\ -7 & -1 & 5 \end{pmatrix}\begin{pmatrix} -5 \\ 3 \\ 2 \end{pmatrix} = \begin{pmatrix} 1 \\ 5 \\ 2 \end{pmatrix}$$

[5]

$$\begin{pmatrix} 1 & 1 & 1 & 1 \\ 1 & 2 & 0 & 1 \\ 0 & 0 & 3 & 2 \\ 0 & 0 & 2 & 2 \end{pmatrix}\begin{pmatrix} a \\ b \\ c \\ d \end{pmatrix} = \begin{pmatrix} 2 \\ 0 \\ 1 \\ -1 \end{pmatrix}$$

에서,

$$A = \left(\begin{array}{cc|cc} 1 & 1 & 1 & 1 \\ 1 & 2 & 0 & 1 \\ \hline 0 & 0 & 3 & 2 \\ 0 & 0 & 2 & 2 \end{array}\right) = \left(\begin{array}{c|c} A_{11} & A_{12} \\ \hline A_{21} & A_{22} \end{array}\right)$$

라 하면

$$A^{-1} = \begin{pmatrix} A_{11}^{-1} & -A_{11}^{-1}A_{12}A_{22}^{-1} \\ 0 & A_{22}^{-1} \end{pmatrix}$$

을 계산하기 위해,

$$A_{11}^{-1} = \begin{pmatrix} 2 & -1 \\ -1 & 1 \end{pmatrix}, \quad A_{22}^{-1} = \begin{pmatrix} 1 & -1 \\ -1 & 1.5 \end{pmatrix}$$

$$-A_{11}^{-1}A_{12}A_{22}^{-1} = \begin{pmatrix} -1 & 0.5 \\ 1 & -1 \end{pmatrix}$$

이며,

$$\boldsymbol{x} = A^{-1}\boldsymbol{y} = \begin{pmatrix} 2 & -1 & -1 & 0.5 \\ -1 & 1 & 1 & -1 \\ 0 & 0 & 1 & -1 \\ 0 & 0 & -1 & 1.5 \end{pmatrix} \begin{pmatrix} 2 \\ 0 \\ 1 \\ -1 \end{pmatrix} = \begin{pmatrix} 2.5 \\ 0 \\ 2 \\ -2.5 \end{pmatrix}$$

가 된다.

[7]

$x_3 = t$라 하면

$$\begin{cases} x_1 - 2x_2 = -3t \\ 2x_1 - x_2 = -2t \end{cases}$$

이다. 이를 연립하여 풀면

$$\begin{pmatrix} x_1 \\ x_2 \\ x_3 \end{pmatrix} = \begin{pmatrix} -\frac{1}{3}t \\ \frac{4}{3}t \\ t \end{pmatrix} = t\begin{pmatrix} -\frac{1}{3} \\ \frac{4}{3} \\ 1 \end{pmatrix}$$

이다 (t는 실수).

[9]

1.

$$AB = BA$$

$$ABA^{-1} = BAA^{-1}$$

$$ABA^{-1} = B$$

$$A^{-1}ABA^{-1} = A^{-1}B$$

$$\therefore \quad BA^{-1} = A^{-1}B$$

2.

$$AB = BA$$

$$B^{-1}AB = B^{-1}BA$$

$$B^{-1}AB = A$$

$$B^{-1}ABB^{-1} = AB^{-1}$$

$$\therefore \quad B^{-1}A = AB^{-1}$$

3.

$$AB = BA$$

$$A^{-1}AB = A^{-1}BA$$

$$B = A^{-1}BA$$

$$BA^{-1} = A^{-1}BAA^{-1}$$

$$BA^{-1} = A^{-1}B$$

$$B^{-1}BA^{-1} = B^{-1}A^{-1}B$$

$$A^{-1} = B^{-1}A^{-1}B$$

$$A^{-1}B^{-1} = B^{-1}A^{-1}BB^{-1}$$

$\therefore \quad A^{-1}B^{-1} = B^{-1}A^{-1}$

[10]

1. $R_{3,2(-1)} \cdot R_{1,2} \cdot A = B$

$$M = (R_{3,2(-1)} \cdot R_{1,2})^{-1} = \begin{pmatrix} 0 & 1 & 0 \\ 1 & 0 & 0 \\ 0 & 1 & 1 \end{pmatrix}$$

2. $\det(A) = \det(MB) = \det(M)\det(B)$

$= -1 \times 2 = -2$

$(\because \det(M) = -1,\ \det(B) = 2)$

Chapter 12

[1]

$$\begin{aligned} \det(A - \lambda I_3) &= (1-\lambda)^3 = 0 \\ \det(B - \lambda I_3) &= (2-\lambda)^3 = 0 \\ \det(C - \lambda I_3) &= (1-\lambda)(2-\lambda)(3-\lambda) = 0 \end{aligned}$$

$$\begin{aligned} \det(D - \lambda I_4) &= \det(D_{11} - \lambda I_2)\det(D_{22} - \lambda I_2) \\ &= \left[(3-\lambda)^2 - 4\right]\left[(2-\lambda)(5-\lambda) - 2\right] \\ &= \lambda^4 - 13\lambda^3 + 13\lambda^2 - 41\lambda + 40 = 0 \end{aligned}$$

$$\begin{aligned} \det(E - \lambda I_5) &= \det(E_{11} - \lambda I_2)\det(E_{22} - \lambda I_3) \\ &= (2-\lambda)^4(7-\lambda) = 0 \end{aligned}$$

$$\begin{aligned} \det(F - \lambda I_4) &= \det(F_{11} - \lambda I_2)\det(F_{22} - \lambda I_2) \\ &= \left[(2-\lambda)^2 - 20\right]\left[(1-\lambda)(5-\lambda) - 6\right] \end{aligned}$$

$$= \lambda^4 - 10\lambda^3 + 7\lambda^2 + 100\lambda + 16 = 0$$

[3]

행렬식과 궤적의 성질을 이용하면,

$$\begin{aligned} \mathrm{tr}(A) &= \lambda_1 + \lambda_2 = 3 \\ \det(A) &= \lambda_1 \cdot \lambda_2 = -4 \end{aligned}$$

에서 $\lambda_1 = 4,\ \lambda_2 = -1$ 가 된다. 같은 방법으로

$$\begin{aligned} \mathrm{tr}(B) &= \lambda_1 + \lambda_2 = -6 \\ \det(B) &= \lambda_1 \cdot \lambda_2 = 5 \end{aligned}$$

에서 $\lambda_1 = -1,\ \lambda_2 = -5$ 가 되고,

$$\begin{aligned} \mathrm{tr}(C) &= \lambda_1 + \lambda_2 = 5 \\ \det(C) &= \lambda_1 \cdot \lambda_2 = 4 \end{aligned}$$

에서 $\lambda_1 = 4,\ \lambda_2 = 1$ 가 된다.

[5]

행렬 G에 대한 고유값을 구하면,

$$\begin{aligned} & \det(G - \lambda I_3) \\ = & \det\begin{pmatrix} 2-\lambda & 0 & 0 \\ 1 & -1-\lambda & -2 \\ -1 & 0 & 1-\lambda \end{pmatrix} \\ = & (2-\lambda)(-1-\lambda)(1-\lambda) = 0 \end{aligned}$$

으로부터 $\lambda_1 = 2,\ \lambda_2 = 1,\ \lambda_3 = -1$가 된다.

[7]

1. $\boldsymbol{y} = A\boldsymbol{x}$는 x_3는 그대로 유지하면서 (x_1, x_2)를 θ만큼 회전시키는 변환을 의미한다.

2. 색칠된 이미지가 x_1, x_2 평면을 따라 반시계방향으로 θ만큼 이동한다.

3. $\theta = \pi$일 때 A의 고유값을 구하면

$$\det(A - \lambda I_3) \quad = \quad -(1+\lambda)^2(1-\lambda) = 0$$

에서

$$\begin{cases} \lambda_1 = 1, \\ \lambda_2 = \lambda_3 = -1 \text{ (중근)} \end{cases}$$

이다.

Index

통계학을 위한

선 형 대 수_개정판

저　　자　박흥선
발 행 인　김지영
발 행 처　자유아카데미
주　　소　경기도 파주시 회동길 37-42
　　　　　파주출판도시
전　　화　031-955-1321
팩　　스　031-955-1322
홈페이지　www.freeaca.com
전자우편　main@freeaca.com (대표)
　　　　　editor@freeaca.com (편집)
　　　　　crm@freeaca.com (영업)
등　　록　제406-2003-017호, 1980. 7. 12
제2판1쇄　2013년 2월 20일 발행
제2판8쇄　2024년 1월 10일 발행
정　　가　20,000원

ISBN 978-89-7338-966-7　93310